环保公益性行业科研专项经费项目（No.200709051）资助

自然保护区及其周边地区
建设项目的环境管理技术研究

高军 钱谊 蒋明康 著

中国环境科学出版社·北京

图书在版编目（CIP）数据

自然保护区及其周边地区建设项目的环境管理技术研究/高军，钱谊，蒋明康著. — 北京：中国环境科学出版社，2012.1

ISBN 978-7-5111-0861-6

Ⅰ. ①自… Ⅱ. ①高…②钱…③蒋… Ⅲ. ①自然保护区－基本建设项目－环境管理－研究 Ⅳ. ①X36

中国版本图书馆 CIP 数据核字（2012）第 003077 号

责任编辑	季苏园
责任校对	扣志红
封面设计	玄石至上

出版发行	中国环境科学出版社
	（100062 北京市东城区广渠门内大街 16 号）
	网　　址：http://www.cesp.com.cn
	联系电话：010-67112765（编辑管理部）
	发行热线：010-67125803，010-67113405（传真）
印　刷	北京市联华印刷厂
经　销	各地新华书店
版　次	2012 年 1 月第 1 版
印　次	2012 年 1 月第 1 次印刷
开　本	787×1092　1/16
印　张	11.5
字　数	260 千字
定　价	30.00 元

环保公益性行业科研专项经费项目系列丛书

编著委员会人员名单

顾　问：吴晓青

组　长：赵英民

副组长：刘志全

成　员：禹　军　　陈　胜　　刘海波

序　言

我国作为一个发展中的人口大国，资源环境问题是长期制约经济社会可持续发展的重大问题。党中央、国务院高度重视环境保护工作，提出了建设生态文明、建设资源节约型与环境友好型社会、推进环境保护历史性转变、让江河湖泊休养生息、节能减排是转方式调结构的重要抓手、环境保护是重大民生问题、探索中国环保新道路等一系列新理念新举措。在科学发展观的指导下，"十一五"环境保护工作成效显著，在经济增长超过预期的情况下，主要污染物减排任务超额完成，环境质量持续改善。

随着当前经济的高速增长，资源环境约束进一步强化，环境保护正处于负重爬坡的艰难阶段。治污减排的压力有增无减，环境质量改善的压力不断加大，防范环境风险的压力持续增加，确保核与辐射安全的压力继续加大，应对全球环境问题的压力急剧加大。要破解发展经济与保护环境的难点，解决影响可持续发展和群众健康的突出环境问题，确保环保工作不断上台阶出亮点，必须充分依靠科技创新和科技进步，构建强大坚实的科技支撑体系。

2006年，我国发布了《国家中长期科学和技术发展规划纲要（2006—2020年）》（以下简称《规划纲要》），提出了建设创新型国家战略，科技事业进入了发展的快车道，环保科技也迎来了蓬勃发展的春天。为适应环境保护历史性转变和创新型国家建设的要求，原国家环境保护总局于2006年召开了第一次全国环保科技大会，出台了《关于增强环境科技创新能力的若干意见》，确立了科技兴环保战略，建设了环境科技创新体系、环境标准体系、环境技术管理体系三大工程。五年来，在广大环境科技工作者的努力下，水体污染控制与治理科技重大专项启动实施，科技投入持续增加，科技创新能力显著增强；发布了502项新标准，现行国家标准达1 263项，环境标准体系建设实现了跨越式发展；完成了100余项环保技术文件的制修订工作，初步建成以重点行业污染防治技术政策、技术指南和工程技术规范为主要内容的国家环境技术管理体系。环境科技为全面完成"十一五"环保规划的各项任务起到了重要的引领和支撑作用。

为优化中央财政科技投入结构，支持市场机制不能有效配置资源的社会公益研究活动，"十一五"期间国家设立了公益性行业科研专项经费。根据财政部、科技部的总体部署，环保公益性行业科研专项紧密围绕《规划纲要》和《国家环境保护"十一五"科技发展规划》确定的重点领域和优先主题，立足环境管理中的科技需求，积极开展应急性、培育性、基础性科学研究。"十一五"期间，环境保护部组织实施了公益性行业科研专项项目234项，涉及大气、水、生态、土壤、固废、核与辐射等领域，共有包括中央级科研院所、高等院校、地方环保科研单位和企业等几百家单位参与，逐步形成了优势互补、团结协作、良性竞争、共同发展的环保科技"统一战线"。目前，专项取得了重要研究成果，提出了一系列控制污染和改善环境质量技术方案，形成一批环境监测预警和监督管理技术体系，研发出一批与生态环境保护、国际履约、核与辐射安全相关的关键技术，提出了一系列环境标准、指南和技术规范建议，为解决我国环境保护和环境管理中急需的成套技术和政策制定提供了重要的科技支撑。

为广泛共享"十一五"期间环保公益性行业科研专项项目研究成果，及时总结项目组织管理经验，环境保护部科技标准司组织出版"十一五"环保公益性行业科研专项经费系列丛书。该丛书汇集了一批专项研究的代表性成果，具有较强的学术性和实用性，可以说是环境领域不可多得的资料文献。丛书的组织出版，在科技管理上也是一次很好的尝试，我们希望通过这一尝试，能够进一步活跃环保科技的学术氛围，促进科技成果的转化与应用，为探索中国环保新道路提供有力的科技支撑。

中华人民共和国环境保护部副部长

吴晓青

2011 年 10 月

前　言

　　保护与发展是自然保护区永远存在的矛盾，在经济发展迅速，对自然资源需求快速增加的现阶段，这种矛盾尤为突出和多样化，早期的自然保护区环境管理体系为我们当前的环境管理奠定了基础，但也不可避免地暴露出一定的不足，新时期的矛盾特点要求当前自然保护区环境管理体现出更多的理念与技术创新。

　　自然保护区及其周边地区建设项目的环境管理远不同于一般区域的建设项目环境管理，当前对涉区建设项目的管理主要依据是《中华人民共和国自然保护区条例》。为进一步加强自然保护区及其周边地区建设项目的环境管理，最大限度地减少开发建设项目对自然保护区的影响，国家环保公益性科研专项经费设立了"自然保护区及其周边地区建设项目的环境管理技术体系研究"项目开展相关研究，本书就是此项目的研究成果之一。

　　本书从我国自然保护区的建设与管理现状出发，全面分析了自然保护区及其周边地区存在的交通运输建设、水利水电建设和矿产资源开发等重大项目以及自然资源开发和生态旅游等活动，着重分析了这些活动对主要保护对象的影响和当前针对这些活动的环境管理中存在的问题。在此基础上，提出了涉区建设项目的环境管理体系及环境影响评价技术方法。本书尝试性地对我国涉区建设项目环境管理中存在的问题进行了探究，试图建立一套与之相适应的环境管理体系。本书可供自然保护区管理部门和相关领域的管理者，以及高等院校和相关科研院所的科研、教学人员参考使用。

　　全书共分7章：第1章介绍我国自然保护区建设与管理现状；第2章总结涉及自然保护区建设项目的主要类型、开发规模和环境管理现状；第3章以交通运输类、水利水电类和矿产资源类为重点综述国内外涉区建设项目环境影响保护措施；第 4 章通过问卷调查和实例剖析，重点研究了自然保护区生态旅游及其他资源开发的环境管理；第 5 章研究并提出了自然保护区资源开发活动的阈值控制技术；第 6 章研究了涉及自然保护区建设项目的环境准入管理、分类管理、生态旅游管理及生态补偿；第 7 章研究并提出了涉及自然保护区建设项目环境影响评价的主要技术工作及各类型自然保护区的环境影响评价要点。

本书在写作和出版过程中，得到了环境保护部南京环境科学研究所和南京师范大学的重视和大力支持，秦卫华、刘鲁君、王智、徐网谷、贺昭和、陈雁、张益民、刘青、石崇、丁佳和许燕华等同志参与了项目的研究及部分章节的编写，在此表示衷心感谢。

著 者

2011 年 7 月

目 录

第1章 我国自然保护区的建设和管理..1
  1.1 建立自然保护区的意义与作用..1
  1.2 自然保护区的建设与管理现状..7

第2章 涉及自然保护区的建设项目及其环境管理现状................................12
  2.1 建设项目的主要类型与开发规模..12
  2.2 建设项目环境管理中的不足..14

第3章 涉及自然保护区的基础建设项目环境影响................................20
  3.1 交通运输类项目环境影响..20
  3.2 水利水电类项目环境影响..31
  3.3 矿产资源类项目环境影响..45

第4章 自然保护区内的资源开发与利用..59
  4.1 自然保护区内的资源开发..59
  4.2 自然保护区内的生态旅游..64

第5章 自然保护区资源开发活动的阈值管理..92
  5.1 阈值管理体系..92
  5.2 阈值的相关研究与计算方法..100
  5.3 生态旅游的环境容量..107

第6章 涉及自然保护区建设项目的环境管理..120
  6.1 建设项目的环境准入管理..120
  6.2 建设项目的自然保护区分类管理..125
  6.3 自然保护区生态旅游的环境管理..127
  6.4 涉及自然保护区建设项目的生态补偿..131

第7章 涉及自然保护区建设项目的环境影响评价..134
  7.1 国外对开发建设项目的环境影响评价与管理研究进展..134
  7.2 我国对涉及自然保护区开发建设项目的环境影响评价研究进展..138

7.3　涉及自然保护区建设项目环境影响评价中的不足 140

7.4　涉及自然保护区环境影响评价的主要技术工作 142

7.5　各类型自然保护区环境影响评价要点 156

参考文献 170

第1章　我国自然保护区的建设和管理

1.1　建立自然保护区的意义与作用

自然保护区是指对代表性的自然生态区域、珍稀濒危野生动植物物种的天然集中分布区、有特殊意义的自然遗迹等保护对象所在的陆地、陆地水体或者海域，依法划出一定面积予以法定保护和管理的区域。也可以说自然保护区是将山地、森林、草原、水域、滩涂、湿地、荒漠、岛屿和海洋等各种生态系统及自然历史遗迹等划出特定区域，设置管理机构对其进行管护和建设，作为保护自然资源特别是生物资源，保护生物多样性，开展科学研究工作的重要基地。建立自然保护区是为了拯救某些濒临灭绝的生物物种，监测人为活动对自然界的影响，研究维持人类生存环境的条件和生态系统的自然演替规律，找出合理利用资源的科学方法。或者说，自然保护区是指在不同地带和大的自然地理区域内，划出一定的范围，将国家具有保护价值的自然资源和自然历史遗产保护起来的场所。

随着全球生物多样性保护活动的兴起和人类环境保护意识的提高，自然保护区建设得到了世界各国的普遍重视，并已成为一个国家文明和进步的重要标志。中国的自然保护区建设始于1956年，50多年来，特别是改革开放30多年来，党中央、国务院和地方各级政府及有关部门十分重视自然环境和自然资源的保护与持续利用，抢救性建立了一大批自然保护区，自然保护区的建立对于保护我国的自然资源、生态环境以及生物多样性发挥了巨大的作用。

1.1.1　建立自然保护区的意义

自然保护区在国际上已有100多年的历史，19世纪初，随着资本主义经济的迅猛发展对自然生态环境造成了严重破坏和影响，许多野生动植物不断灭绝或濒危，一些生态系统变得十分脆弱。这些环境问题引起了世界各国科学家的关注，保护自然环境的呼声在国际上愈来愈强烈。当时德国博物学家汉伯特，首先提出应建立天然纪念物，以保护自然界的名胜和独特自然景观。美国于1872年建立了世界上第一个国家公园——黄石国家公园。从此开始了通过建立自然保护区的形式保护自然界的实际行动。此后从1962年开始，每十年举行一届世界国家公园保护区大会，世界各国代表、专家就国家公园和自然保护区问题进行专题研究和讨论，这对促进并发展国家公园和自然保护区建设起到了积极的推动作用。目前国际上建立国家公园和自然保护区已成为各国保存自然生态系统和珍稀野生动植物物种的主要方法和手段。这也是衡量一个国家自然保护发展水平的重要标志。

中国是一个幅员辽阔的国家。地跨寒温带、温带、暖温带、亚热带和热带，地形复杂，气候多样，形成了丰富多彩的动植物区广系。中国是世界上动植物种类最多的国家之一，仅脊椎动物就有 4 400 多种，占世界总数的 10%以上。其中，两栖类 210 种，爬行类 320 种，鸟类 1 186 种，兽类 500 种，鱼类 2 200 余种。大熊猫、金丝猴、台湾猴、羚牛、白唇鹿、华南虎、褐马鸡、黑颈鹤、绿尾虹雉、扬子鳄、白鱀豚、中华鲟等 100 多种珍稀动物，是中国特有或主要分布的动物种类。分布在中国的无脊椎动物（包括昆虫）种类，尚无确切统计，但专家估计不下 100 万种。中国有高等植物 30 000 多种，占世界总数的 12%以上，仅次于马来西亚和巴西，居世界第三位。其中，被子植物 24 500 余种，裸子植物 236 种，苔藓植物约 2 000 种，蕨类植物 2 600 余种。由于中国大部分地区未受到第四纪冰川覆盖的影响，因而保留了许多北半球其他地区早已灭绝的古老孑遗种类和特有种，约有 200 属，如银杉、水杉、水松、金钱松、台湾杉、银杏、珙桐、水青树、钟萼木、香果树等都是中国特有的珍贵树种。中国还是世界第三大栽培植物起源中心之一，拥有大量栽培植物的野生亲缘种，如野核桃、野板栗、野藕、野苹果、野荔枝、野龙眼、野杨梅、野生稻、野生大麦、野生大豆、野生茶叶等。中国丰富的自然资源急需得到特殊保护。保护好中国的野生动植物资源，建立自然保护区是一个良好的途径。另外，中国还有绚丽多彩的自然历史遗产，如地质剖面、冰川、熔岩、温泉、瀑布、化石、湿地、滩涂、珊瑚礁、火山遗迹、陨石坑等，这些都是建立自然保护区良好的基本条件。

当前世界环境和资源正面临着巨大的威胁和破坏。人为活动造成生态系统的不断破坏和恶化，已成为中国目前最严重的环境问题之一。生态受破坏的形式主要表现在森林减少、草原退化、农田土地沙化、水土流失，沿海水质恶化、赤潮发生频繁、经济资源锐减和自然灾害加剧等方面。森林是陆地生态系统中分布范围最广、生物总量最大的植被类型，但中国森林资源长期受到乱砍滥伐、毁林开荒及森林病虫害的破坏。草原是又一个较大的陆地生态系统，据统计，约占国土面积 1/3 的草原地带，近 20 年来，产草量已下降 1/3~1/2，加之超载放牧、毁草开荒及鼠害等影响，退化现象极为严重，草原生态系统出现了逐渐衰退的局面。沙漠化面积逐渐扩大，近 25 年来，中国已增加沙化土地 3.9 万 km^2，平均每年扩大 1 560 km^2。地表植被遭到破坏，地面裸露，造成水土流失日趋严重。中国水土流失面积已达 150 万 km^2，风蚀面积达 130 万 km^2，共占全国土地面积的 29.1%。

随着中国人口增加和经济发展，对自然资源索取和需求加大。由于人们在利用自然资源时，没有按自然规律办事，因而造成森林超量采伐、草原过度放牧、沼泽围垦造田、过度利用土地和水资源，导致生物生存环境破坏，影响到物种的正常生存。工业废水的污染，使得中国不少湖泊和主要河流水质急剧下降，水生生物大量消亡，许多河流内自然生长的常见鱼类也因水体污染而灭绝或处于濒危状态。据资料记载，近半个世纪中国仅动物资源已经灭绝的物种已达数十种，例如蒙古野马、高鼻羚羊、麋鹿等均在中国原分布区内绝迹。《中国国家植物红皮书》中记述的濒危植物已高达 1 000 种之多。

中国的自然生境和物种不断遭受破坏和毁灭。据估计，中国的自然生物物种已接近每天一个物种的速度走向濒危甚至灭绝，因此保护和拯救中国的野生生物物种和它们赖以生存的环境，已到了刻不容缓的关键时刻。

以上状况充分说明了建立自然保护区的迫切性和必要性，因此，建立自然保护区意义重大。

（1）自然保护区是保护生物多样性的基地

保护自然资源与自然环境是自然保护区的首要任务。从保护意义而言，自然保护区的最大作用一方面是保护各种典型的自然生态系统、生物物种及各种有价值的自然遗迹；另一方面是保护丰富的水资源、植被资源和土地资源，这对地方经济持续发展和资源的永续利用具有重要意义。

自然保护区是就地保护生物多样性的最有效手段。生物多样性包括生态系统多样性、物种多样性和遗传多样性，是人类赖以生存和发展的基础。自然保护区对生物多样性三个层次内容的保护具有重大作用。

生态系统具有多样化的类型。根据生态系统的多样性、代表性、完整性、稀有性、自然性等，可确定许多在国内、国际具有重要意义的典型生态系统，保护好这类生态系统，就保护了自然界珍贵原始"本底"的代表。生态系统内部始终进行着生物物种之间的能量流动以及生物群落与环境之间的物质循环，这是维持物种生存和进化的必要过程。因此，自然保护区能维持生态系统中能量和物质运动的过程，保证物种的正常发育与进化过程以及物种与环境间的生态学过程，从而保护了物种在原生环境下的生存能力和种内的遗传变异度。

自然保护区也是物种的基因库。全世界建立各类自然保护区已逾 1 万个，其中有一半以上的保护区与物种保护有关，保护着成千上万的动植物物种，尤其是珍稀濒危的脊椎动物和高等植物。例如，我国为保护珍贵动物大熊猫及其生境，在四川、甘肃、陕西等省建立了 14 个自然保护区；为保护珍稀子遗植物银杉，建立了广西花坪、四川金佛山等自然保护区。目前，我国公布的国家重点保护动植物名录中的大多数物种都已在自然保护区中得到了有效保护。

遗传多样性即基因多样性，在某种意义上，一个物种就是一个独立的基因库。物种的多样性孕育了基因多样性，但却不能包含基因多样性，因为基因多样性的表现是多层次的、多水平的。一般认为，一个物种实际上包含成千上万个不同的遗传类型。遗传多样性可认为是种内或种间表现在分子、细胞和个体三个水平上的遗传变异。这种变异是生命进化和适应的基础，存在于自然生态系统和物种的自然演化、进化的过程中，而自然保护区则保证了这种遗传变异及其整个自然和连续的过程，使遗传变异更加丰富。

自然保护区的建立有助于维持地方生态平衡和改善自然环境。由于自然保护区保护了天然植被及其组成的生态系统，在保持水土、防止沙漠化、涵养水源等方面发挥了特别作用，因而直接起到了保护和改善环境的作用。

（2）自然保护区是开展科学研究的天然实验室

自然保护区保存有完整的生态系统、丰富的物种、生物群落及其赖以生存的环境，为开展各种科学研究提供了得天独厚的基地和天然实验室，其研究领域不仅包括生态学、生物学方面，还包括经济学及社会学方面。

生态学和生物学方面的主要研究内容是保护对象与自然环境之间的关系。包括：生物环境的制约规律；生物内部种间的消长与调控；环境因子改变后对生态系统和生物的影响；自然演替方式、速度、程度和后果；生态监测等。

经济学方面的主要研究内容是在人为保护下，自然资源发展趋势与经济潜力。包括：自然资源合理开发利用的方式、开发利用前景以及市场信息等；自然生产潜力、自然生态平衡和最优结构；自然资源持续利用理论与实践等。

社会学方面的主要研究为揭示人类活动对自然资源与自然环境的影响，探讨控制人类活动或通过人工干预保护自然资源与自然环境的途径。包括：自然保护区的科学管理、法制建设等；自然保护的公众参与；人类活动的干扰与生物群落的自然恢复能力；可逆变化的环境阈值等。

（3）自然保护区是进行宣传教育的自然博物馆

自然保护区是宣传国家自然保护方针、政策的自然讲坛。其宣传对象是当地广大的干部、群众和进入保护区参观游览的国内外公众；宣传内容主要包括国家有关自然保护的法律、条例、政策和有关的自然保护科普知识。自然保护区可通过对自然生态系统和物种的有效保护事例，示范宣传资源保护与持续利用的意义。由于大多数自然保护区地处偏僻地区，那里经济、文化落后，因而做好对周围地区农民的自然保护宣传尤其重要。

自然保护区也是文化教育的天然课堂和实验场所，一般的保护区都可接纳一定数量大专院校师生和中、小学生的教学实习和参观，尤其是生物学、生态学等专业的学生。在自然保护区这所天然大学堂内，青少年通过亲身体验和目睹，增加生物、生态、地理、资源保护和利用等方面的知识。

（4）自然保护区是合理利用自然资源的典范

建立自然保护区的目的并不是为了单纯的消极保护，而是在实现有效保护的前提下，合理开发利用自然资源，并且为更大区域内合理开发利用自然资源提供模式和指导。

从获取经济效益的特点分析，对自然资源的利用一般分为两种方式：一种是直接利用。获取直接的经济效益，在经营区内因地制宜、有计划地进行多种经营活动，这就是对自然资源的直接利用。自然保护区经济的发展，自给能力的提高，主要取决于对自然资源的直接利用。另一种是间接利用。发挥自然资源潜在的经济价值，在核心区和实验区内所进行的科学研究，实际上是对自然资源的一种间接利用，其科学意义和指导性作用甚至比直接获得经济效益更为重要。

自然保护区常常拥有丰富的生物资源。对于可更新资源如野生动植物资源等而言，在人为保护下，其生长速度和生长量都有可能增加。因而，合理开发利用部分野生动植物，是稳定天然食物链、保护自然承载能力与生物种群及其数量相适应的重要措施。

自然资源的合理开发利用是自然保护区发展的经济基础，也是妥善解决当地居民生产、生活问题的关键。要发挥自然保护区的资源优势，按照生物自然更新的规律，并根据市场的需要，在不破坏自然资源和自然环境的条件下，积极发展种植业、养殖业、采集业、狩猎业、加工业、旅游业、商业和具有地方特色的手工业等，不断提高自然保护区的利用价值，积累更多的资金用于自然保护区的发展，逐步实现自然保护区的自养。

（5）自然保护区是开展生态旅游活动的最佳场所

自然保护区一般都拥有丰富的旅游资源，是旅游者向往的热点区域。为充分发挥自然保护区的资源优势，一般可在充分保护好核心区的情况下，在实验区开辟一定区域用于生态旅游。这种活动一方面可利用参观游览的机会，宣传自然保护区知识；另一方面，保护区可通过收取门票和服务费等形式增加收入，用于补助自然保护区建设和管理的费用。近年来，保护区的旅游活动越来越普遍，并呈现快速发展的趋势。然而这种旅游活动应受到严格的管理，在开放地点、开放季节、时间、旅游容量等方面需要有所限制，以尽可能减少对保护区主要保护对象的环境影响为原则。

1.1.2　自然保护区的作用与效益

1.1.2.1　自然保护区的作用

（1）保护自然环境与自然资源

保护自然环境与自然资源是自然保护区的最大作用，为了获得最佳的生态效益，首先必须将自然保护区内的自然资源和自然环境保护好。使各种典型的生态系统和生物物种，在人工保护下，正常地生存、繁衍与协调发展；使各种有科学价值和历史意义的自然历史遗迹和各种有益于人类的自然景观，在人为的保护下，保持本来面目。

（2）科学研究

科学研究，对自然保护区的建设和发展有着极其重要的作用。如何对自然资源进行有效保护？合理开发利用？这一切都需要通过科学研究来解决。所以，科学研究是自然保护区工作的灵魂，既是基础性工作，又是开拓性工作，是实现对自然资源有效保护与合理开发利用的关键。

（3）宣传教育

宣传与教育，是自然保护区所发挥的又一个重要作用。中国大多数自然保护区建在经济和文化落后的山区，当地群众的切身利益需要照顾；群众的生产生活需要得到保证；群众传统的生活习惯要受到尊重，但这些在自然保护区建立后，要受到有关规定的约束和逐步调整。要处理好这一切，都需要对群众进行深入细致的思想政治工作，需要采取简明、生动、灵活多样的方式向广大群众进行宣传，让群众逐步懂得建设自然保护区的意义和保护自然给他们带来的好处，把保护自然资源和自然环境变成广大群众的自觉行动。

（4）生态监测

在自然条件下生态系统是按照自然界的规律来进行它的发展、延续和变化的。但在受到外界自然因素和人为因素的严重干扰后，将会出现自然演替和人为演替。所谓自然演替，就是生态系统如遭到雷电火烧、洪水冲击、暴风雪、干旱、病虫害等外界突发性因素影响后，使系统中某些生物群落毁灭或衰落而被另一些生物群落所替代的过程。人为演替，则是由于人类频繁的经济活动和严重索取自然资源的结果，使得生态系统中某些生物群落被强迫地替代掉。

自然保护区内的野生动植物中有许多种类是反映环境好坏的指示物，它们对空气、水文和植被等污染破坏状况十分敏感，定位定点对自然保护区这些生物指示物受危害的程度进行观察可起到监测环境的作用。

（5）涵养水源和净化空气

许多自然保护区内生长着茂密的原始森林，而森林涵养水源的作用是巨大的。森林能阻挡雨水直接冲刷土地，减低地表径流，防止水土流失。林地土壤疏松，林内枯枝落叶又能保水。据实验，无林坡地，土壤只能吸收 56%的水分，但坡上如有 80～100 m 宽的林带时，地表径流则完全被转变为地下径流而储蓄起来，像水库一样。

森林同时具有吸收有毒气体、杀菌和阻滞粉尘的作用。林木能在低浓度的范围内吸收各种有毒气体，使污染的空气得到净化。研究证明，许多植物种类能分泌出有强大杀菌作用的挥发性物质——杀菌素。林木对大气中的粉尘污染能起到阻滞过滤作用。由于林木枝叶茂盛，能减少风速，而使大粒灰尘沉降地面。据统计，1 hm^2 松树林一年滞尘的总量达 34 t。

（6）合理利用自然资源

自然保护区有着丰富的自然资源，对于可更新资源如野生动物和植物资源等，在人为提供特殊保护的条件下合理开发利用，对它们的种群结构不会发生太大变化，不影响它们的正常生息和繁衍。因此要发挥自然保护区的资源优势，按照生物自然更新的规律，在自然资源承受能力与生物种群及其数量相适应的条件下，积极发展种植业、养殖业、采集业、加工业和具有地方特色的手工艺品业等，不断提高自然保护区的利用价值。

（7）参观游览

接待中外科学工作者、大专院校师生考察参观自然保护区内的生态系统和野生动植物，把具有旅游特征的景观区划为向社会公众开放的自然保护区旅游区，融了解、探索、教育、宣传鉴赏和娱乐等为一体，不断发挥和扩大自然保护区在国内外的影响，吸引更多的人们来关心、支持和帮助自然保护区的保护、管理和建设工作。

（8）国际合作交流

人类共同生活在一个地球上，陆地、水体和大气的连接、传递，使地球各部分之间进行能量和物质的交换，因而一个地区的变化往往会影响到另一个地区乃至整个地球。不同国家建立的自然保护区通常在地理上或生物学上是相互联系的。许多迁徙物种在跨国保护区或是相邻保护区内互相往返。为保护和管理迁徙物种，需要国与国之间或国际之间的共同保护和联合行动。同时有关自然保护区科学研究进展和保护区网的信息数据也需要通过国际间的合作与交流来共享其成果。因此说中国自然保护事业的发展和自然保护区建设管理水平的高低也将对全世界产生影响。

1.1.2.2 自然保护区的效益

（1）生态效益

自然保护区利用它所具有的良好的自然生态系统，丰富的生物物种和群落，以及优美的环境景观，使有关自然保护的理论能在自然保护区内得以实践和操作，充分发挥在生态方面的巨大效益。生态效益可用以下 6 个方面来衡量：保护野生生物物种和生物群落的大小；明显体现水源涵养和调节气候的能力；减少土壤侵蚀和水土流失面积；促进生态演替的顺利进行；生物资源和自然环境价值的高低；生物多样性的保存量与增加系数。

（2）社会效益

由于自然保护区能够作为向公众介绍、传播和展示自然保护事业所做工作的良好场所，因而有着广泛的社会影响和感染力。其效益概括起来有以下几方面：展示自然界丰富多彩的变化和存在；展示人与自然界相互依存的关系；展示环境科学、生物科学和其他科学的协调发展；展示世界各国自然保护领域的成果、技术和交流与合作。

（3）经济效益

通过自然保护区的建立和有效管理，使保护区本身和周围地区获得一定的经济收入和资金积累。它表现在粮食、农作物、畜产品和水产品的增产；保存水源及向周围和下游地区持续供应无污染的优质水；促进环境、生物、医学等学科高新科技产品的研究与发展；种植和养殖业发展与利用；增加当地的旅游和其他服务性收入；潜在的生命科学研究；优质无污染和绿色食品的研究与生产。

1.2　自然保护区的建设与管理现状

1.2.1　自然保护区建设现状

截至 2009 年底，全国（不含香港、澳门特别行政区和台湾地区，下同）共建立各种类型、不同级别的自然保护区 2 541 个，保护区总面积约 148 万 km²（其中陆域面积约 142 万 km²，海域面积约 6 万 km²），陆地自然保护区面积约占国土面积的 14.72%。其中，国家级自然保护区 319 个，面积 9 267 万 hm²，分别占全国自然保护区总数和总面积的 12.55% 和 62.72%；地方级自然保护区总数达 2 222 个，总面积达 5 507 万 hm²。地方级自然保护区中省级自然保护区 827 个，面积 4 004 万 hm²，分别占全国自然保护区总数和总面积的 32.55% 和 27.10%；地市级自然保护区 416 个，面积 471 万 hm²，分别占全国自然保护区总数和总面积的 16.37% 和 3.19%；县级自然保护区 979 个，面积 1 032 万 hm²，分别占全国自然保护区总数和总面积的 38.53% 和 6.99%。

《自然保护区类型与级别划分原则》（GB/T 14529—93）把我国自然保护区划分为三大类别 9 种类型。

在三大类别自然保护区中，自然生态系统类自然保护区无论在数量上还是在面积上均占主导地位，分别占自然保护区总数和总面积的 68.60% 和 68.15%；野生生物类次之，分别占自然保护区总数和总面积的 26.68% 和 30.69%；自然遗迹类所占比例最小，仅分别占自然保护区总数和总面积的 4.72% 和 1.16%。

在 9 种自然保护区类型中，森林生态系统类型数量最多，达 1 321 个，占自然保护区总数的 51.99%，其余依次为野生动物类型（521 个）、内陆湿地和水域生态系统类型（281 个）、野生植物类型（157 个）、地质遗迹类型（90 个）、海洋与海岸生态系统类型（71 个）、草原与草甸生态系统类型（39 个）、荒漠生态系统类型（31 个）、古生物遗迹类型（30 个）。在面积分布方面，则以野生动物类型自然保护区占第一位，其面积达 4 270.03 万 hm²，占自然保护区总面积的 28.90%，以下依次为荒漠生态系统类型（4 055.07 万 hm²）、森林生态系统类型（2 887.57 万 hm²）、内陆湿地和水域生态系统类型（2 825.99 万 hm²）、野生植物类型（264.27 万 hm²）、草原与草甸生态系统类型（218.43 万 hm²）、地质遗迹类型（120.17 万 hm²）、海洋与海岸生态系统类型（82.21 万 hm²）和古生物遗迹类型（50.94 万 hm²）。

自然保护区面积的大小，很大程度上反映了能否有效地发挥保护区的功能。相对而言，面积较小的自然保护区更容易受到外界的干扰。世界自然保护联盟（IUCN）在统计全球自然保护区数据时，一般仅统计面积在 100 hm² 以上的自然保护区。我国由于在自然保护区最小面积方面没有规定，已建自然保护区最小面积仅为 1 hm²，而最大面积则达到 2 980 万 hm²。

根据我国自然保护区的面积大小，将其划分为小型（≤100 hm²）、中小型（101～1 000 hm²）、中型（1 001～10 000 hm²）、中大型（10 001～100 000 hm²）、大型（100 001～1 000 000 hm²）、特大型（>100 万 hm²）6 个等级。目前已建自然保护区规模以中小型、中型、中大型为主，这 3 种规模的自然保护区数量分别占全国自然保护区总数的 16.8%、

39.3%和33.4%。特大型自然保护区数量为18个，仅占全国自然保护区总数的0.7%，但其面积则约占全国自然保护区总面积的57.90%。小型自然保护区数量虽占全国自然保护区总数的4.68%，而其面积占全国自然保护区总面积的比例不到万分之一。

近20年来，在各级人民政府和全社会的共同努力下，自然保护区数量和规模从小到大，初步形成了布局较为合理、类型较为齐全、功能比较健全的自然保护区网络，初步制定了有关自然保护区的政策、法规和标准体系，建立了比较完整的自然保护区管理体系和科研监测支撑体系，有效地发挥了资源保护、科研监测和宣传教育的作用，同时以自然保护区为载体，积极参与自然保护的国际合作，树立了我国重视生物多样性和自然环境保护的良好国际形象。

综上所述，我国的自然保护区已经走过了抢救性建立、数量和面积规模快速增长的阶段，进入平缓发展时期，从而实现了自然保护区事业由数量规模型向质量效益型的历史性转变。

1.2.2 管理水平与管理成效

近年来，中国自然保护区的管理工作也已从过去的看护式管理逐步走向科学化的有效管理，在保护自然环境和自然资源的同时，还在很大程度上促进了我国对自然资源的合理开发利用和国民经济的可持续发展，取得了令世界瞩目的成绩。主要表现在以下几个方面：

（1）初步形成了自然保护区法规体系

1994年，国务院第67号令发布《中华人民共和国自然保护区条例》，该《条例》是我国依法建设和管理自然保护区的一部重要行政法规。以此为依据，全国大多数省、市、自治区人民代表大会或人民政府制定了本地区的自然保护区管理法规，一些自然保护区也由具立法权的地方人大或政府制定了专门的管理法规或规章。这些法律法规，从保护区的区划布局、建立程序、机构建设、人员配备、资金渠道、资源管理以及行政处罚和法律责任等都做了规定，涵盖了自然保护区建设和保护管理的主要方面，使保护区工作基本上做到有法可依、有章可循。各级自然保护区管理机构根据这些法律法规赋予的行政管理职能，依法保护和管理保护区内的各种自然资源。

（2）建立了自然保护区规章制度、管理政策和标准体系

为加强自然保护区的建设管理，国务院及各自然保护区主管部门、各省份相继发布了一系列的自然保护区规章制度、管理政策和标准。1995年，国家土地管理局、国家环境保护局发布了《自然保护区土地管理办法》，对保护区内土地权属问题作出了明确规定。国家环保总局相继发布了《自然保护区类型与级别划分原则》、《国家级自然保护区评审标准》、《国家级自然保护区总体规划大纲》、《自然保护区管护基础设施建设技术规范》等制度和标准。1997年，经国务院同意，国家环保局和国家计委联合印发了由多个部门参加编制的《中国自然保护区发展规划纲要（1996—2010）》。在该纲要的指导下，各省、自治区、直辖市人民政府组织制定了本地区自然保护区发展规划，纳入国民经济和社会发展计划，积极组织实施。1998年，国务院办公厅发布了《关于进一步加强自然保护区管理工作的通知》。2000年，国家环保总局发布了《关于涉及自然保护区的开发建设项目环境管理工作有关问题的通知》。2002年，国务院批准发布了《国家级自然保护区范围调整和功能区调整及更改名称管理规定》，由国家环保总局组织实施。2002年，国家环保总局联合国家计

委、财政部、国家林业局、国土资源部、农业部、建设部发布了《关于进一步加强自然保护区建设和管理工作的通知》。这些政策、制度和标准的发布实施，使自然保护区的建设管理工作进一步规范化。

（3）初步形成了比较完整的自然保护区管理体系

目前，实行了国务院环境保护行政部门综合管理和林业、农业、国土资源、水利、海洋等行政主管部门分部门管理相结合的自然保护区管理体制，制定了相应的管理规章和标准，加大投资力度，加强执法检查，使自然保护区管理逐步走上了规范化轨道。为了优化自然保护区布局、促进保护区的科学健康有序发展，国家环境保护总局受国务院委托，设立了由各有关学科知名专家学者参加的跨学科、跨部门的"国家级自然保护区评审委员会"，各省区市成立了"地方级自然保护区评审委员会"，进一步规范了自然保护区的建立和调整的审批程序。近年来，环保部门会同有关部门重点强化了自然保护区的机构建设，使国家级自然保护区基本形成了保护管理体系、资源调查与监测体系、科技支撑体系、执法体系、宣传培训体系和信息网络管理体系，做到了有机构、有人员、有职责，促进了自然保护区的建设管理，并使近 60%的自然保护区基本建立管理机构，专职管理人员近 4 万人，形成了一套比较完整的自然保护区管理体系。

（4）初步建立了科研监测支撑体系，发挥了宣传教育的作用

多年来，环保、林业等有关部门十分注重自然保护区科技人才队伍建设，分别设立了专门的自然保护区研究机构，并与相关科研院所、高等院校通力合作，取得了大量较高水平的自然保护区基础研究和应用研究成果。同时，很多自然保护区也积极与大专院校和科研机构开展合作，发挥各自优势，共同开展研究工作，提升了自然保护区管理的科技含量。经过多年的努力，保护区的多重功能得到充分发挥，不少保护区已经成为开展生态教育、普及自然科学知识、宣传人与自然和谐相处的重要阵地，是大专院校和科研机构天然的教学、科研基地。目前，已有近 200 处自然保护区被列为科普教育基地、生态教育基地和爱国主义教育基地，每年接待的参观考察人数已超过了 4 000 万人次。江苏盐城、江西鄱阳湖、四川卧龙、云南西双版纳等自然保护区都已成为全国著名的环境教育基地，人们在回归自然、观光旅游的同时真切体验了生物多样性的保护。

（5）初步形成了布局较为合理、类型较为齐全、功能比较健全的自然保护区网络

本着"抢救为主，积极保护"的原则，在我国典型的森林、湿地、草原、海洋和荒漠生态系统，野生动植物重点分布区域以及自然遗迹的天然分布地建立了不同级别和类型的自然保护区 2 395 个，从而有效地保护了我国 70%以上的生态系统类型、80%的野生动物、60%的高等植物种类以及绝大多数的自然遗迹，特别是 85%以上的国家重点保护野生动植物的主要栖息地得到了保护，大熊猫、朱鹮、亚洲象、扬子鳄、珙桐、苏铁等一些珍稀濒危物种的种群呈现了明显的恢复和发展趋势。

（6）树立了我国重视生物多样性和自然资源保护的良好国际形象

生物多样性和自然资源保护是全球的共同责任，已成为当今国际社会关注的热点问题。我国虽为发展中国家，但是我国的保护区面积已占国土面积的 15%，超过了世界平均水平，受到国际社会的广泛赞誉。我国已作为一个重视自然保护的生物多样性大国，加入了《濒危物种国际贸易公约》、《生物多样性公约》、《湿地公约》、《防治荒漠化公约》，与美、日、俄、澳、印等国家签订了候鸟保护协定、虎保护协定、自然保护交流与合作协定

等自然保护双边协定，并与蒙古、俄罗斯等国在交界地区建立了国际自然保护区，加强了与周边国家在保护共同生态区域和迁徙物种方面的合作与交流，为保护自然生态和履行国际义务作出了重要贡献。

截至 2009 年底，我国列入联合国教科文组织"人与生物圈保护区网络"的有内蒙古锡林郭勒、赛罕乌拉、达赉湖，吉林长白山，黑龙江丰林、五大连池、兴凯湖，江苏盐城，浙江天目山、南麂列岛，福建武夷山，河南宝天曼，湖北神农架，广东鼎湖山、车八岭，广西山口红树林，四川卧龙、九寨沟、黄龙、亚丁，贵州梵净山、茂兰，云南西双版纳、高黎贡山，西藏珠峰，陕西佛坪，甘肃白水江和新疆博格达峰（天池）28 个自然保护区。列入《湿地公约》"国际重要湿地名录"的有内蒙古达赉湖、鄂尔多斯遗鸥，辽宁大连斑海豹、双台河口，吉林向海，黑龙江扎龙、三江、兴凯湖、洪河，上海崇明东滩、长江口中华鲟，江苏盐城、大丰麋鹿，福建漳江口红树林，江西鄱阳湖，湖北洪湖，湖南东洞庭湖、南洞庭湖、西洞庭湖，广东惠东港口海龟、湛江红树林、海丰公平大湖，广西山口红树林、北仑河口，海南东寨港，四川若尔盖，云南大山包、碧塔海、纳帕海，西藏麦地卡湿地、玛旁雍错湿地，青海青海湖、三江源及香港米埔 34 个自然保护区。作为世界自然遗产组成部分的有福建武夷山，湖南张家界大鲵、张家界、天子山、索溪峪，四川九寨沟、黄龙、蜂桶寨、卧龙、四姑娘山、喇叭河、黑水河、金汤—孔玉、草坡，云南高黎贡山、白马雪山、哈巴雪山、碧塔海、云岭及贵州茂兰 20 个自然保护区。列入世界地质公园网络的有黑龙江五大连池、镜泊湖，江西庐山，湖南张家界，广东丹霞山及河南伏牛山等自然保护区。此外，辽宁鸭绿江口滨海湿地、双台河口，黑龙江扎龙、洪河、三江、兴凯湖，江苏盐城，上海崇明东滩，山东黄河三角洲及江西鄱阳湖候鸟等自然保护区还分别加入了东亚—澳大利亚迁徙徙禽保护区网络、东北亚鹤类保护区网络、东亚雁鸭类保护区网络等相关国际保护区网络。黑龙江五大连池、广东丹霞山等自然保护区列入世界地质公园网络，还有一大批保护区加入了区域性国际保护区网络。同时，通过与有关国际机构合作，积极争取国外项目资金，申请全球环境基金（GEF）、欧盟、世界银行等项目，开展国内外合作与交流，学习借鉴自然保护区管理先进理念和模式，加强能力建设，提高保护区管理水平。

经过多年的努力，我国有一些自然保护区在有效管理方面取得了较大的成绩。如福建武夷山、辽宁蛇岛—老铁山、江苏盐城等自然保护区的管理不仅在国内具有领先水平，而且在国际上也具有一定的知名度。这些自然保护区的管理经验，将会提升和带动我国自然保护区管理水平的全面提高。但从总体而言，与发达国家相比，我国自然保护区建设时间短，经费投入不足和管理力量薄弱，自然保护区的管理水平仍有不小差距。相信经过努力，在不远的将来，我国自然保护区的建设与管理将逐步达到国际先进水平。

1.2.3　存在的主要问题

（1）管理水平提升速度滞后于建设速度

基于抢救建设的理念，我国快速建成了一批自然保护区，截止到 2009 年底，我国已建成各种类型的保护区 2 541 个，其中陆地自然保护区面积约占国土面积的 14.72%。虽然国家通过不断增加保护区建设资金投入和提升民众环境保护意识来改善保护区管理，但保护区管理水平的提升速度仍滞后于保护区的建设速度。统计表明，全国仍有 42% 的保护区未建立管理机构，有 31% 的保护区未配备管理人员，专业技术人员仅占管理人员总数的 32.02%。管理机构的缺失、专业技术人员的缺乏和管理理念的陈旧直接导致保护区管理水平的低下，部分保护区管理沦为简单的资源看护与防火防病，珍稀、濒危物种的受危状况得不到改善，自然保护区的科研、宣传教育等功能得不到发挥，人与自然和谐相处的理念得不到体现。保护区亟须通过改善管理方式，优化管理资源、改进管理理念以提升整体管理水平。

（2）保护区与社区之间存在一定的矛盾

我国的自然保护区多位于交通不便、经济落后的偏远地区，保护区内及其周边地区的社区居民对保护区的自然资源有较强的依赖性。目前，我国对自然保护区的管理方式相对单一，管理要求比较严格，在一定程度上忽略和限制了社区经济发展的合理需求；另外，我国管理自然保护区资源开发利用开展时间较短，对于各种开发活动的影响方式和影响水平缺少长期的研究和准确的评估。在缺少相应的指导和管理方法的情况下，保护区管理机构与社区居民各自依据自己对自然保护区条例的理解和经济发展的需求，探索资源保护与利用的方式。如此便不可避免地导致了保护区和社区之间在保护区内资源利用方式、利用时间、利用区域和开发程度等方面产生矛盾，自然环境保护和社区经济发展均受到了影响。为解决保护区与社区之间的矛盾，迫切需要探求能够协调环境保护与资源利用的技术方法。

（3）涉及保护区建设项目日渐增多

由于我国经济的快速发展，建设项目数量和范围日趋增加，涉及保护区的建设项目也日渐增多。据不完全统计，国家环境保护总局环境影响评价司（原监督管理司）2001 年 2 月 9 日—2008 年 4 月 20 日审批项目总数约 3 945 项，其中涉及保护区的项目约 363 项。涉及自然保护区项目占当年审批项目总数的比例已从 2001 年的 3.85%逐年上升至 2008 年的 24%，自 2006 年之后，该比例均一直保持在 10%以上。涉及保护区项目类型以公路最多（共 64 项，其中高速公路 39 项），其次是铁路（47 项）、水利水电（38 项）、输油气管道（24 项）、输变电工程（23 项）。而且，建设项目的影响范围已经深入到保护区的所有区域。实际管理中，《中华人民共和国自然保护区条例》基本上制止了一般的工业建设项目，而对水利水电、交通、能源矿产、输变电及个别超大型的工业项目又开通了"豁免权"。如何甄别和准入能够进入保护区的建设项目，如何评估建设项目对保护区的影响，以及如何对保护区进行生态补偿都是应对日渐增多的涉及保护区建设项目所必须解决的问题。

（4）违规开发及违规调整保护区范围和功能区问题

目前，我国对自然保护区实行分区管理模式：核心区内禁止任何单位和个人进入，缓冲区只准从事科学研究活动；实验区可以从事科学试验、教学实验、参观考察、旅游以及驯化、繁殖珍稀、濒危野生动植物等活动；禁止在自然保护区内进行砍伐、放牧、狩猎、捕捞、采药、开垦、烧荒、开矿、捞沙等活动。而一些保护区所在的地方政府及保护区管理机构本身出于经济发展的目的，私自调整功能区划以便在核心区及缓冲区内开展旅游等活动；违规调整保护区范围以便于开展开矿等活动。开展旅游是多数保护区发展经济的首选方式，通过界定保护区生态旅游的内涵与衡量标准，建立保护区生态旅游的环境管理体系则是有效引导保护区合理利用旅游资源的有效途径。在严格执行保护区调整程序审批的同时，积极探索保护区的分类管理模式，科学界定不同类型保护区的资源管理模式与利用程度，既可充分满足自然保护的需求，又可有效降低违规调整保护区的经济驱动。

第2章 涉及自然保护区的建设项目及其环境管理现状

涉及自然保护区（以下简称"涉区"）的建设项目是指位于自然保护区范围内或穿越自然保护区的建设项目，或者是在自然保护区范围以外但其施工建设及运营将会对自然保护区产生影响的建设项目。自然保护区的特殊性决定了涉区建设项目的环境管理要严于其他区域的建设项目。因此，认真研究涉区建设项目的准入类型、建设规模、环境影响以及环境保护对策措施，对于加强涉区建设项目的环境管理具有非常重要的意义。

2.1 建设项目的主要类型与开发规模

2.1.1 主要类型

《中华人民共和国自然保护区条例》第二十六条规定："禁止在自然保护区内进行砍伐、放牧、狩猎、捕捞、采药、开垦、烧荒、开矿、采石、挖沙等活动。"第三十二条规定："……在自然保护区的实验区内，不得建设污染环境、破坏资源或者景观的生产设施；建设其他项目，其污染物排放不得超过国家或地方规定的污染物排放标准；……在自然保护区的外围保护地带建设的项目，不得损害自然保护区内的环境质量。"

根据上述规定和其他相关规定以及建设项目的性质，经过科学论证和严格审批后，可以在自然保护区实验区内建设的项目有：

① 国家基础交通建设工程；
② 国家基础水利、水电工程；
③ 农、林、畜牧业和水产养殖业；
④ 生态旅游；
⑤ 风力发电（以迁徙候鸟为主要保护对象的自然保护区除外）；
⑥ 输变电工程；
⑦ 以促进社区经济发展为目的，但不产生污染的其他项目；
⑧ 自然保护区资源管护、科研和宣传教育相关建设工程。

除了上述项目经过批准后可进入保护区外，其他建设项目一律不得进入保护区，尤其是化工石化医药、建材火电、冶金机电、采掘、轻工纺织化纤、核工业等项目严格禁止进入自然保护区。

涉区建设项目大多占用自然保护区的土地或开发利用自然保护区的其他自然资源。从获取经济效益的特点分析，对自然资源的利用一般分两种方式：一种是直接利用，获取直接的经济效益。在经营区因地制宜地、有计划地进行多种经营活动，这就是对自然资源的直接利用。直接利用又可分为消耗性利用和非消耗性利用。前者直接消耗资源，如：农、林、畜牧业和水产养殖业等；后者在一定程度上不直接消耗资源，如：有控制地开展生态旅游。另一种是间接利用，发挥自然资源潜在的经济价值。在自然保护区内所进行的科学研究，实际上是对自然资源的一种间接利用，其科学意义和指导性作用甚至比直接获得经济效益更为重要。

2.1.2 开发规模

2.1.2.1 涉区基础建设项目

涉区基础建设项目主要包括：公路、铁路等交通建设项目，水利水电类建设项目，能源等矿产项目。

据不完全统计，环评司 2001 年 2 月 9 日—2008 年 4 月 20 日审批项目总数约 3 945 项，其中涉及保护区的重大建设项目约 363 项。逐年统计结果显示，涉及自然保护区项目占当年审批项目总数的比例逐年增加（见表1）。

表1 涉及自然保护区的审批项目情况

（2001 年 2 月 9 日—2008 年 4 月 20 日）

年份	审批项目总数/项	涉及自然保护区的项目数量/项
2001	260	10
2002	350	18
2003	370	20
2004	580	40
2005	1 020	86
2006	690	78
2007	575	87
2008	100	24
合计	3 945	363

在涉区建设项目中，涉及缓冲区或核心区的项目有 11 项，在实验区内建设的项目有 95 项，在保护区内建设而建设位置所在功能分区不清的有 57 项，在保护区周边地带建设的项目有 63 项；通过调整工程方案避开保护区或缓冲区、核心区的有 8 项，为工程建设调整保护区范围和功能区的有 10 项；其余项目批复文件中明确要求工程应避开自然保护区。

涉区重大建设项目类型以公路最多（共 64 项，其中高速公路 39 项），其次是铁路（47 项）、水利水电（38 项）、输油气管道（24 项）、输变电工程（23 项）。

2.1.2.2 生态旅游及资源利用项目

合理开发利用部分野生动植物，是稳定天然食物链、保护自然承载能力与生物种群及其数量相适应的重要措施。据 1997 年中国人与生物圈国家委员会对 100 个自然保护区的调查，有 82 个自然保护区已经开展了旅游经营，其中 30.5%是 20 世纪 80—90 年代期间开始的；63%是从 90 年代开始的。就全国自然保护区而言，旅游收益占创收的 50%。我国自然保护区在 1998 年的资源收获收入为 3 986.4 万元，占总收入的 27.2%，仅次于旅游业，居第二位。其中有一些保护区创收的一半以上来源于资源收获（李俊清，2006）。

2008 年环境保护部南京环境科学研究所对全国自然保护区的生态旅游情况进行了抽样调查，根据全国各省 110 份有效反馈问卷的汇总整理，共有 85 个自然保护区已经开展生态旅游活动，占调查样本总数的 77%；正在规划开展的自然保护区有 23 个，占调查样本总数的 21%；仅有 2%的样本未开展也未计划开展生态旅游。由此可见，目前我国自然保护区开展生态旅游活动的比例是相当高的，表明地方政府也都在积极利用本地资源进行开发活动。

2.2　建设项目环境管理中的不足

2.2.1　基础建设项目管理

经济建设的快速发展和生态建设的稳步推进是我国当前社会状况的特色与特征，协调重大开发建设项目与自然保护区环境管理需要技术与创新。对于自然保护区的管理机构来说，认识保护区环境管理中的问题与不足，加强环境管理对策分析，是适应新形势下保护区管理的首要选择。

在重大开发建设项目快速增多的情况下，当前的自然保护区环境管理中存在着一些问题需要解决，归纳起来主要有以下几个方面：

① 缺少相应的自然保护区环境影响评价规范

当前我国的一些法律法规、技术规范对涉及自然保护区的建设开发项目规定过于宽泛、强制性不强，而且缺乏有效的管理，当项目建设与自然保护区的生态保护发生冲突时，往往通过调整自然保护区的范围和功能区划分，以达到进入和从事开发的目的。但是，自然保护区的功能区可以改变，却改变不了建设项目对自然保护区的实际影响。

为了进一步规范涉及自然保护区水利水电项目的环境影响评价，应尽早研究出一套涉及自然保护区建设开发项目环境影响评价的规范，使此类的建设开发项目评价有相应的规范作保障。明确自然保护区的重要地位，不能一味地通过调整保护区的范围和功能区划来迎合水利水电项目建设。针对自然保护区的影响评价不能单盯着自然保护区的边界线或功能分区界限，而是要研究具体的影响对象和影响程度。

② 环境管理不到位

我国许多自然保护区在分布上表现出了与贫困地区的高度相关性，保护区周边基础条件差，对保护区的生态保护重视不够，经营开发时缺乏合理的区划和规划，没有将周边社区居民的利益统筹考虑，进一步加深了保护区与居民之间的矛盾，不利于保护区的管理。

由于受人员、编制、经费等因素的限制，大多数自然保护区不能正常开展科研、监测及合理开发利用自然资源等工作，致使保护区的功能很不健全，不能满足自然保护区发展的要求，也起不到自然保护区应有的作用。

③ 方案比选不够充分

在我国，《环境影响评价技术导则》规定工程设计进行工程位置、工程规模、工程施工及工程运行不同方案比选，应对不同方案进行环境影响对比分析，从环境角度提出推荐方案。但在实践中有不少项目评价往往流于形式，即使环境影响报告书中有此类计划、对策、替代方案，但其所占的比重小，显得单薄，有的只是轻描淡写地提到若干补救措施，而少有全面系统的对策方案。

④ 生态补偿不到位

涉及自然保护区的交通项目建设不可避免地造成一定的环境资源损失，按照"谁受益谁补偿"的原则，应采取生态补偿措施进行恢复。但在实际操作中，经常出现建设单位"拿钱买平安"，只是补偿费用到位，补偿措施不到位的现象。

多年的实践表明，要求建设项目对自然保护区进行生态补偿是一件非常艰难的工作，很多时候即使双方已签订相应的补偿协议，但往往也很难实现补偿的及时到位。

⑤ 公众参与力度不够

在我国，许多建设开发工程环境影响评价中虽然也写入了公众参与的章节，做了部分公众参与工作，但在实践中，常常受到许多客观条件的制约，大多类似建设项目的公众参与实际效果并不理想。

当前，建设开发工程环境影响评价的公众参与都采取问卷调查的形式，发布信息的渠道单一，参与的公众数量有限。此外，无论是建设单位还是环境影响评价单位，在组织公众参与工作中，时常受到各种利益关系的影响，在向公众发布信息时往往避重就轻，在处理公众反馈意见时过分注意正面的、有利于报告书审批的或者文化素质较高的公众的意见，这就严重影响了公众意见的客观性及影响评价结果的真实性。

同时，在保护区管理方面，公众参与更是没有得到足够的重视。大多数保护区管理机构直接参与经营的同时又不同程度忽视甚至排挤当地社区的利益，以致周边社区未能共享这种开发利益，更激化了保护区在管护时与周边社区及政府的矛盾，这也就大大降低了社区居民参与保护区生态保护的积极性。

2.2.2　生态旅游环境管理

从 20 世纪 80 年代开始，随着我国社会经济的快速增长，基于自然环境的生态旅游得到了迅速发展，大量的游客陆续涌入自然保护区、风景名胜区、森林公园等自然保护区域。由于生态旅游通常被认为是理想的、无污染的、环境友好的、劳动力密集的行业，因此常被认为是连接旅游地自然资源的保护与其经济发展的纽带，同时还可带动区域的经济发展。但实践表明，旅游所带来的经济利益并不是没有代价的，稍不小心，就会给自然生态环境、野生动植物以及传统文化带来许多意想不到的，甚至无可挽回的巨大损失。

为调查自然保护区生态旅游现状，环境保护部南京环境科学研究所向全国各省（自治区、直辖市）共发放了 460 份调查问卷，至 2008 年 9 月 30 日，收回有效问卷 110 份，其中国家级自然保护区 86 份，地方级自然保护区 24 份（其中省级自然保护区 21 份，县级自然保护区 3 份），有效回收率 24%。结合 110 份有效反馈的问卷调查结果，分析目前我国生态旅游环境管理中存在的主要问题如下。

① 缺少生态旅游规划及规划环评

据问卷调查，共有 87 个自然保护区对"生态旅游规划制定"的问题进行了有效反馈，其中有安徽牯牛降、重庆大巴山、宁夏哈巴湖等 34 个自然保护区已制定了相应的生态旅游规划并获得相关部门的审批，占反馈自然保护区总数的 39%；有河北滦河上游、湖南永顺小溪、海南吊罗山等 39 个自然保护区正在编制规划或已编制尚未获得批准，占反馈自然保护区总数的 45%；有 14 个自然保护区尚未编制生态旅游规划，占反馈自然保护区总数的 16%。

问卷调查还发现，共有 79 个自然保护区针对"保护区建设项目环境影响评价"的问题进行了有效反馈，其中有山西阳城蟒河猕猴、河南连康山、江苏盐城、江西鄱阳湖南矶湿地等 52 个保护区对区内的旅游建设项目进行了环境影响评价，占反馈自然保护区总数的 66%；有 27 个保护区尚未按照相关规定对区内的旅游建设项目进行环境影响评价，占反馈自然保护区总数的 34%。

② 项目审批权限不清

自然保护区生态旅游作为一项资源开发活动应履行必要的环保审批手续。根据《中华人民共和国自然保护区条例》第二十九条的规定，国家级自然保护区开展生态旅游需经省、自治区、直辖市人民政府有关自然保护区行政主管部门审批后，报国务院有关自然保护区行政主管部门批准；地方级自然保护区开发生态旅游需经省、自治区、直辖市人民政府有关自然保护区行政主管部门批准。一般情况下，自然保护区管理机构在完成生态旅游开发的前期准备工作后，应编制项目建议书，报具审批和批准权的行政主管部门审批，项目建议书获得批准后，自然保护区管理机构和开发投资者还应组织编制项目可行性研究报告并送审报批。可行性研究报告主要包括生态旅游开发的区位选择和范围、拟开发利用的资源状况、开发利用规模、旅游方式、旅游容量分析、环境影响分析及对策、投资概算及效益分析等内容。

据问卷调查，在已经获得批准的 34 个自然保护区生态旅游规划中，有 12 个自然保护区的生态旅游规划报批部门级别不符合自然保护区条例中的相关要求。

③ 违规建设及运营

很多保护区未开展环境影响评价工作，导致区内建设项目的环境影响未得到充分认识和重视，对环境造成污染、破坏自然景观的协调性，致使环境质量下降，旅游资源严重退化，损毁野生动植物资源及其生存环境，甚至一些自然保护区内建设大量人工景点和现代化游乐设施等。

据问卷调查，共有 83 个自然保护区对"生态旅游涉及的功能区范围"问题进行了有效反馈，其中在核心区开展生态旅游活动的有 4 个，占反馈保护区总数的 5%；在缓冲区开展生态旅游活动的有 5 个，占反馈保护区总数的 6%；在实验区开展生态旅游活动的有 58 个，占反馈保护区总数的 70%；同时在实验区和缓冲区开展旅游活动的有 7 个，占反馈保护区总数的 8%；同时在核心区、缓冲区和实验区 3 个功能区内开展旅游活动的有 9 个，占反馈保护区总数的 11%。

《中华人民共和国自然保护区条例》第十八条明确规定："自然保护区内保存完好的天然状态的生态系统以及珍稀、濒危动植物的集中分布地，应当划为核心区，禁止任何单位和个人进入；除依照本条例第二十七条的规定经批准外，也不允许进入从事科学研究活动。核心区外围可以划定一定面积的缓冲区，只准进入从事科学研究观测活动。"第二十七条规定："禁止任何人进入自然保护区的核心区。因科学研究的需要必须进入国家级自然保护区核心区的，必须经国务院有关自然保护区行政主管部门批准。"第二十八条明确规定：

"禁止在自然保护区的缓冲区开展旅游和生产经营活动。"目前我国很多自然保护区内实际开展的生态旅游活动范围都涉及了核心区和缓冲区，这些区域根据条例是不允许开展生态旅游活动的，都属于违法行为，必须引起管理部门的高度重视。

④ 保护区管理机构对旅游管理的缺失

目前，我国自然保护区生态旅游活动多方经营和管理，有些自然保护区直接由保护区管理机构经营和管理，也有一些自然保护区则将开发旅游活动承包给第三方进行经营和管理，使保护区管理机构失去了监督和管理的职能。

据问卷调查，共有 92 个自然保护区对"保护区生态旅游经营权"的问题进行了有效反馈。其中：贵州赤水桫椤、福建戴云山、四川亚丁等 20 个自然保护区的生态旅游由当地政府主导经营，占反馈保护区总数的 22%；北京松山、辽宁医巫闾山、广西花坪等 43 个自然保护区的生态旅游由保护区独立经营，占反馈保护区总数的 47%；陕西历山、安徽鹞落坪、贵州茂兰等 15 个自然保护区的生态旅游由第三方特许经营，占反馈保护区总数的 16%；吉林向海、湖南黄桑、广东车八岭等 14 个自然保护区的生态旅游由保护区和第三方联合经营，占反馈保护区总数的 15%。

据问卷调查，共有 83 个自然保护区针对"保护区管理机构在生态旅游活动中的作用"问题进行了有效反馈。其中：新疆阿尔金山、贵州茂兰、重庆大巴山等 19 个自然保护区管理机构在生态旅游活动中作为单纯的监督管理者，占总数的 23%；山西庞泉沟、安徽扬子鳄、江西官山等 26 个自然保护区管理机构承担着管理者和经营者的双重身份，占总数的 31%；吉林向海、湖南鹰嘴界、四川亚丁等 32 个自然保护区的管理机构在生态旅游活动中以管理者为主，适当参加经营，占总数的 39%；仅有 6 个自然保护区管理机构未参加经营和管理，占反馈保护区总数的 7%。

由此可见，自然保护区管理机构在自然保护区生态旅游活动中具有重要的作用，大多数自然保护区管理机构均参与了旅游活动的经营和管理，但参与的程度存在较大的差别。

⑤ 观光游冒充生态旅游

自然保护区生态旅游产品作为一种较高层次的绿色产品，由于成本高，因此价格也很高。而目前大多数公众的环保意识和观念相对淡薄，宁愿选择价格较低的常规旅游，而不会去选择高价的生态旅游，因此，公众对于自然保护区生态旅游消费积极性不高，给自然保护区大力开展生态旅游营销造成了障碍。

由于目前国内在环境教育与生态科学知识普及上还较为薄弱，多数民众对生态旅游的真正含义缺乏充分的认识和理解，很多自然保护区生态旅游经营者急功近利，环境保护意识淡薄，重生态旅游产品开发，轻生态环境和旅游资源保护，导游缺乏基本的生态保护知识，生态旅游区解说系统与纪念品的科学性不够，有的甚至品位较低，旅游地社区公众参与不充分，未能或较少从生态旅游中获益，缺少生态保护的热情和资金积累，甚至以破坏旅游地资源来换取眼前薄利。这些都严重阻碍了我国自然保护区生态旅游活动的绿色健康发展。

⑥ 管理体制不顺与专业技术人才配备不足

由于缺乏必要的管理机制，管理者、经营者、旅游者和旅游区公众没有形成良性互动，无法确保生态旅游收入的一部分用于生态环境保护，无法保障旅游地社区公众的合法权益，更不能保证旅游者能获得充分的环境教育。

人力资源是生态旅游活动中不可或缺的重要组成部分之一，只有具备生态环境保护和生态旅游相关管理经验的专业人员，才能使自然保护区生态旅游活动得到可持续的健康发展。但目前我国自然保护区普遍存在机构不健全、专业技术管理人员缺乏的问题，都无法满足保护区资源管护的需要，因此，当前生态旅游管理人才不足已经成为制约我国自然保护区生态旅游发展的关键因素之一。

据问卷调查，共有 85 个自然保护区对"是否配备生态旅游专职管理人员"的问题进行了有效反馈。其中：有 19 个已开展生态旅游的自然保护区尚未配备专职的旅游管理人员，占总数的 22%；有 66 个自然保护区已配备专职管理人员，占总数的 78%。配备专职管理人员的自然保护区中，有 32 个自然保护区配备了 1～5 名旅游专职管理人员，占总数的 38%；20 个自然保护区配备了 6～15 名旅游专职管理人员，占总数的 24%；14 个自然保护区配备了 16 名以上的旅游专职管理人员，占总数的 16%。

2.2.3 其他资源开发活动管理

我国对自然保护区实行综合管理和与分部门管理相结合的管理体制，国务院环境保护行政主管部门负责全国自然保护区的综合管理，林业、农业、地质矿产、水利、海洋等行政主管部门在各自的职责范围内，主管有关的自然保护区。管理中，业务指导与实际管理权分离。这种管理模式的形成有其历史的原因和现实的作用，但也容易导致权力交叉、责任不清，在地方利益与生态保护发生矛盾时，保护向开发妥协。此外，我国管理自然保护区资源开发利用开展时间较短，对于各种开发活动的影响方式和影响水平缺少长期的研究和准确的评估。保护区在缺少相应的指导和管理方法的情况下，各个保护区管理机构根据自己对自然保护区条例的理解探索着进行资源开发，开发过程中难免存在各种问题。我国当前自然保护区资源开发中存在的问题主要表现为以下四个方面：

① 违规选择项目

根据《中华人民共和国自然保护区条例》第二十六条："禁止在自然保护区内进行砍伐、放牧、狩猎、捕捞、采药、开垦、开矿、采石、捞沙等活动；但是，法律、行政法规另有规定的除外。"有些自然保护区在资源开发利用活动中，前期未进行科学的论证，从而导致少数项目与国家有关自然保护区管理的法规和政策相违背。如在保护区内建狩猎场；在保护区内引入外来物种用于发展种养殖业，带来外来种入侵的潜在威胁。湿地水域开展室内水产精养，饵料的投入则容易引起水体富营养化，导致水体污染，从而给保护区内的生态系统及物种带来潜在危害。有些保护区借"生态旅游"之名，行"大众旅游"之实，随意增加旅游容量。

尽管有 58%的自然保护区在调查中自认为是开展生态旅游，而实地调查表明：44%的自然保护区存在垃圾公害，59%的自然保护区用汽车接送游客（这是产生噪声和污染的主要原因），61%的保护区存在建筑设施和景观环境不协调的现象（房艳刚，2003）。

② 随意扩大开发区域

根据《中华人民共和国自然保护区条例》第十八条："自然保护区内保存完好的天然状态的生态系统以及珍稀、濒危动植物的集中分布地区，应当划为核心区，禁止任何单位和个人进入；除依照本条例第二十七条的规定经批准外，也不允许进入从事科学研究活动。核心区外围可以划定一定面积的缓冲区，只准进入从事科学研究观测活动。缓冲区外围划为实验区，可以进入从事科学试验、教学实习、参观考察、旅游以及驯化、繁殖珍稀、濒危野生动植物等活动。"资源开发区域仅限于保护区实验区内。

然而，由于自然资源分布区域的不连续性和地形地貌的复杂性，使得有些保护区为了获取更大的资源开发空间或是开辟新景点以吸引更多的旅客，随意将开发区域扩大至自然资源集中分布的缓冲区，甚至是核心区。对于野生动物类型的自然保护区，资源开发活动不仅侵占了适宜生境，还造成了生境的破碎，进而造成动植物种群结构的改变，对依赖于廊道景观生活繁殖的野生生物造成基因交流的障碍、生存能力及活动领域的限制。

③ 过度开发资源

保护区资源开发利用的基本原则之一是建立在适度利用的基础上，生态旅游应当控制在适度容量以下，利用国家重点保护的动植物时，必须为人工驯养、养殖第二代以后的种群或衍生物。但目前一些保护区资源的开发利用已超越了这个限度，一些旅游活动的开展未经过严格的科学论证，旅游容量超载，对自然保护区和资源造成严重的破坏。

据问卷调查，共有 85 个自然保护区对"保护区内游客数量限制"的问题进行了有效反馈。其中仅有新疆天池博格达峰、上海崇明东滩、重庆缙云山等 36 个自然保护区已对进入区内的游客数量进行限制，占反馈保护区总数的 42%；大多数自然保护区尚未采取措施对保护区生态旅游游客的数量进行控制。一些保护区旅游活动的开展未经过严格的科学论证，由于游人猛增，对自然景观造成严重破坏。

④ 不合时宜利用资源

生态系统类和野生动植物类保护区的保护对象有其自身的生物生长繁殖和种群动态消长变化，如果能依照这些生命周期特征和群落演替规律适时利用，就能保证最低干扰水平下的资源利用。有些自然保护区为了加大资源利用程度，不顾保护对象的需求，寻找一切时间进行开发。例如，由于动物交配期多在春暖花开的旅游季节，保护区在此期间不对游人数量和游人活动进行限制；在禁渔、禁猎期内，如在鱼、虾、蟹洄游期，水生动物苗种或者怀卵、动物交配期间，捕捞水生生物、猎获动物；鸟类迁移、动物冬眠、交配期和繁殖期间，捕获鸟类和其它野生动物；在野生植物的生长旺盛期采集果实。这些时期是保护对象生命周期的关键时期，长期受到干扰，就会引起种群和群落的非正常波动，甚至是灭亡。

第3章 涉及自然保护区的基础建设项目环境影响

3.1 交通运输类项目环境影响

3.1.1 环境影响效应

由于交通运输需要一定面积的硬化路面来维持正常运行，运行期间又会产生持续不断的对外干扰，这样涉区交通运输类项目就不可避免地对保护区产生一系列的影响效应。

（1）干扰效应

交通项目建设将占用大量土地，使得保护区界内土地永久性地改变土地利用性质，造成该部分土地原有功能的丧失。线路穿越自然保护区，使得自然保护区生境碎化，生境碎化后出现更大的易受干扰的边缘面积，且碎化后的各个部分的中心距边缘更近，更易受到干扰；同时，破坏地域的连续性，将原本连续的生境分割，阻碍了原本的物质和信息交流，破坏生态系统的完整性，生物生态条件的改变，使物种多样性也发生改变。

（2）迫近效应

交通线路的开通使得沿线地区的人流和物质流强度增加，速度加快，同时也扩大了人类活动的范围，使许多原先难以进入的地区变得可达和易于进入。这对自然保护区和珍稀资源的保护构成巨大威胁。迫近效应是铁路和公路的一种间接影响，事实表明，这种间接影响的损害性更持久、更大，涉及的范围更远，有时甚至在距离线路数十公里的地区都能感觉到这种影响。一般在交通设施畅通后，可能导致沿线出现新的居住点甚至村镇。这将进一步导致清理地表以供农作物种植，采伐森林以作薪材，以及发展新的公共场所和社会基础设施。自然保护区生物多样性一般相对较高同时生态环境比较脆弱，线路开通所导致的区域性人口增加、资源开发加剧、经济规模扩大，都会对自然生态环境带来巨大的压力和多方面的影响。

（3）诱导效应

从节省投资和增加经济效益出发，新的工厂倾向于建设在有土地可用和有基础设施的地方，合乎逻辑的选择就是交通线路走廊地带。交通设施建成后，随之而来的是路旁商业的发展，于是沿着新建线路就出现了带状或串珠状的城镇。交通诱导沿线的城镇化，从而间接地造成城镇景观代替农村景观或自然景观的巨变。对于自然保护区而言，这种巨变很可能是灾难性的，随之而来的噪声、空气、水环境的污染，会破坏其原有的脆弱的生态环境。

3.1.2　对主要环境要素的影响

3.1.2.1　生态系统影响

（1）动植物的影响

交通项目建设不可避免地要毁坏植被空间和占地，从而对生境造成分割和破坏。生境碎化后出现更大的易受干扰的边缘面积，且碎化后的各个部分距边缘更近，更易受到干扰。破碎化减少了特殊的栖息地环境，使特殊种难以存活。另外，某些物种对生境大小极为敏感，栖息地面积的缩小可能导致物种消失。

对于植物，施工及交通引起的污染物、灰尘沉降于植物表面能妨碍植物的光合作用、呼吸作用、蒸腾作用，还对植物造成物理损伤，导致土壤污染，这些效应明显影响植物的生长、组成和结构。项目建设产生的大部分泥沙通过地表径流进入水体，尤其是交通密度大的公路产生的灰尘是水生态系统中细微粒、养分及污染物的重要来源。交通污染可能引起路域微环境、微气候的变化，造成植被群落变化。另外，原材料的堆放、沥青和车辆漏油，还会污染土壤，从而间接地影响植物生长。

对于动物，交通运输产生的污染影响主要表现为交通噪声污染和光污染。施工噪声将扰乱动物的安静栖息环境，影响其正常生理活动规律。在自然保护区中很多动物是对人为活动极为敏感的种类，高速公路和特大桥梁的施工期和运行期产生的高噪声值，其影响范围可达到 250～350 m，该范围的野生动物将受到噪声的直接影响。噪声对鸟类的影响程度以繁殖期最严重，会使部分鸟类不能正常产卵或孵化。通常受到噪声影响鸟类会本能地规避，但有时因没有多余的生境而迫使其不能离开其噪声影响巢穴领地。

（2）生态系统稳定性的影响

交通建设工程涉及区域广，可能会破坏自然保护区中某些重要的生态系统的稳定性，如森林生态系统、湿地生态系统、山地或岛屿生态系统等。交通建设对其直接影响包括占用自然空间、分割动物群、因碰撞而导致动物死亡等；间接影响包括交通的贯通将导致进一步的地面清理，建造次要道路、偷猎及其引进农业和养殖业，并且改变大气条件、改变地表水流导致侵蚀、减少动物种类、传播疾病等方面。

（3）景观影响

交通项目建设是在自然景观中嵌入大型的人工廊道，大量水泥地面和路基的植入，改变了原生境的地形地貌，分割了原有的自然景观系统，对景观格局产生重要的影响。交通项目对自然保护区的自然景观的影响是不可避免的，具体表现在以下几个方面：切割连续的自然景观，破坏空间连续性；占领和破坏重要的自然景观，损害区域景观资源；影响传统的视觉环境，使自然保护区的景观环境受到影响。

3.1.2.2　声环境影响

（1）噪声

施工期的噪声主要来自于施工机械和运输车辆。施工期作业机械类型较多，推土机、挖掘机、打桩机、振捣机等均为强噪声源。噪声水平及影响范围随施工阶段不同而存在差异。但是施工期噪声影响随着施工的结束而消失，且属无残留污染，因此其影响是暂时的。

营运期的噪声主要在车辆行驶过程中产生。对于公路而言，由于车流量、车速等原因可以造成横向 300m 范围的噪声污染带。汽车噪声来自车体各部分的振动、撞击和摩擦。此外，车辆行驶中引起的气流湍动、排气系统、轮胎与地面的摩擦等也会产生噪声。并且随着道路交通量的增加，过往车辆的噪声源也将加大。

对于铁路而言，在运营期以列车为代表的流动噪声源，其噪声源强又因列车类型、线路类型、列车运行速度、列车运行对数等因素而不同。列车鸣笛噪声声级高、不易控制，是铁路高噪声声源。运营期交通噪声的影响是长久的，且随着营运时间的推进，其噪声也将越来越大。

（2）振动

运营期产生振动环境影响的主要是铁路。铁路运营期对振动环境的影响主要来自车辆行驶，列车行驶中振动大小不仅与行车速度、列车长度、上坡与下坡等因素有关，还与轮和轨圆滑率、钢轨连接方式、倒床类建筑物和铁路间介质等因素有关。

3.1.2.3　水环境影响

施工期对水环境的影响较短，其污染影响随着施工工程的完成而结束。施工期的水染污源主要来自两个方面：一是施工营地施工人员日常生活产生的生活污水，污水中主要污染物为 COD_{Cr}、BOD_5、SS；二是工程施工及机械作业产生的生产污水，主要污染物为石油类、COD_{Cr}、SS。

公路工程会造成水流集中于某些点，在许多场合，还会使得水流速度加快，从而改变地表水流的自然状态，在特定区域条件下，这些变化会导致水土侵蚀以及河流淤塞等后果。这些影响常常可能波及那些远离公路的地区。另外，铺设路面会降低土壤的可渗透性，从而增加地表径流。

桥梁施工在河底挖泥，或冲洗建筑材料（如沙石冲洗）等会引起水质混浊、影响水体水质；桥梁施工将使用大量的施工机械，这些施工机械的含油污水如进入水体，会引起河水油污染；施工材料如沥青、油料、化学品物质等保管不善被暴雨冲刷进入水体也会引起水体污染；施工期间施工人员的生活污水、生活垃圾若不加强管理，直接排入河流将污染水体。

3.1.2.4　大气环境影响

（1）生产生活锅炉的影响

施工期间，为了解决施工人员日常生产、生活问题，将在各站施工营地配备必需的临时性小型锅炉，烧水、做饭时锅炉排放的烟气将对施工营地范围内的环境造成一定影响。

（2）扬尘机械作业的污染

施工扬尘、施工动力机械排出的尾气是交通建设项目施工期对自然保护区空气的主要污染源。其中施工烟尘污染主要来自于以下几个方面：施工现场中未完成路面、进出工地道路等被风吹或施工作业扰动产生的扬尘污染；灰土拌和、粉状建材运输产生的扬尘污染；堆场的风吹扬尘、装卸扬尘和过往车辆引起的路面积尘二次扬尘污染。

（3）公路施工中的沥青烟污染

沥青烟是由于沥青在熬炼、搅拌和摊铺过程中产生的，其中含有烃类及芳烃类等有害物质。沥青融溶烟尘对空气的影响为：下风向 50 m 处苯并[a]芘低于 0.000 1 mg/m^3，下风向 60 m 处酚和 THC 分别在 0.01 mg/m^3 和 0.16 mg/m^3。

3.1.2.5　环境风险

（1）隧道涌水

由于特殊的地质条件，在隧道施工中可能发生较大量的涌水。隧道涌水会使得当地地下水资源流失；工程区地下水与外界水资源进行水量交换和重新分配，将打破原有的水文动态平衡；在排水路径改变或排水阻力下降后，易发生洞顶与断裂破碎带连通的地表水体加速疏干、塌陷等不良环境地质现象，加速地表水土流失，影响植被和农作物生长等。

（2）隧道弃渣场、挡渣墙垮塌

山高沟深、地形陡峻的地区，降雨集中时节，地表径流汇集迅猛，汇聚到弃渣场坡脚时有排泄不畅的可能，从而对挡渣墙形成较大的附加压力，挡渣墙如不能有效阻挡这种压力，其结果将是墙体塌滑，产生小规模的泥石流。

（3）不良环境地质

山区铁路由于路基开挖、路堤填筑加荷使原有稳定边坡脆弱的平衡条件受到破坏，施工和运营中堆积体在雨水侵润下，易沿不利结构面滑移，暴雨作用下易形成泥石流灾害。崩塌和滑坡现象也屡见不鲜。

（4）危险品运输

交通运输项目在运营期阶段的环境风险主要是运输危险品车辆或列车发生交通事故时导致大量危险化学品泄漏事故，主要指在重要水域桥梁路段发生事故时危险品泻入水体。由于运输危险品品种较多，其危险的程度不一，交通事故的严重性及危险程度不同，应具体分析所产生的影响。

3.1.3　交通运输项目的典型案例分析

3.1.3.1　济晋高速公路对河南太行山猕猴国家级自然保护区的影响

（1）河南省太行山猕猴国家级自然保护区概况

太行山猕猴国家级自然保护区位于河南省西北部与山西省交界处，保护区范围由西到东穿越济源市、沁阳县、博爱县、焦作市、修武县和辉县市六县市。呈狭长带状片区，总面积56 600 hm^2。保护区是在 1982 年河南省政府批建的济源猕猴自然保护区、太行山禁猎禁伐区，以及 1991 年省政府批建的沁阳白松峰省级自然保护区和辉县市级自然保护区的基础上，将焦作、博爱、修武、辉县等林场和济源市、辉县市、修武县、博爱县和中站区部分群营林连接在一起，联合扩建而成的。1994 年 6 月在中国政府公布的《中国多样性保护行动计划》中，将太行山南端定为中国多样性保护区的优先区域，太行山猕猴国家级自然保护区被列为优先保护区。1998 年经国务院 68 号文批准建立河南太行山国家级猕猴自然保护区。建立保护区的主要目的是：以保护猕猴、金钱豹等珍贵野生动物资源及其栖息的森林生态系统为中心，通过保护自然生境，对以猕猴为主的保护区内所有野生动植物实施保护，同时保护好太行山独特秀美的山地景观，实现资源可持续利用和生态环境良性循环。

保护区属大陆性季风气候区，受大陆和海洋气团的交替影响，冬季盛行西北风，夏季盛行东南风，东冷夏热，四季分明。区内层峦叠嶂，沟壑纵横，光、热、水等因子的时空差异明显，出现小气候区域。保护区平均年降水量约为全年总降水量的 51.2%；冬季降水极少，只占全年降水量的 4%。平均无霜期为 227 天。

保护区地处太行山南麓山区浅山地带，区内主体山系呈东西走向。受上升的山西高原板块和下降的华北平原板块相互挤压和扭动的直接影响，区内地质构造复杂，断裂活动频繁。该区属中低山地貌类型，以山地为主；地貌形态主要为断块地貌和沟谷地貌包括断块中山、断块低山、低山丘陵和山间小盆地；主要地貌特征为：群峰挺拔、山势陡峭、河谷纵横、绝壁林立，相对高差大。区内山地经强烈的侵蚀、切割和雨水淋溶，形成了很多陡崖深谷，且喀斯特地貌发育成熟，形成了许多峰状漏斗和峰丛洼地的喀斯特景观。山顶保留有夷平面，呈东西走向，面积不等，形成独特的山顶平地地貌景观。

保护区内现有野生兽类共 35 种，隶属 7 目 17 科 31 属。其中国家重点保护动物 4 种，Ⅰ级保护动物有金钱豹，Ⅱ级保护动物有猕猴、青羊、林麝、水獭。兽类中啮齿类动物约 13 种，属于古北界区，即我国动物地理区划中的华北区。保护区分布有鸟类约 140 种，分属 17 目 39 科 100 属。被列入国家重点保护动物名录的珍贵鸟类有 25 种，占鸟类总种数的 17.9%。其中列入国家一级保护的有四种：白鹳、黑鹳、金雕和玉带海雕。

（2）济晋高速公路概况

全国交通规划（2004 年 6 月）明确太澳线（山西太原至澳门）是我国"五纵七横 12 通道"公路交通网中的第五纵重点公路，济晋高速公路是太澳线的组成部分，也是河南省"五纵四横"干线公路网中的纵向公路之一，北起山西晋城市西互通，南止河南济源市北五龙口互通，沿线经过晋城、焦作、济源三市。按照公路建设分段，全路分为南北两段。南段为河南工程段，全长 21.815km；北段为山西工程段，全长 30.048 km。该项目的建设将极大地改善济源南北方向路网布局的不足，开辟一条既可满足运输时效性又可提高整个路网通行能力的快速通道，促进发达地区与贫困地区的经济交流。本案例主要分析济晋高速公路南段穿越自然保护区部分对保护区的影响。

济晋高速公路总体走向为南北向，太行山猕猴保护区呈东西向分布，因此该公路不可避免地要穿越自然保护区。该工程在可行性研究阶段，设计单位曾先后提出三个方案，即白洞河方案、沁河方案和仙神河方案。经过反复研究论证，由于该线路从起点到终点地势高差达 378.72m，白洞河方案路线长度太短不能满足高速公路路面坡度设计规范，而沁河方案和仙神河方案相比较，两者线路长度基本相同，都可以满足高速公路的坡降规范且均穿越自然保护区核心区与缓冲区，但仙神河方案穿越自然保护区的线路长度远小于沁河方案，故仙神河方案为最佳方案。

根据《关于涉及自然保护区的开发建设项目环境管理工作有关问题的通知》（国家环保总局，环发[1999]177 号）规定，"经国家批准的交通、水利水电重点建设项目因受自然条件限制，必须穿越自然保护区，特别是自然保护区的核心区、缓冲区时，应对保护区的内部功能区划或者范围界限进行适当调整。"鉴于济晋高速公路项目确属国家重大工程项目，可以对保护区进行功能区调整，使项目避开缓冲区和核心区。同时，公路主要以桥隧形式穿越自然保护区，在保护区内桥隧总长为 7 514m，其中隧道长度约 6 143m，桥梁长度约 1 371m。桥隧总长度占进入保护区线路总长度的 68.68%；其中，核心区内桥隧总长 4 662m，约占穿越核心区线路总长的 83.10%。

（3）济晋高速公路对自然保护区的影响

1）对猕猴栖息地的影响及阻隔效应

据《太行山猕猴自然保护区考察集》，整个保护区约生存有 2 000 只猕猴，其中沁阳片区有 155 只，五龙口片区有 405 只。

太行山地区猕猴平均生存空间为 4.9 只/km^2，相当于每只猕猴平均领地 0.204 km^2。除去隧道洞内长度及桥梁加空长度后，产生环境影响的拟建公路长度以 4 km 计，环境影响带宽度以线路中心线两侧各 300 m 计，营运期公路环境影响范围约为 2.4 km^2。相当于有 12 只猕猴失去领地。施工期，因施工道路和施工场地的范围较大，对猕猴产生的影响应相应增加。

此外，线路把猕猴生境分为东西两块，在环境影响带范围内成为两侧猕猴的阻隔带。两侧猕猴主要依靠长隧道顶部迁徙和交流，如果阻隔带分割了某个猕猴种群的领地，这种影响较为严重。可能会使该种群分裂为两个种群，也可能使该种群舍弃部分领地而向另一个方向竞争扩大领地。因此，尽量延长隧道的洞内长度是减缓阻隔影响的好办法。

2）噪声对猕猴的影响

根据对猕猴生态习性的研究，野生猕猴对人类活动及其敏感，噪声会使猕猴迅速逃离。高速公路施工期和运营期产生的高噪声值，其影响范围可达到 250～350 m，该范围内的猕猴将受到噪声的直接影响。

噪声对猕猴等野生动物的影响程度以繁殖期最严重，会使哺乳类动物减少受孕机会或造成流产。通常受到噪声影响的野生动物会本能地规避，但有时因没有多余的生境迫使其不能离开其受噪声影响的巢穴领地。

3）对其他重点保护动物的影响

沁阳片区记录到的国家重点保护动物有 6 种（猕猴除外），五龙口片区记录到的有 10 种（猕猴除外）。分布在所建济晋高速公路两侧的重点保护动物除猕猴外主要有短耳鸮、雕鸮、青羊、勺鸡；正常情况下，金钱豹、豺等肉食动物活动范围也能达到高速公路两侧。鸟类大多对人为活动极为敏感，受到公路施工运行的噪声、废气等环境影响，栖息在受影响区域内的重点保护鸟类将会本能地迁徙其栖息地，以规避环境影响。

青羊也是对人类活动极其敏感的物种，可能受到公路阻隔和交通噪声等环境影响。近年来，保护区内已很少见到金钱豹和豺的踪迹，公路施工可能使其更加远离该区域。同时由于高速公路的修建，可能会带来偷猎偷捕现象加剧，这些保护动物由此会受到恶意猎捕。

4）对局部森林生态系统的影响

受公路建设的直接影响，在公路隧道出口的路堑段、桥梁两端以及切坡筑路的路段，森林被砍伐后形成"天窗"。一般情况下，森林产生"天窗"后，有利于喜阳树种的生长，进而可以促进森林演替。然而，公路建设中路基占用的林地属永久占地，路面部分没有可供生长树木的土壤，对于森林生态系统，这样的人工"天窗"将成为森林中的"荒地"，从而使森林覆盖率降低。

此外，生活在公路交通噪声影响带范围内的珍稀野生动物，会因规避这些影响而离开公路两侧。由此，使公路两侧的森林生态系统的生物多样性降低，也使部分珍稀野生动物活动范围缩小。另外，若管理不善，当地居民沿高速公路深入森林腹地后，再恶意进入森林，将会对森林资源和野生动物产生直接影响。

5）景观影响

河南省太行山猕猴国家级自然保护区呈东西走向，而济晋高速公路呈南北走向跨越保护区，必然会对保护区的景观生态整体性产生一定的影响。具体分析如下：

济晋高速公路穿越保护区的区段，采用桥梁、长隧道形式穿越保护区，对保护区的水系、物质流动等均不产生明显影响。由于保护区重点保护动物猕猴、金钱豹等栖息环境均选在山顶部，因此道路对野生动物的阻隔影响不明显。

保护区内路段占用土地面积约 190 亩，弃渣场占用土地为 100～150 亩，隧道外暴露路段、开挖破坏植被造成的山体裸露等，会对局部景观产生干扰。随着施工期的结束和生态恢复工程的开展，这些影响会逐步得到恢复。运营期由于受到交通噪声和汽车尾气的影响，猕猴和其它重点保护区动物可能不会选择公路穿越区段作为栖息地或觅食地，因而整个保护区在这一段区域的景观生态整体性将受到一定的削弱。

6）其他影响

① 弃渣场、临时用地对保护区的影响。保护区区内的路段，扣除隧道洞内长度后，路基和桥梁的长度，平均征地宽度以 35 m 计，共占用保护区内土地面积约 190 亩。此外，弃渣场占用土地 100～150 亩。这些被占用的土地，原有植被被破坏殆尽。其中路基占用的土地不可复垦，弃渣场占用的土地短期内难以复垦。施工便道、场地和营地等临时用地同样对植被造成严重破坏。

② 水土流失。施工过程中的桥隧、高填、深挖等工程建设，使得山体遭到破坏，在降水量大的季节和地区，将引起严重的水土流失，可能导致更大规模的山体滑坡等破坏，从而导致恶性循环；由于地表植被破坏严重，并且有的地方因为暴露出来的边、仰坡是不适宜植物生长的岩石等地层，植物几乎不可能得到及时有效的恢复，这又加剧了岩石风化和水土流失。

（4）河南太行山猕猴国家级自然保护区功能区划调整

由于济晋高速公路不可避免地穿越保护区的核心区和实验区，根据《关于涉及自然保护区的开发建设项目环境管理工作有关问题的通知》可以对太行山猕猴保护区进行功能区调整。通过调整保护区的各功能分区和制定相应的补偿和保护措施，减轻建设项目对自然保护区的影响，实现自然保护区的可持续发展。

河南太行山猕猴国家级自然保护区呈东西走向的狭长地带，穿越了济源市、沁阳市等6 县市，济晋高速公路仅穿越保护区沁阳片区的核心区和五龙口片区的实验区，因此调整方案仅在沁阳片区和五龙口片区内进行，不涉及其他片区。将原沁阳核心区、缓冲区西界均向东移动，退出部分面积调整为实验区；五龙口片区北部的缓冲区调整为核心区。调整后各功能区面积比较如表 2 所示。

表 2　保护区功能区调整前后面积比较

项目	总面积/km²	核心区		缓冲区		实验区	
		面积/km²	比例/%	面积/km²	比例/%	面积/km²	比例/%
调整前	566.00	203.77	35.9	127.15	22.5	235.58	41.6
调整后	566.00	204.33	36.1	120.57	21.3	240.90	42.6
变化	0	1.26	0.2	−6.58	−1.2	5.32	1.0

由表 2 可见，核心区和实验区面积有所扩大，缓冲区略有缩小。功能调整对整个保护区各功能区面积比例没有太大的影响，总体上看，核心区面积达到 36.1%，完全符合国家级自然保护区的核心区应当占总面积 30% 以上的要求。

（5）减免不利影响的其他对策及建议

1）生态保护措施

为减少建设项目对猕猴和其它野生动物及栖息地的影响程度，在功能区调整的同时，必须实施相应的生态保护措施。

功能区调整后，新建功能分区界标，在重要路口设立宣传标牌；在高速公路进入保护区边界处，新建保护区标志性门牌各一座；增加哨卡和瞭望塔，对保护区内重要路段实施强化管理，重点管护核心区，受公路施工和运营的干扰，生活在拟建公路沿线的猕猴有效生境面积缩小，通过人工补饲弥补其因觅食地面积减小和盐分不足的影响。

公路施工设置的堆渣场、临时施工场地和施工营地应尽量设置在保护区外，在施工设计过程中，尽量选择对林地及其他环境因子影响最小的位置设置堆渣场、临时施工场地和施工营地。公路工程造成的堆渣场和施工便道等临时用地必须进行生态恢复，选定的堆渣场应当提前建设挡土坝，以防止边坡坍塌或水土流失。临时用地应尽量恢复成林地，或先行种草或灌木，以加速植被的自然演替。

在穿越原核心区的暴露路段，如隧道出口、桥梁两端，应设置既能隔声又可挡光的屏障。

2）宣传教育

在施工人员进入保护区路段进行施工前，在工地及营地周边设立临时宣传牌，施工人员进场后，立即进行生态保护教育。施工人员应当在施工区内活动，防止施工人员出入保护区内的核心区或缓冲区。

3）生态监测与日常巡护

加强日常巡护，在日常巡护每月 6～8 次的基础上，施工期的日常巡护每月增加 6 次，平均达到每 2～3 日一次；每年的 10 月到翌年 4 月是猕猴繁殖期，应重点保护猕猴集中栖息地，在此期间日常巡护频率应达到隔日一次。

组织专业人员对沿线两侧各 10 km 范围内开展全面的生态监测，重点是生活在沿线的三个猕猴种群，对其进行监测和救护。

4）经济补偿

按照"谁污染、谁治理，谁破坏、谁补偿"的环境管理原则，造成生态影响的项目建设单位应承担补偿义务。公路建成后，保护区在资源管护、科研监测和宣传教育方面均需相应地增加基本建设项目。建设项目对保护区生态补偿的基本费用主要包括占地生态补偿费、生态保护工程的项目投资及运行费。济晋高速公路应就具体补偿费用问题与自然保护区以及林业等部门单位共同协商。

3.1.3.2　东北东部铁路通道前阳至庄河段对丹东鸭绿江口湿地自然保护区的影响

（1）建设项目概况

东北东部铁路通道指东北三省东部地区规划新建的前阳至庄河、灌水至新通化、白河至和龙 3 段铁路线，将既有的 14 条铁路线连通，形成沿辽东半岛海岸、中朝、中俄边境的南北走向的铁路通道。新建前阳至庄河段铁路沿线在辽宁省大连的庄河市及丹东的新港市境内通过,位于辽东半岛、黄河之滨,总体走向呈南西—北东向。

(2)丹东鸭绿江口湿地自然保护区概况

鸭绿江口滨海湿地位于辽宁省东部东港市境内,东起中朝海域分界线,南临黄海,西与大连庄河接壤。整个湿地沿东港市境内的海岸线,从东向西呈带状分布。1997 年经国务院批准为国家级自然保护区。总面积为 101 000 hm²,东西长约 90 km,南北最宽约 50 km,由陆地、芦苇沼泽、滩涂和浅海海域四大部分组成。保护区为内陆湿地和水域生态类型与海洋和海岸生态类型的复合生态系统,系统健全、功能多样、景观完善、生物多样性丰富。以湿地生态系统和珍稀野生动植物为主要保护对象。

保护区属温带湿润季风气候。冬季漫长,夏季较短,受海洋影响,冬无严寒,夏无酷暑,四季分明。年平均气温 9.9℃,历年最低气温为-28.2℃,最高气温为 33.9℃,无霜期203 天。雨量充沛,年降水量 1 039 mm,而且年内降水量分布不均匀,冬季占 3.9%,夏季占 62.1%,秋季占 19.3%,春季占 14.7%。年均日照数为 2 368.6 h。优越的气候条件对生物的生长发育极为有利,但春季的冷空气活动较为频繁,夏季的低温寡照,秋季的低温寒冷,不同程度地影响生物的生长和发育。保护区地形低洼平坦。地貌由湿地平原、滩涂河口沙洲和水下三角洲三个大的地貌单元组成。

保护区内有高等植物 289 种,计 64 个科,其中菊科 44 种,占总数的 15%;禾本科 35种,占总数的 12%,莎草科 24 种,占总数的 8.4%。有国家Ⅱ级重点保护植物 1 种:野大豆。同时由于保护区内有鸭绿江口和大洋河口两大河口区,两河水量充沛,夹带着大量营养盐分和有机物,使该保护区浮游生物种类丰富,再加上水文条件优越,水质状况良好,非常适合鱼类生长繁殖,现有鱼类 17 目 42 科 76 种。保护区共发现鸟类 240 种,濒危鸟类有黑嘴鸥和斑背大尾莺。其中有国家一级保护鸟类丹顶鹤、白枕鹤、白鹤、白鹳等 8 种,二级保护鸟类大天鹅、白鹅雁等 29 种。中日候鸟保护协定中的 227 种鸟类,有 114 种在该地区发现,占总数的 55.3%;中澳候鸟保护协定中的 81 种鸟类,有 43 种在此发现,占总数的 53%。鸟类的种群数量巨大,一般分布在保护区核心区和缓冲区内、大洋河河口及入海口区域。

东北东部铁路通道前阳至庄河段总体走向呈南西—北东向,丹东鸭绿江口湿地自然保护区带状呈东西走向,因此该铁路不可避免地要穿越自然保护区。在铁路可行性研究阶段,设计单位曾提出高速公路北和高速公路南两个方案,方案均穿越保护区实验区。

根据《中华人民共和国自然保护区条例》第三十二条规定:"在自然保护区的核心区和缓冲区内,不得建设污染环境、破坏资源或者景观的生产设施;建设其他项目,其污染物排放不得超过国家和地方规定的污染物排放标准。"故辽宁环保局《关于新建前阳至庄河段铁路项目通过丹东鸭绿江口湿地自然保护区选线方案问题的复函》明确,由于南线方案距保护区缓冲区较近,北线距缓冲区较远,选择北方案;同时采取必要的保护和补救措施,将铁路对保护区的影响程度降到最低。保护区内线路总长 6.67 km,其中桥涵总长 2 062.7 m,占总工程量的 30.9%,路基总长 4 607.3 m,占总工程量的 69.1%,保护区范围内无新建车站。

（3）铁路通道对保护区的影响

1）对鸟类的影响

① 工程占地影响。工程在保护区内永久占地 22.31 hm²，施工便道占地 1.36 hm²，共计 23.67 hm²。这些占地直接侵占鸟类栖息觅食场所，将导致受影响的鸟类失去生活场地，该部分共占保护区总面积的 0.02%。

② 噪声影响。施工噪声将扰乱鸟类安静的栖息环境，影响其正常生理活动规律。据预测和同类项目施工类比分析，工程施工期噪声在铁路两侧 1400 m 处基本可达到《城市区域环境噪声标准》（GB 3096—93）0 类区夜间标准[40 dB（A）]，据此估算，施工期保护区鸟类栖息、活动受影响的范围约 1867.6 hm²，约占保护区总面积的 1.85%。

据研究表明，鸟类一般在涨潮落潮时外出觅食，其余时间则栖息于岸边沼泽芦苇地内，运营期列车运行产生的轮轨噪声将影响到线路两侧声环境，对鸟类栖息、觅食环境产生破坏。经模式预测，该项目运营期噪声昼间在距线路外轨中心两侧约 1400 m 处，夜间约 900 m 处。运营期保护区内鸟类栖息、活动受噪声影响的范围约 1867.6 hm²，约占保护区总面积的 1.85%。

③ 灯光影响。早晨、黄昏和晚上是鸟类活动、繁殖和觅食的高峰时段，施工场地灯光光照较强，且照射距离较远，会对保护区鸟类产生影响。运营期夜间列车灯光等强光源会将动物生活和休息环境照得很亮，扰乱动物昼夜生活节律。

④ 迁徙影响。涉禽因自身的生活习性，每年都要进行大规模的迁徙。鸭绿江口湿地保护区是大批涉禽迁徙的驿站。每年 3 月，保护区内候鸟开始自南半球向北迁徙。4—6 月，数百万只鸟类由俄罗斯西伯利亚、美国阿拉斯加等地迁徙到鸭绿江口湿地栖息和繁殖，经短暂休息后再飞往西西伯利亚。9 月开始，大批涉禽经由保护区向南迁飞。由于工程建设对自然生境的割裂及人为活动频繁，鸟类一般不选择线路途经地区休息，而选择保护区、滩涂等核心区、缓冲区作为栖息场所。同时由于列车运行带来的人员进入，增加了偷猎偷捕的可能性，会使保护区鸟类受到一定影响。

⑤ 扬尘和废气影响。工程在保护区内施工时，产生扬尘的主要来自为施工材料运输的路面扬尘。运营期内燃机车运行排放的废气对鸟类有一定影响，但由于属于流动污染源，影响范围和程度较小，废气能得到及时扩散，降低有害气体浓度。根据其他项目类比分析，路面扬尘和机车废气影响范围一般不超过线路和施工便道两侧 200 m，面积约 266.8 hm²，占保护区总面积的 0.26%。

2）对保护区植被的影响

施工期对植被的影响主要是工程占地，包括工程永久占地、施工便道占地等。工程在保护区内永久占地 22.31 hm²，施工便道占地 1.36 hm²，共计 23.67 hm²，这些地域的植被将受到严重影响。另外，施工扬尘会影响植物生长，车辆碾压也可能造成施工便道及周边植物死亡。线路两侧由于属保护区外围实验区，无珍稀植物分布，且多为常见蒲苇类植物及农作物。

3）对湿地水的影响

湿地接受、保持、再循环从高地上不断冲刷下来的营养物质，这些元素维持了植物的生长，同时植物将无机化学物质转变成了有机物直接或间接地成为各类动物的食物。芦苇沼泽每公顷产生 3 700 kg 枯落物，又有大量的浮游植物。湿地中分解、半分解物的有机碎屑源源不断地随着地表径流输入河口和滩涂，使黄海北部海域成为饵料丰富的渔场。

铁路修建过程中开挖建筑基础，运营后铁路将作为天然屏障对地表水和浅层地下水流通及土壤营养成分循环造成阻隔。该工程在湿地地区内以大洋河特大桥的形式通过，桥孔径为 32 m，大于高速公路在此处桥梁孔径 20 m，可满足线路两侧生态水及营养成分循环要求，不会对桥梁两侧生态系统能流、物流流动产生大的影响。

4）对地表水体的影响

工程施工期间，由于桥梁基础开挖及钻孔产生的泥浆将对大洋河造成污染，影响鸟类觅食及河流水生生物。据同类工程类比分析，河流施工对水体的影响在于浊度的增加，影响范围在上游 50 m、下游 150 m 范围内。此外，施工营地、施工人员产生的生活污水及生活垃圾如处理不当也会造成对生态环境的污染。但随着施工的结束，该影响会逐渐消失。

在运营期，桥面径流影响可能对保护区环境造成影响，污水会影响现有水质，影响湿地土壤理化性质，影响植被生长发育。

（4）减免不利影响的对策及建议

1）施工期环保措施与建议

施工单位应建立施工进度报告制度，与当地环保部门及自然保护区管理部门加强联系，共同协作开展工作；开工前设立宣传牌，对施工人员进行生态环保教育，加强施工人员管理，禁止猎捕野生动物；落实施工期环境监理。保护区管理部门应增加巡护频率，配合工程监理部门开展环境监测，尤其在每年 4—9 月、9—10 月鸟类繁殖期和迁徙期，日常巡护应达到隔日一次；组织进行鸟类生态监测，监测时段为每年两次，4—5 月监测夏季候鸟和留鸟，9—10 月监测冬候鸟。

合理选择施工时间，避开每年 4—5 月和 9—10 月鸟类繁殖、迁徙集中期，尽量缩短在保护区内施工的时间，以减少对野生动物的干扰。由于黄昏和晚上是鸟类繁殖和觅食活动的高峰时期，因此在 18 时—次日 6 时应禁止施工作业。

桥梁施工中的桥墩基础开挖和弃渣，严禁在湿地保护区内堆放，工程弃渣必须运至保护区外。施工中应采用钢板等材料制作移动式泥浆池、沉淀池，避免泥浆外渗，并将泥浆晒干用于桥头填筑。施工便道应尽可能利用现有的机耕道或设置在工程永久占地范围内，新建的施工便道在工程完工后必须恢复植被或原有功能。

施工营地应设置在保护区外。施工产生的垃圾集中收集处理，禁止未经处理的污水及固体废物排入湿地，避免对保护区内水质造成污染。不得在保护区内检修施工机械，防止施工机械含油污水污染保护区。

2）运营期环保措施及建议

保护区段设置为禁鸣区段，避免列车鸣笛惊扰保护区鸟类。在工程穿越湿地路段，即大洋河特大桥两侧设置声屏障或挂板以遮挡列车运行时噪声。

对保护区内路段进行绿化，且不同路段采取不同形式。路基两侧绿化树种选用毛白杨、柳树和加拿大杨等，树下撒播豆科牧草，以改良土壤加快地表植被的恢复，并达到一定的降噪效果。大洋河特大桥桥下部分以及施工便道、施工栈桥等占地范围内可种植芦苇、碱蓬等草本植物，恢复或利用周边芦苇自身繁殖。

工程施工结束后，巡护频率建议为每月 6～8 次，每年 4—9 月重点保护鸟类集中栖息的时段适当增加日常巡护频率。

延续施工期的鸟类生态监测工作，运营期的前五年进行生态监测，监测时段为每年两次，4—5 月监测夏季候鸟和留鸟，9—10 月监测冬候鸟。

客车运行至保护区段时，锁闭车内厕所，禁止旅客向车外抛撒垃圾，并做好宣传工作。

运煤列车出站时应做好覆盖或挡护措施，对煤堆采取增加表面湿度、确保煤堆高度低于车厢高度等措施，避免运输过程中飘散。

3.2 水利水电类项目环境影响

3.2.1 水利水电项目特点及其影响效应

水利水电工程带来正面效益的同时也会对区域生态与环境产生深远的影响，其影响通常是多层次、多方面、综合性的，包括有利和不利两方面。水利水电工程与工业企业等建设项目相比，其对环境影响不像工业建设项目那样狭小而集中，它一般不直接产生污染问题，是非污染型的生态项目，主要有以下几个特点：

——水利水电工程为平面性构筑物，其面积大、影响范围广。

——水利水电工程具有施工期长，施工量大的特点。

——水利水电项目的建设地点一般都在偏僻的山区，施工条件比较复杂，属于水土流失重点保护区。

——单项工程建设逐渐发展成流域综合开发，并具有多目标。

水利水电开发对环境的影响，主要是由于水资源利用方式的改变或兴建大坝而引起的。水利水电工程是以生态破坏为主的生态影响型建设项目，其影响的对象主要为区域生态环境，其影响效应主要有以下几个方面：

（1）水文效应

在河流上筑坝截水，会深刻地改变河流的水文状况：引起不同河段流速、流量和水位的变化，会对产漂流性卵的鱼类产生直接影响；或导致季节性断流，形成脱水段，严重影响河道生态，进而影响河流的水生生物；或改变水沙过程，增加局部河段淤积，使产黏性卵的鱼类受到影响；或使河口泥沙减少而加剧河岸冲刷；或导致咸水上溯，污染物滞留，水质也会因之而有所改变，影响水生生态系统，清水性生物逐步为耐污染的水生生物所取代，当水库有机物积聚过多，还会耗尽水中的溶解氧，导致鱼类死亡。

（2）湖沼效应

筑坝蓄水后将使库区江段流速明显下降，库区江段由原来的急流开放型水生生境转变为缓流型水生生境，形成人工湖泊，会发生一系列湖泊生态效应。典型的湖泊效应有水体富营养化、泥沙的淤积和局地气候的改变。

（3）阻隔和景观破碎效应

由于导流隧洞流速大，鱼类难以上溯，围堰截流一完成便开始导致鱼类资源生态上的阻隔，这种影响将一直延续到电站运行期。水库蓄水会淹没部分陆地而导致景观的破碎化，使野生动物被迫做适应性迁移，植被发生适生演替。大坝建成后，会对洄游性鱼类造成影响，尤其是对洄游性大型低层鱼类影响较大。其主要影响表现为阻隔了洄游性鱼类的洄游通道，造成生境上的阻隔，使鱼类觅食洄游和生殖洄游受阻，影响坝上、坝下鱼类的遗传交流。

（4）累积效应

水电梯级开发产生的影响是连续性的累积，在河流中造成了一种分割式的阻断，流域梯级开发破坏了河流生态系统的完整性、稳定性与系统平衡。梯级电站建设对水生生态系统的累积影响主要体现为多个水电站建设引起水文要素变化和河流库化的整体效应，会对水生生物资源产生影响。应特别注意的是，水电梯级开发各水库工程的联合阻隔作用对洄游性鱼类产卵洄游通道的阻隔效应将是非常严重的，甚至是毁灭性的影响。

3.2.2 主要水利水电工程项目的环境影响

水利水电工程类型多样，对自然保护区的影响方式各异，本书选取可能对自然保护区产生显著影响的三种典型工程类型，即大坝工程、河道疏浚及边岸护坡作为重点来进行分析论述。

3.2.2.1 大坝项目的环境影响

（1）大坝施工的环境影响

水利水电项目施工期的环境影响多是直接和暂时的，但因为工程规模一般较大，投入的劳力多，施工机械复杂多样，对自然保护区的区域环境所带来的影响也是不容忽视的。因此，在项目设计和施工过程中，应考虑排放物的有害成分，估算排放量，规划排放方式和去向等，尽量避免或减少对自然保护区的影响。

1）对水环境的影响

水利水电工程施工期的污染源主要包括生产废水和生活污水。其中生产废水主要来源于砂石骨料加工废水，另有少量的基坑排水、混凝土拌和系统冲洗废水和施工机械、车辆修理系统含油污水。生活污水主要来源于施工期进场的管理人员和施工人员排放的生活污水。

砂石骨料加工冲洗废水是施工期水环境的主要污染源，其悬浮物含量很高，可达 70～130kg/m³。围堰截流后，大坝基坑会形成积水。基坑积水主要来源于三个方面：截流初期形成的积水、汛期围堰过流留下的基坑水以及周围溪沟汇集的雨水。机械车辆维修、冲洗，排放的废水中悬浮物和石油类含量较高，含油废水若直接排入水体，会在水体表面形成油膜，使水中溶解氧不易恢复，影响水质。

2）对大气环境的影响

施工期对自然保护区环境空气质量的影响主要是由于机械燃油、施工土石方开挖、爆破、混凝土拌和、砂石料粉碎、筛分及车辆运输等施工活动产生。污染源主要是粉尘和扬尘，尾气污染物主要有二氧化硫、一氧化碳、二氧化氮和烃类化合物。施工运输车辆卸载土料产生的泥尘、施工开挖与填筑产生的土尘等是影响施工期及附近地区环境空气的主要污染源。在气候干燥的晴天进行卸料和土方填筑施工时，易造成空气中 TSP 浓度增高。

施工燃油污染物主要来自施工车辆和自备燃油点源设备，其排放具有流动和分散的特点，一般情况下，施工机械设备燃油废气污染物排放量不大。

交通运输粉尘主要有两方面的来源：一方面是车辆行驶产生的扬尘；另一方面是装载水泥、粉煤灰等多尘物料运输时，汽车在行进中因防护不当使物料失落和飘散，导致沿公路两侧空气中的含尘量的增加，对公路两侧的空气质量造成污染。车辆道路扬尘为线源污染，扬尘在道路两侧扩散，最大起尘浓度出现在道路两侧，随离散距离增加浓度逐渐递减，最终可达到背景值，一般气候条件下，影响范围在路边两侧 30 m 内。

3）声环境影响

施工活动产生的噪声包括以下类型：固定、连续式的钻孔和施工机械设备的噪声；短时、定时爆破的噪声以及施工运输车辆产生的流动噪声等。施工场内交通噪声主要来源于大型的载重汽车，噪声源呈线型分布，且具有流动性的特点，其源强与施工区内运输车辆的行车速度、车流量密切相关。这些影响是直接的，会对自然保护区的动物造成一定的干扰。已有研究成果表明，鸟类和哺乳动物对噪声较为敏感，一方面强大的噪声，尤其是爆破声使兽类、鸟类等动物惊慌失措，四处逃窜避难；另一方面爆破引起的地面震波可使近距离的两栖、爬行类动物昏迷甚至死亡，在冬眠期尤为明显。但施工期的噪声影响是暂时的，属于无残留污染，待施工结束其影响也会消失。

4）固体废物影响

水利水电工程施工过程中产生的固体废弃物主要是弃渣，其次是生活垃圾。

水利水电工程施工一般弃渣量较大，开挖山体、隧洞产生大量的废渣，堆放在固定的弃渣场，会对环境造成一定的影响。根据我国相关法律规定，弃渣场不能建在保护区内，因此，陆域自然保护区不存在这方面的环境影响。但弃渣场若治理不好，会造成水土流失，甚至引发泥石流，可能会破坏水体的水质，引起河道淤积，对水域自然保护区的水生生境造成一定的影响。

对于一些大中型的水利水电工程，生活垃圾的产生量也是不容忽视的。生活垃圾若随意堆放，不仅污染空气、土壤，有碍美观，而且在一定气候条件下，造成蚊蝇滋生、鼠类大量繁殖，加大各类疾病的传播机会。此外，生活垃圾若处理不当，各种有机物染物和病菌随径流或其他条件一旦进入河流水体，将污染河段水体水质，可能引起水体富营养化，影响自然保护区水生动植物的生境。

5）水土流失

工程大坝基础开挖、通航建筑物基础开挖、导流隧洞及电站厂房进出口开挖、道路修筑、料场开采、施工附企及办公生活区场开挖等建设活动不可避免地会破坏项目区原有地表形态和植被，扰动表土结构，致使土体抗蚀能力降低，导致水土流失大量增加。

工程完工后，由于所采取的生物措施在短期内还不能完全发挥效用，在自然恢复期还可能产生水土流失，生物措施在主体工程完工两年后方可发挥其水土保持功能，使土壤侵蚀强度逐渐降低并达到稳定状态，新增水土流失可得到有效控制。

（2）大坝运行期对水生生态的影响

1）水文情势影响

水位、流速、流量等水文要素是反映天然河流生态系统基本特性的主要指标。水利水电工程拦蓄江河径流，对天然河流的水位、流速、流量等水文要素将产生非常明显的影响，影响最大的是多年调节型水库，影响相对较小的是日调节型水库。

2）水位影响

工程兴建后，水库蓄水将导致水库回水区范围内的江段水位升高，特别是靠近坝址的上游江段水位会大幅度抬高，坝下河段水位也会发生变化。水库的不同调节方式和调度运行使得水库水位和坝下河段的变化与天然情况下大不相同，影响最大的是多年调节型水库，影响相对较小的是日调节型水库。对于调蓄能力较大的水库，其水位的变化在季节上与天然河流是相反的，水位变幅较大，同时使下游一定流段内自然丰枯季流量、水位变化消失，对水生生境带来很大的负面影响。水位的剧烈变动还可能导致较为强烈的土壤侵蚀，使消落区的环境更加不稳定。而对于径流式电站，水位的变幅不大，不会出现明显的季节性变化，但由于其调节周期短，会导致下游水位波动频繁，致使适应于缓流和静水环境生活的鱼类削减或灭绝。

水库在发挥防洪、引水、发电和航运等功能时，将会频繁调度，水库水位也会产生大幅度变动。这种水位变动对产黏性卵的鱼类繁殖极为不利，它使鱼类产出的黏附在库边植物或砾石上的卵，可能因为水位下落、鱼卵裸露出水面而死亡，也可能因水位上涨、鱼卵淹水加深而难以孵化成功。而且，在调峰期间，由于水位的快速变化形成不稳定环境，还可能导致坝下附近江段内一些底栖生物搁浅或突然遭受急流冲击，影响底栖动物的丰度和组成，并导致生物量的减少。另外，当水位增大时，水温结构也会发生改变，分层现象就更明显，导致下层水体中溶解氧的含量降低，加大了水体水质恶化的风险。

3）流速影响

水库蓄水后将使库区江段流速明显下降，库区江段由原来的急流开放型水生生境转变为缓流型水生生境。但是在水库的不同库段，流速的变化不一样，一般越靠近库尾，流速越接近天然河道；越接近坝前，流速越小，在某些条件特殊的库湾，流速甚至接近于零；水库中泓的流速大于库边的流速。

对于饵料生物，水库运行后，由于库区江段流速减缓，水流滞留时间延长，营养盐类在库区滞留相对延长，泥沙沉积，水体透明度增大，加上库区淹没后给水体带来大量的有机碎屑和营养盐类，这些条件均有利于浮游生物的生长繁殖。但浮游植物在不同的库段增加的程度不一样，在流速极小的支流库湾和坝前江段，生物量增加较多，局部水域出现富营养化的可能性增大，而在库尾江段和干流中泓部分增加相对较少。浮游植物增加后，以浮游植物为食的浮游动物相应增加，其变化趋势和浮游植物相似。水库形成后，库区浮游动物的种类组成将变得丰富起来，生活于敞水带的浮游性种类、栖息于岸边草丛的种类以及底栖性种类均会出现。由于水流减缓，更适合于浮游甲壳动物的生存和繁殖，在密度和生物量方面将会比建坝前有较大的增加，其在库湾及沿岸带水域增加的比例将大于库中敞水带。

随着浮游生物量和初级生产力增加，库区缓流水水域面积增大，底栖生物量会相应扩大，但同时由于水深较大，水位变化频繁，底栖生物增加的量不会太多。受水深和流速的影响，底栖生物的分布不均匀，在库湾、入库支流河口及被淹没的平坝等水深不太大的地方，底栖生物量可能会比较丰富，适应于静水、沙生的软体动物、水蚯蚓和摇蚊幼虫的种类和生物量将增加；而在库尾淤积区、水库中泓和坝前水深很大的地方，底栖生物量相对较少。

对于固着类生物、周丛生物，由于水流变缓，水深加大及泥沙沉积的影响，其生物量可能呈一定程度的减小，尤其是在库尾淤积严重和坝前水深较大的地方；但在近岸水域，由于光照、水深、流速及营养条件适宜，固着类生物、周丛生物仍将占有较大的优势。

对于鱼类，由于初级生产力的提高和饵料生物构成的变化，将直接或间接地影响库区江段的鱼类区系和鱼类资源。水库建成后，库区淹没导致流速减缓以及饵料条件发生变化，库区江段原来适应于底栖急流、砾石、洞穴、岩盘底质环境中生活的鱼类由于栖息范围缩小，其种类、数量将减少，其中一些适应能力强的种类将逐渐移向干流库尾上游水域或进入入库大型支流，而那些适应能力较弱的种类将会逐渐减少，甚至消失。适应水库干流回水区缓流水或静水环境生活的鱼类因生存条件改善、栖息范围增大，其资源量将会有较大的增长，逐渐形成优势种群。一些既能适应流水又能适应静水生活的鱼类，在库区将继续有分布，且因饵料条件的改善，资源量也将有进一步的增加。

水库蓄水后，原急流险滩将被淹没，而这些峡谷急流型生境可能是多种鱼类的产卵场，因此，河流筑坝蓄水，可能会直接淹没许多鱼类的集中产卵场，使产卵场规模缩小或完全丧失。当然，不同鱼类，水库蓄水对其产卵场的影响不同。对于那些产黏性漂流卵的鱼类，因对产卵场和漂流条件要求不高，甚至只要有微小流水刺激就会产卵繁殖，鱼卵还可黏在水下基质上孵化，因而影响就不是很大。有些对产卵条件要求不高的鱼类甚至可在河流上游或水库漫滩寻找和形成新的产卵场。如对于鲤、鲫等在缓流或静水中产黏性卵的鱼类，水库蓄水更有利于其繁殖，广阔的削落带为其提供了良好的产卵场所，而且水库中饵料丰富，其资源量将大大增加。而对于在急流中产漂流性卵的鱼类和在流水环境中产黏性卵的鱼类，它们的产卵场将因为蓄水后流速减缓而造成严重的影响。因为这些鱼类的鱼卵孵化都需要一定的流速，若流速不够大或流程不够长，鱼卵就会在没有孵化之前就沉入水底，而水底环境一般温度较低，缺氧，其孵化、成活率极低。

4）流量影响

季节性的高峰流量是刺激鱼类产卵的必要条件，随着高峰流量的消失，鱼类产卵、孵化和迁徙的激发因素中断，导致鱼类繁殖停止，后代数量减少，如长江中的四大家鱼和铜鱼，它们所产的卵为漂流性卵，要求产卵场水流发生涡旋，否则鱼卵将会下沉而无法孵化（张志英等，2001）。当大坝修建后，由于流量受人为调控，如在鱼类产卵季节流量减少，水流不能形成涡旋，将导致鱼卵下沉而无法孵化。另外，由于流量不断变化，增加冲刷，致使许多敏感物种消失，影响河流生物生命循环；而且改变河流流量，会使外来生物容易入侵，导致本地生物物种的绝灭，改变种群组成（谭德彩，2006），如加利福尼亚北部的河流，在大坝调控下引起捕食无脊椎动物的鱼类增多，导致本地相同食性的鳟鱼因缺少食物而成活率降低（Stanford 等，1996）。

引水工程，特别是引水式电站，其运行带来坝下游一定河段减脱水现象的发生，即若坝下游一定河段内没有较大的支流汇入，通常在枯水季节会产生局部断流和脱水。河道断流造成的影响很大，主要是对森林植物、动物的栖息环境、断流段的小气候等生态环境的影响，这种影响往往是破坏性的和不可逆转的。若有较大支流汇入，通常产生一定程度的减水。减脱水对河道生态的破坏是十分严重的。

5）泥沙情势影响

泥沙对于河势、河床、河口和整个河道的影响，从生态角度讲，是修建大坝产生的最根本的影响。在河流上建坝，阻断了天然河道，导致河道的流态发生变化，进而引发整条河流上下游和河口的水文特征发生改变，这是建坝带来的最大生态问题，也是最令人担忧的问题。

水库蓄水后，由于水文情势改变，静水面积扩大，推移质和悬移质移动过程发生变化，泥沙沉积增多，且首先在库区分布。而这些淤积的泥沙多为有机物和无机物的来源，有机物和悬浮物的富集使库区成为鱼类索食场所。

电站运行过程中，对于水库内排出的泥沙，如遇水流不畅，易发生局部淤积而抬高电站下游的尾水位，影响出力。水库如采取不合理的调水、调沙运行方式，也会使下游河道淤积严重，行洪困难。

6）水温影响

水库对水温的影响主要是因为水库蓄水改变了水体的原始配置和水体的流动速度，库内水体的透光性能差，当阳光向下照射水库表层时，以几何级数的速率减弱，热量也逐渐向缺乏阳光的下层水体扩散（张伟等，2005）。

修建调蓄能力较大的水库，水库水体温度场发生变化是不可避免的。水库的水温与水库所在地的特性（气温，天然来水的温度、流量和含沙量，辐射热、地温等）以及水库的特性（调节性能、泄水温度和泥沙淤积等）有关，水库建设改变了河道径流的年内分配和年际分配，同时也相应改变了水体的年内热量分配，形成了水温的分层。在一些库容大、水深的多年调节水库中，水温分层现象十分明显。

同时，当库区水深增加，库水温度出现分层，又为库区的鱼类提供了不同的栖息水温，在库区周边浅水区水温相对较高，适宜鱼类的产卵和活动，有利于库区静水鱼类的生长。

7）水质影响

各种水利水电建设项目均可能对河流的水质产生影响，就水质影响的长期性而言，水库最为突出。水库建成后，库区流速减小，水库的沉清作用显著，有利于削减溶解矿物质，减少混浊度和生化需氧量，增加营养物质浓度，增大环境容量。蓄水初期对库区水质的改善起到一定作用，但随着时间的推移，上游污染物在库区中不断累积，有可能使库区及部分库汊的水质恶化。同时，水体营养水平的增加为藻类等浮游植物和以浮游植物为食的浮游动物的生长提供了条件。如果水质继续恶化，造成藻类暴发，将大量消耗水体中溶解氧，导致水体中溶解氧浓度降低，会使鱼类因缺氧而死亡。

一般而言，在水库入库水体水质不发生大的变化情况下，库中水体 BOD_5 浓度低于建库前，出水 BOD_5 浓度低于入库浓度。但库湾、库尾这些水域，较建库前有机污染加重，特别在库尾或岸边有城镇排污的地段，易形成岸边污染带。

水体中悬浮物（泥沙）为重金属的有效载体。水库蓄水后，改变了原来河道的水流特性，水流速度缓慢、水流挟沙能力降低，大量的悬浮物将沉积在库内，上游来的重金属也同时淤积在库区内，进入底质。据研究，颗粒物对重金属元素的吸附随吸附粒度减小和颗粒物表面积的增大而增强，小于 0.025 mm 的细粒级是承载污染物输移的强吸附成分，而大于 0.025 mm 的粗粒级是弱吸附成分。

8）阻隔和景观破碎影响

鱼类在不同发育阶段，具有不同的生活史特征行为，为了能够顺利完成整个生命过程，需要不同的生境条件。大坝的修建，使原有连续的河流生态系统被分隔成为不连续的两个环境单元，造成了生态景观的破碎，对鱼类造成的最直接的不利影响是阻隔了洄游通道。由于大坝的阻隔使得坝上、坝下两个群体之间不能进行双向的遗传交流，坝上江段的鱼类，无论是在局部水域能完成生活史的种类，还是半洄游性鱼类，其种质都将受到影响。种群数量较大的物种，群体间将出现遗传分化，种群数量较少的物种将逐步丧失遗传多样性，危及该区域物种的长期、稳定生存。

洄游性鱼类，对产卵场往往有强烈的选择性。如大麻哈鱼，性成熟后从海洋溯江而上，直到它的出生地才产卵。亲鱼产卵后死亡，鱼卵孵化成小鱼后，又沿江而上，游到海洋中生长。在溯江的过程中，遇到阻碍则奋不顾身，穿行、碰撞、飞跃，宁死不回头。闸坝阻隔洄游性鱼类的通道，使洄游性鱼类无法上溯到其固有的产卵地，无疑对这些鱼类的影响是毁灭性的。

闸坝阻隔同样影响到其他鱼类，尤其是产漂流性卵的鱼类，因闸坝阻隔河流，丧失了卵的漂浮条件：漂流河道缩短或丧失，达不到漂流所需的距离；库区流速减缓，达不到漂流所需的流速条件，使鱼卵下沉，不能完成孵化。

受阻隔影响的不仅仅是鱼类，凡是具有溯河和降河活动习性的水生生物都会受到阻隔影响。如长江中下游一些河流湖泊建闸蓄水，就使螃蟹的活动受到影响，产量也因之下降。

9）下泄水气体过饱和影响

气体过饱和是指水中溶解的空气，超过了在一定温度和压力条件时的正常含量，在某些情况下，会对鱼造成危害，受影响的主要群体是幼鱼。过饱和的空气通过鱼的呼吸活动进入血液和组织，当鱼游到浅水区或表层时，由于压力较小和水温较高，鱼体内的一部分空气便从溶解状态恢复到气体状态，出现气泡，使鱼产生"气泡病"，引起死亡。由于氮气是主要的有害因素，所以称氮气过饱和。气泡病的发病时间一般为春季，发病的鱼类多为中、上层生活的鱼类，幼鱼死亡率为 5%～10%。

水中气体过饱和，是当大坝下泄水流通过溢洪道或泄洪洞冲泄到消力池时，产生巨大的压力并带入大量空气造成的。过饱和气体需要经过一定流程逐渐释放才能恢复正常水平，根据有关资料，水中氮气含量随流程递减的规律并不十分明显，但汇入非氮气过饱和的径流后淡化作用却很显著。但是，如果河流上修建了一系列电站，水库的水较深且流动缓慢，过饱和气体到达一个梯级时尚未恢复平衡，通过溢洪道再度溶解了过多的空气，如此反复多次，情况就非常严重。

气体过饱和通常发生在大坝泄洪时期。水库泄洪过程中过饱和氧气的产生将在一定范围内加速降解水体中耗氧性污染物，溶解氧浓度的维持能使水库水质的良好状态得到保证。水体中过饱和氮气对水库水质基本上没有影响，但它给鱼类带来巨大威胁，主要表现在对鱼类生存环境和生活习性的改变。

10）湿地生态影响

上游建坝蓄水后会直接导致洪泛沼泽地淤泥和养分补给量的减少，使其逐渐贫瘠，加之断流时间增长，水分供应短缺，湿生植物体系会逐渐向适应较干旱的植物种群演化，覆盖率降低，地表蒸腾蒸发增加，会人为加剧干旱化、盐渍化和风沙化程度。当然，水利水电工程引水减水，使河滩湿地萎缩，栖息地面积减少，条件恶化，自然也影响到许多鱼类的产卵繁殖。例如产漂流性卵的鱼类，可能因漂流条件达不到一定涨幅而不能完成漂流孵化；产黏性卵的鱼类可能因滩地缩小、生物衰退而缺少黏附基质或饵料，进而影响其繁殖。另外，许多水利水电工程是为了防洪而建设的，而许多湿地恰恰是洪水的产物，洪峰来时补水蓄水，洪峰过后缓慢泄水出水，因而形成特殊的生态系统，水利水电工程改变了洪水的规律，其结果是洪泛湿地生态系统的栖息地多样化格局被破坏，各类野生生物的生境被大量压缩，食物链中断，导致生态平衡失调，生物多样性和生物生产力下降以及自然灾害上升等现象的发生（陈宜瑜等，1995）。

11）外来物种的影响

从生物多样性保护出发，任何一个生态系统中，某一种或某几种物种的种群过大或过小，都不利于生物多样性的保护和维持。种群过小，就意味着走向濒危或灭绝；种群过大，就意味着在竞争食物和生存空间方面对其他小种群造成压力，并导致其他小种群的进一步衰落，甚至将其逼向濒危或灭绝的境地。

外来物种一般主要由水库养殖业引入。养鱼引入的外来鱼种，一般具有繁殖能力强、生长快、食性较广、抗病及竞争性生存能力比较强等特点。这些特点都优于土著鱼类和特有鱼类。所以，引入的外来物种在与当地土著或特有物种竞争时，必然处于优势地位，可能将当地特有和土著物种淘汰掉，造成生物多样性的丧失。

12）景观的影响

库区上重新建设公路、输电线路等线型工程，是在自然景观中嵌入人工廊道，水泥地面和路基的植入，改变了原生境的地形地貌，将重新切割陆生生境，造成景观的破坏，可能会对物流、能流产生新的阻隔和影响。另外，库区水位的上升将增加消落带的面积，从而造成景观的破坏，导致环境的恶化，如得不到有效的治理，局部还会产生荒漠化趋势。

工程永久性占地、工程建设过程中施工场地、生活区、生活垃圾场、弃渣场占地改变了原来的景观类型。水力水电工程建设中需要大量的砂石料，料场的开挖对景观影响较大。项目建成后占地范围内景观将发生根本变化，景观结构变化在于景观基质发生了变化。水面面积扩大，将淹没水库周边的草地、林地或耕地等景观类型，使以水域为主体的景观格局比重扩大。

由于景观的结构和组成发生了变化，其功能和稳定性也随之发生变化。功能变化主要为：在占地范围内丧失了涵养水分的功能，增加了水土流失的强度；稳定性变化在于系统的抗干扰性、稳定性减弱。

（3）大坝运行期对陆生生态的影响

水利水电工程运行期对陆生生物的影响有直接影响和间接影响两个方面。直接影响是因为水库江段水位抬升，水面和水体增大，淹没陆生植物、植被和陆生动物的栖息地而对陆生生物造成影响；间接影响主要是水库蓄水后引起局地气候变化，从而对陆生植物和动物造成间接影响。

1）对陆生植物的影响

水库蓄水后往往会淹没大片的森林植被，导致一些植物种群的区域总生物量减少和分布区变小，造成自然保护区的生物资源和生物多样性的损失，其影响是不可逆的。在地形较复杂的山区，生物多样性丰富，淹没使库区大量的植物生境丧失，造成物种居群数量减少；生境片段化使植物群落的结构发生改变，大量边界生境区的产生对群落内物种的散布和移居造成直接的障碍。以风媒传粉为主的植物受影响较大，其产生新的种群的机会被减少。同时新边界的光、风、温度均不同于生境内部，这对物种的生存和成分组成均会造成较大的影响。

施工完结后对地表植被必定要进行一系列的修复工作。运营初期路基附近的植被在短期内不能恢复，植被覆盖率低，其水土保持的功能也未完全恢复。而公路沿线温度提高，增大蒸发从而降低土壤水分含量，引起地表植物不能正常生长，也会造成植被恢复障碍。

此外，水库蓄水后形成了许多库汊，使森林的生境遭受破坏和形成片段，原有的森林群落被人为分割，造成生境的丧失和片段化。

2）对陆生动物的影响

对于大多数野生动物来说，最大的威胁就是其生境被分割、侵占、破坏、缩小或退化。水库蓄水可能淹没部分陆生动物、珍稀濒危和特有动物的栖息地、觅食地，使之向沿库周回水水位线以上的区域迁移，栖息地相对缩小，在短期内使库周野生动物密度增大；在迁移的过程中，如果找不到合适的生境，则该物种的生存将受到威胁。水库蓄水也可能使陆生动物、珍稀濒危和特有动物栖息地的连通性受到破坏，使其活动范围受到限制。而对于涉水鸟类而言，水库建成后，在回水区由于水域面积增大，却有利于增加鸟类觅食地和栖息地，有利于其种群数量的增加。

另外，在个体或种群水平上，环库周道路的修建一方面破坏了动物的栖息环境，迫使野生动物被动迁移或丧失；另一方面，道路影响到物种的迁移，阻隔了物种迁移的通道，动物在穿越公路时常出现与车辆的碰撞或死伤现象。在一些情况下，道路边缘反而会成为动物迁移的通道。

（4）移民安置的影响

水利水电工程尤其是水库工程的建设，往往伴随着大量移民安置问题。新中国成立以来，全国共修建 8 万多座水库，其中仅大中型水库就淹没耕地近 1 000 万亩，移民 1 500 多万人（汪恕诚，2004）。移民安置是一个比较敏感的社会问题，特别是当移民安置点涉及自然保护区时，这个问题就变得更加复杂。如果移民安置解决不好，不仅影响移民日后的生产、生活质量，甚至可能导致二次搬迁，而且对于自然保护区的保护与管理也极其不利。

3.2.2.2　河道疏浚工程的生态影响

（1）施工期主要生态影响

对于河道疏浚工程而言，在疏挖施工过程中，机械的搅动会引起底沙悬扬，而且在转移疏浚物时，洒落在水中的泥沙也会造成局部水域的浑浊，使河道水质受到影响，进而影响水生生物的生境。当然，挖泥船的搅动仅限于施工期间，一旦停止施工，泥沙受沉降作用影响，水体中 SS 的浓度会恢复原有的水平。但是，疏浚时，机械的搅动引起细颗粒的悬扬，可能释放出氨和磷化物，使水质"肥化"，引起浮游生物、藻类大量增生，它们大量消耗水中的溶解氧，造成水质缺氧，影响水生生物的生境。此外，在挖泥和排泥操作时，水底沉淀物被扰动并重新悬浮，悬浮颗粒可能会释放出有毒的物质，并遗留在水中，对水生生物造成潜在危险，在河口地区，受潮浪与河流双重作用，更容易造成有毒物质的再次输移。

（2）运行期主要生态影响

河道疏浚工程的实施将扩大河流的水域生境，改变原有的水生生物的栖息环境，其生态影响主要表现在水文情势和河床底质改变的影响。

1）水文情势变化影响

河道疏浚改变了河流的水文情势。河道疏浚改变了河道湖泊的过水断面、纵坡比降及糙率等水力因素，这些水力因素的改变对洪水水位产生影响，尤其在河道上由于水力因素改变值的比重较高，影响更为显著。河道疏浚后洪、枯水期水位均有不同程度的降低，且枯水期水位的降低幅度略大于洪水期的水位降低幅度，可以抑制洲滩湿地向水面的发展，在一定程度上改善河湖湿地生态系统的功能，加快了湿地生态系统的物质循环和能量循环，促进和优化了湿地生态系统的新陈代谢，维护了湿地生态系统的稳定。

河流水文条件的改变也会对水质产生一定的影响。由于疏竣工程改变了河流、湖泊的水力学条件，使河流、湖泊水流归槽，水位降低，流速增大，污染物扩散与自净能力增强，河流的水环境容量及水环境承载能力增大，特别是加大了枯水期的河流、湖泊环境容量，可改善保护区水鸟栖息环境，减少湖区环境对浅水洼地型冬候鸟的威胁和危害。

2）河床底质变化

河道疏浚的另一重要生态影响是河床底质的改变对水生生态的影响。河道疏浚将使原先的淤泥层被挖除，减少了潜在污染源，增加了河流的环境容量，有利于水质的改善，也为河流生态系统的改善和恢复创造了有利条件。但是河道疏浚使河流由原先的淤泥层底质转变为以砂卵层为主的底质，使鱼类、底栖动物及其他水生生物的栖息繁殖环境发生较大改变，随着时间的推移，区域生物群落会逐渐适应新的环境，形成新的生物群落，这会对当地土著物种造成巨大的威胁。

此外，底泥疏浚后，底栖生态系统被完全破坏，这种几年乃至几十年建立的生态系统一旦被破坏，将很难修复和重建。而在底泥完全疏浚后，在新的底栖生态系统建立前，整个河道生态系统比较脆弱，很容易暴发水华等现象。

3.2.2.3　边岸护坡的主要生态影响

绝大部分传统护坡将整个河坡表面封闭起来，隔绝了土壤与水体之间的物质交换，原先生长在岸坡上的生物不能继续生存，生态系统的食物链断开，使土壤和水体中的生物失去了赖以生存的环境。其对水生生态的影响主要是：①在用水泥石料修葺的河道中，具有净水功能的水生生物生长非常困难，河水自净能力将大为降低，水质可能恶化，影响自然保护区的水生生境；②会导致河水受阳光影响而水温变化过大，不利于维持水中生态平衡，这将对河流中水生生物的栖息繁殖环境造成不利影响，特别是高温季节，还容易使传染病菌滋生；③随着水流流速的增大，水中一些生物会被水流冲走，使水中生物减少，而坡上又缺乏天然植物，直接影响沿河野生生物种类生存，如水鸟。

同时，没有绿色的传统护坡使河道失去原有的生机，这在一定程度上影响了景观视觉效果。

3.2.2.4　水利水电工程的环境风险

每个大中型水利水电工程都存在着某些不确定的风险因素，虽然工程风险存在的概率很低，但一旦发生，则可能造成严重的生态与环境后果，特别是当工程涉及自然保护区，问题就更加复杂了，所以，加强水利水电工程对自然保护区的环境风险研究，不仅有利于保护区自然资源的保护，也可以为相关决策部门加强管理提供科学依据。

（1）溃坝风险

引起溃坝的主要因素有：坝基破坏、遭遇特大洪水、泄水建筑物泄流能力不足、水流漫顶、地震、战争军事破坏等。另外，管理不善、施工质量也是引起溃坝的潜在原因。其中，泄洪能力不足和大坝质量差是我国溃坝洪水发生的主要原因。据我国垮坝失事分析，1954—1990 年，由于施工质量问题而造成水库失事的占 38%（黄汉球，2006）。坝体一旦溃决，对大坝上下游影响很大。在大坝上游，因大量水体突然下泄，使库内水体尤其坝前水位陡降，易造成库岸失稳，出现坍岸，坍岸造成的涌浪又会加剧对坝体的冲击。由于溃坝的发生和溃坝洪水的形成，通常历时短，难以预测，峰高量大，变化急骤，故对下游造成的影响往往是毁灭性的，因库内大量水体突然下泄，形成溃坝涌波，下泄的洪流巨浪如排山倒海，所到之处尽荡一切，造成严重灾害。溃坝事故对自然保护区可能造成的后果是，溃坝洪水将淹没或冲毁自然保护区，对自然保护区自然资源造成无法估量的损失。其主要的生态影响包括土壤盐碱化、土壤侵蚀、水土流失、水污染和生物物种退化等。

（2）生态恶化风险

水利水电工程的生态风险主要有施工带来的植被退化风险、引水导致的河道断流风险。水电工程尤其是大型水电工程，在施工过程中，因大坝、电厂、引水隧道、道路、料场、弃渣场等在内的工程系统的修建，会使地表植被遭到破坏。由于富含腐殖质的表土层遭到破坏，后期恢复很难达到"占补平衡"的目标，植被往往会出现退化现象。另外，水电工程特别是引水工程，在运行过程中，如没有安排坝下下泄生态环境流量，将造成季节性或全年一定长度河段脱水或减水，会使水生生境和陆生植被因缺水而退化或灭绝。

对于自然保护区而言，水利水电开发所产生另一个重要生态风险是水库建成后，坝下侵蚀作用加强。由于大坝建成后，大量的泥砂被拦截在水库内，大坝排出的主要是清水，原本携带大量泥砂，并主要进行淤地造陆的河水，变成了"饥饿的水"，从而对大坝以下的河段产生强烈的侵蚀，使河床加深。泥沙在库区沉淀，下泄水流的含沙量比建坝前少，对下游河床的冲刷加强，河床泥沙被带走，使河床底质中沙、石的组成比例发生改变。由于鱼类的产卵习性可分为产卵于水层、水草、水底、贝内和石块上，比如，有些鱼类选择粗糙砂砾、岩石基底产卵，有些选择砂质基底产卵，有些选择基底植物上产卵，因此，当河床底质发生变化时，一些鱼类将无法产卵或卵无法成活。

（3）突发污染事故风险

由于水利水电工程特殊的水域位置及其特定的供水、灌溉、航运等一系列与水体环境质量密切相关的具体功能，一旦发生突发污染事故，对自然保护区的影响是很大的。引起水体突发污染事故的因素有：运载危险化学品的船只失事、近水域化工厂的运行事故、运输危险化学品车辆翻倒入河等。

由于突发污染事故的发生地点及污染物种类具有不确定性，对其进行事故概率分析无实际意义，因此，应着重分析对敏感水域的防范措施和应急预案。

3.2.3　水利工程项目的典型案例分析

以四川甘孜州杉平水电站为例，分析该工程对贡嘎山国家级自然保护区的影响及拟采取的环保措施。

（1）杉平水电站概况

杉平水电站位于四川省甘孜州九龙县洪坝乡，是大渡河二级支流小沟河流域"一库四级"开发方式的第一级电站。小沟河发源于四川省九龙县大雪山东侧海拔 5 564m 的尼色峨山，河流自西向东流。流域内河谷深切，多呈"U"形峡谷，谷底宽一般 20～100m，最宽在 200 m 以上，两岸岸坡陡峭，多为基岩裸露。河岸在一定高程范围内多有松散堆积体分布，Ⅰ级阶地保存较完整，Ⅱ、Ⅲ级阶地残留体偶有分布。小沟河干流河段全长 33.3 km，流域面积 330 km²，河口多年平均流量 9.38 m³/s，天然落差 600 m，可利用落差约 528 m，水力资源技术可开发容量约 70 MW。流域内野生动物资源较为丰富，无受保护的野生动物，人烟稀少、植被良好，分布有大片原始森林和高山草甸等，对径流有较强的调蓄作用，径流年内丰沛稳定，年际变化小，河流最为突出的特点就是落差大，枯期径流稳定。小沟河的径流主要来源于降雨，其次为高山融雪水补给。径流的年内分配与降雨的年内分配基本一致，丰水期 5—10 月，主要为降雨补给；枯水期 11 月至次年 4 月，主要由地下水补给。

小沟河流域位于西部变质岩区，在大地构造部位上该区处于川滇南北向构造带与甘孜褶断带交汇部位。流域内海拔高程高，属川西高原气候区，沿河两岸谷坡整体稳定，植被发育，岩体风化、卸荷作用不甚显著。流域内存在大型崩塌体、滑坡体及泥石流。

小沟河流域位于我国南北地震带中南段，为西昌—冕宁地震带与炉霍—康定地震带由强震到弱震活动的过渡带。据国家地震局 2001 年颁发的 1∶400 万《中国地震动参数区划图》（GB 18306—2001），工程区地震基本烈度为Ⅷ度。

杉平水电站开发任务以发电为主。采用引水式开发，首部距下游小沟河二级电站 7 km，首部与厂房之间相距 6.8 km，房尾水与下游的小沟河二级水电站首部衔接，装机容量 17 MW，多年平均年发电量为 0.877 2 亿 kW·h，工程等级为Ⅳ等小（1）型工程。水电站坝址位于两岔河下游 100 m 处，地处川西高原东南部边缘，总的地势是西北高东南低。河道顺直，枯水期河面高程 3 356～3 359 m，河床宽 11～23 m，谷宽约 110 m，正常蓄水位为 3 371 m，回水长度 0.15 km，水库库容为 5.4 万 m³。

（2）贡嘎山国家级自然保护区及贡嘎山风景名胜区概况

贡嘎山国家级自然保护区位于青藏高原东南缘，涉及四川省甘孜州康定县境、泸定县、九龙县和雅安市的石棉县。主峰贡嘎山山势巍峨雄伟，海拔 7 556 m，不仅是"蜀山之王"，也是青藏高原东部的最高峰和东亚地区的第一高峰。以贡嘎山为中心的大雪山脉以及东段横断山区，是我国西部和长江上游及其重要的生态功能区。保护区介于东经 102°29′～102°10′，北纬 29°01′～29°02′之间，总面积 409 143.5 hm²，全为国有林地。保护区内地貌特殊，自然条件复杂，野生动物资源和植物资源丰富，生态系统保存完好，具有极高的保护、科研和利用价值。

贡嘎山国家级风景名胜区范围由贡嘎山主景片和塔公、伍须海、瓦灰山三个外围景片构成，面积 6 724 km²。外围保护区分布于景片与景片之间，东以大渡河为界，西以立曲河、雅砻江为界，北以大炮山—雅拉雪山为界，南以洪坝自然保护区南界为界，面积 4 331 km²。贡嘎山风景名胜区是以"蜀山之王"贡嘎山主峰为主要标志，以雄浑壮观的现代冰川和高山地貌、广袤的原始森林、生物多样性和享誉世界的康巴文化、木雅文化、革命历史文化为特色，具备观光、探险、科考、度假和休闲疗养等多种功能的，在国际上具有广泛影响的山岳型国家级重点风景名胜区。

杉平水电站建设位于贡嘎山国家级自然保护区的实验区内和贡嘎山国家级重点风景名胜区外围保护区范围内。依据《贡嘎山风景名胜区总体规划（送审稿）》第十章第三条分级保护区域及保护措施的规定：外围保护区允许有序安排各项矿产、水电等工业建设和基础设施建设。

（3）杉平水电站对自然保护区生态环境的影响

1）对景观生态整体性的影响

拟建项目位于贡嘎山国家级自然保护区的实验区内和贡嘎山国家级重点风景名胜区外围保护区范围内，工程建设和运行必然会对自然保护区和风景名胜区的景观生态整体产生一定的影响。具体分析如下：

该工程主要包括取水枢纽、引水隧洞工程、压力管道和厂房，工程建设过程中的占地、弃渣、修建临时设施等，都将改变工程区植被、土壤、土地利用方式，从而对景观造成一定程度上的影响。

工程建设将造成 7.68 hm² 林草地破坏，使得土地资源减少，生物生产力平均水平有所降低。但从整体范围来看，因工程永久占地及施工临时占地而造成的平均生物生产力变化较小，工程建设对区域生态体系生产能力的影响是自然体系可以承受的。

工程永久占地及施工临时占地对评价区植被的破坏程度相对较小，工程的建设和运行基本不改变各植被拼块总体异质性程度。在采取植被恢复、水土防治等生态保护措施后，生态影响可得到有效控制，景观生态体系的稳定性仍将保持现状或优于现状，使区域生态环境质量向良性循环发展。

2）对水生生物多样性的影响

小沟河坡陡流急，水生生物群落简单，生长缓慢，鱼类饵料生物贫乏，鱼类不仅种类少，数量也少。受影响河段内的鱼类主要是鳅科鱼类，如红尾副鳅、山鳅、短尾高原鳅、斯式高原鳅等。小沟河鱼类资源不丰富，没有居民对鱼类进行捕捞，也无渔业生产，受影响的种类中没有珍稀和受保护鱼类。

电站闸坝的阻隔，致使部分有溯河产卵习性的鱼类在开发河段内将有所将少，转而向上游水文情势未发生改变的河段以及支沟中发展。由于受影响种类在大渡河和其他流域中分布广泛，不会导致种群的灭绝。

3）水环境影响

①水文情势。杉平水电站采用引水式开发，采取底格栏栅坝将河道流量引入沉沙池。底格栏栅建成后水位变幅小于天然洪水位变幅，基本不抬高水位，无水库形成。杉平水电站的运行，将使杉平坝址至柏香蓬沟汇口近 5 km 的河段大部分时间断流，柏香蓬沟汇口至电站厂址 1.8 km 的河道流量明显减少，破坏了河道内水生生境，使原河道内水生生物及两栖动物失去生存繁殖的空间。受枯木沟泥石流的影响，原河道内基本无鱼类，水生生物贫乏，河道减（脱）水对小沟河的鱼类资源及水生生物多样性影响不大。

②水温。该水电站为低坝取水，形成水库库容达 5.4 万 m³，对下游河道水温的影响主要受引水隧洞地温增温率控制。该工程引水隧洞全长 6.1242 km，类比同类型工程该电站隧洞围岩对水体的增温率小于天然河道增温率，故电站运行后发电尾水厂址断面天然水温略低，但因温度相差甚微，对下游河道水温影响轻微。

③水质。水电站施工期水污染源主要包括生产废水和生活污水。生产废水以砂石骨料加工废水为主，其次为混凝土拌和冲洗废水和基坑废水。砂石料冲洗废水中主要污染物为悬浮物，骨料生产企业采用的处理方法是将废水中的悬浮颗粒除去，处理后的废水循环利用争取实现零排放。由于工程河段为Ⅱ类水域，禁止排放，所以混凝土拌和系统废水、基坑废水、生活污水都需要进行处理后综合利用。可见，施工期的生产废水和生活污水对工

程河段的水质几乎没有影响，故对水生生物多样性的影响甚微。

4）对陆生植物的影响

①施工期。工程施工过程中的开挖、爆破、弃渣堆放等活动将破坏闸址两岸、隧洞支洞口、厂房附近、施工公路沿线的地表植被，对植被影响较明显。工程建设将破坏 7.68 hm^2 林草地，造成地表裸露，破坏原来的植被景观，加剧水土流失。但因该工程占地面积相对较小，故对植被造成的不利影响有限。

②运行期。水库蓄水将改变原来的植被景观区域，造成工程区植被面积的减少。工程减（脱）水河段较长，为 6.8 km。但该河段左右两岸山体植被较好，具有涵养水源能力，地下水主要靠大气降水补给，因此河道减（脱）水段不会导致两岸坡面地下水位下降而影响植被的生长。而且，减（脱）水河段的气候仍受大气候控制，植被基本不受河道水文情势变化的影响。

工程枢纽布置及施工区主要分布在小沟河谷地带，河谷沿岸生活的主要是中小型兽类，均为常见种，无珍稀保护物种。杉平水电站在建设过程中工程占地、施工生产活动及其产生的废水、粉尘、机械噪声等都将对栖息在河岸的部分两栖爬行动物和鸟类产生干扰和不利影响，使它们的栖息地被迫迁往别处，但不会危及其生存。因该工程占地面积小，加之动物迁徙能力较强，随着施工活动的结束和生态恢复措施的实施，区域生态环境的恢复，种群数量会很快恢复，不会影响其物种多样性。

5）对局地气候的影响

杉平水电站水库淹没面积小，不具调节作用，对局地气候不会产生明显的影响，库区及河谷两岸植被基本保持原有的状况，预计该电站建成后对局地气候影响甚微。

6）对水土保持的影响

杉平水电站属新建项目，工程区域新增水土流失主要由工程开挖和工程弃渣等活动引起。在未采取水土保持措施情况下，新增水土流失量在施工期内将逐年增加；运行期间，因工程施工活动的结束，水土流失状况将逐年改善。工程施工期及工程运行两年内，预测区工程扰动地表水土流失量为 1184t，工程弃渣水土流失总量为 7.19 万 t。

根据预测分析，杉平水电站建设造成的新增水土流失具有强度大、影响范围及时段集中的特点，如不采取有效防护措施，将在一定程度上加剧当地水土流失，对工程安全、下游梯级电站及区域景观、生态环境等造成不良影响。

（4）生态环境保护措施

1）生态、景观用水补偿

工程运行将导致河段 6.8 km 脱水，为保证河道无脱水段，并减轻或避免河道减水对生态景观以及动物饮水的影响，考虑枯水期闸下下泄适当的生态流量。因为工程河段较狭窄，而且无其他用水要求，枯水期考虑从闸坝下泄流量约 0.169 m^3/s，再汇合脱减水段间的支沟补水，那么在最枯季节基本上可维持闸下有 1 m^3/s 流量的生态用水，既保证河段完全无脱水段，又满足生态用水的需求。

2）陆生植物保护措施

工程施工期，对施工人员进行植物资源和生态环境保护的宣传和教育工作，增强施工人员的环保意识，严格要求施工队伍有组织、有计划地施工，尽可能减少对现有植被的破坏；禁止破坏施工区以外的植被，对施工区内的植被也要尽量做到少破坏；同时加强防火宣传教育及有关措施，建立施工区防火及火警警报系统，确保工程涉及的贡嘎山自然保护区和风景名胜区各资源的安全。

工程结束后，在坝址区、引水隧洞区、电站厂房区、施工临时占地迹地、渣场、施工公路两边等对由于工程建设破坏的自然或人工植被进行全面积的补偿，使之恢复原有的生态功能。不能恢复的工程占用部分就近选择宜林荒地植树造林，按照总量平衡的原则，使工程区森林覆盖率不因电站工程的建设而降低，并在原有基础上略有增加。

3）陆生动物保护措施

施工期加强施工人员的法制教育和管理，全面贯彻执行《中华人民共和国野生动物保护法》、《中华人民共和国自然保护区条例》、《四川省野生动物保护实施办法》、《森林和野生动物类型自然保护区管理办法》等法律法规，增强施工人员的环境保护意识，禁止施工人员伤害和捕杀施工区域内的野生动物。业主应与施工方签订"环境保护目标责任书"，减少施工对当地陆生动物的影响。

将施工区域范围规定为以枢纽区为中心的 1 km 范围内，并用铁丝护栏和界桩圈定施工区域，设置标牌，禁止施工人员进入划定的施工区域内。

在施工过程中尽量优化爆破等施工工艺，减少施工噪声对保护区野生动物的影响。

3.3　矿产资源类项目环境影响

根据《中华人民共和国自然保护区条例》第二十六条的规定，自然保护区内禁止矿产开采活动；但该条例同时规定，法律、法规另有规定的除外。根据这一规定，国家有关部门目前有条件地准许自然保护实验区的油、气田开采，但其他矿产开采仍被严格禁止。本书所指的涉区矿产资源项目是指在保护区实验区内的油、气田开采，以及对自然保护区产生影响的周边地区的矿产资源开采项目。

3.3.1　矿产资源开发的环境影响

3.3.1.1　石油天然气矿产开采的环境影响

石油天然气矿产开采项目包括建设期、运营期和服役期满 3 个阶段。建设期的主要内容为钻井；运营期的主要内容为采油（气）、井下作业、油气集输及系统配套生产等。

（1）废气

建设期废气污染源主要是钻井柴油机产生的燃料燃烧烟气、施工作业车辆尾气、施工营地取暖锅炉烟气和炊烟等。主要废气污染物为烟尘、SO_2 和 NO_x 等。

运营期主要的废气源包括各种炉窑和锅炉烟气。联合站内油气处理废气、工艺场站因跑冒滴漏及储运设施呼吸作用产生的无组织排放含烃废气等。主要污染物为 NO_x、SO_2、烟尘和 CO，还有烷烃、烯烃及硫化氢气体。

另外，施工期间由于土壤的平整、土地开挖、取土等活动使地表植被遭到破坏，土壤裸露，引起扬尘，其浓度随风力和物料、土壤干燥程度不同而有所变化。车辆在装卸过程中，道路扬尘和车上物料的散落起尘量较大，是较大的非固定粉尘污染源。

（2）废水

建设期废水污染源主要是钻井废水、施工营地生活污水等。钻井废水主要包括机械冷却废水、冲洗废水、钻井液废水和其他废水等。钻井废水是钻井液等物质被水高倍稀释的产物，其组成、性质及危害与钻井液类型、处理剂的组成有关，其中的污染物质有悬浮物、石油类、COD 等。

营运期产生的废水主要包括采油废水、采气废水、井下作业废水、管线/设备清洗废水等。其中采气废水与采油废水类似，含有大量的油类、悬浮物、盐类、有机物等；洗井废水则主要含有石油类、SS、钻井液添加剂、酸、碱和有机物等污染物质。

（3）固体废物

建设期产生的固体废弃物主要是钻井泥浆和钻井岩屑。一般来说，钻井泥浆的 pH 值较高，泥浆中含有一定数量的加重剂和化学处理剂，有些泥浆本身还含有油类。运营期产生的固体废物主要包括落地原油、联合站油泥砂、污水处理设施污泥。

（4）噪声

建设期的噪声主要是钻井噪声，包括柴油机、发电机组、钻机、机泵以及各种机械转动所产生的噪声。运营期的噪声包括采油作业噪声和场站噪声。

据资料，噪声在 50 dB 以下，对人没有什么影响；当噪声达到 70 dB，对人会有明显危害；如果噪声超过 90 dB，人就无法持久工作了。野生动物对声环境的要求则比人高得多，一旦受到惊扰则可能搬迁，因此噪声的分贝值越低则野生动物受扰动的概率越小。

矿产资源开采过程中，作为移动声源，汽车整车噪声强度平均为 85 dB，喇叭噪声强度平均为 103 dB。因此，位于保护区之外的矿产资源开发应选择距离保护区最远的地方进行，而位于保护区内的开发项目应建立隔声屏障，减小噪声对境内野生动物的干扰。

3.3.1.2 煤炭开采（地下开采）的环境影响

煤矿开采项目主要分为建设期、生产运行期和闭矿期 3 个阶段。煤矿建设项目的污染物简单且容易处理。

（1）废气

施工过程对环境空气的影响主要来自以下几方面：施工作业面和施工交通运输产生的扬尘；场地平整形成的裸露地表、地基开挖、回填以及散状物料堆放等产生的扬尘；推土机、挖掘机及交通工具释放的尾气；施工单位采暖锅炉排烟。

生产运营期的环境空气污染源及污染物主要有：原煤在转载、筛分、装卸过程中产生的煤尘；工业场地和风井场地锅炉房排放的烟尘；运矸汽车及排矸场产生的扬尘等。

（2）废水

矿井建设期，除有一定生活污水排放外，还有少量的矿井水和施工废水。施工期间挖掘巷道时形成基岩渗水和井下施工涌水；另外，工程施工期间还将产生少量冲洗废水，主要来源于石料等建材的洗涤，主要污染物为 SS。而生活污水的主要污染物为 SS 和 COD。

生产运营期水污染源主要为矿井井下排水和工业场地生产、生活污水。井下排水中主要污染物为 SS，属以煤尘、岩粉为主的生产废水；生活污水中主要的污染物为 COD、BOD_5、SS 和少量石油类等。工业场地中废石场的淋溶水主要来自降水，在降水长时间的浸泡及冲刷作用下，废石中的一些重金属离子及有毒污染物溶出，最后渗入地下水层，或形成地表径流而污染水体。

（3）固体废物

施工期排弃的固体废物主要为矿井工程施工中排出的岩矸及煤矸石，地面建筑施工过程中排放的建筑垃圾和少量生活垃圾。生产运营期排放的主要固体废物为煤矸石、炉渣和少量生活垃圾。

（4）噪声

噪声主要来源于设备噪声和交通运输噪声。其中产生噪声的主要设备包括各类破碎设备、磨矿设备、筛分设备及钻井设备等。此外，施工场区及施工人员居住区在建设时期也造成噪声污染，包括建设过程中的噪声和施工人员的噪声。由于营运期间，作业设备数量增加，作业范围增大，因此产生噪声的强度和范围均比施工期大。另外，施工阶段一般为露天作业，无隔声与消减措施，故噪声传播较远，对周围环境的影响较大。

3.3.1.3　不同开采方式的环境影响分析

露天开采与地下开采是矿产资源开采的两类主要方式，开采方式的不同也进一步带来了开采技术与开采工艺方面的差别，由此对环境产生的影响也不尽相同。

（1）露天开采主要的环境影响

露天开采作业主要包括穿孔爆破、采装、运输和排土。露天开采的主要环境问题有以下几方面：

——露天矿生产剥离作业将改变地表形态，破坏地表植被和土地特别是耕地，地面生产生活设施建设将占用部分土地，固体废物堆置将占用大面积的土地。

——项目建设过程中，对地表环境大面积的扰动和破坏，将产生新的水土流失区域。

——露天剥离作业、物料装卸、运输、排土场作业过程中，所产生粉尘对大气环境的影响。

——露天矿坑排水和大气降水淋溶固体废物将对水环境产生影响。

——露天矿建设生产爆破作业对周围地面建筑设施的影响。

（2）地下开采主要的环境影响

地下开采是通过矿块的采准、切割和回采 3 个步骤实现的。地下开采的主要环境问题有以下几方面：

——场地平整、地基开挖以及弃土弃渣，将会破坏地表植被，导致水土流失，对生态环境产生不利影响。

——弃土弃渣处理不当，产生流失，易堵塞河道，危及行洪安全。

——散状物料堆放、平整场地形成的裸露地表、施工过程与交通运输等扬尘，以及施工锅炉排烟对环境空气造成的不利影响。

——井巷掘进过程会有少量井下涌水，施工过程中将可能揭穿部分地下水含水层，对浅层地下水和深层地下水资源可能产生影响。

——存在地表沉陷的环境风险，一旦发生将对沉陷区边缘、耕地、农田水利、地面建筑物、土壤、土地利用状况、生态系统产生严重的影响。

（3）露天开采与地下开采的环境影响对比

露天开采的占地面积较大，由于需要剥离岩土，排弃大量的岩石，尤其较深的露天矿，往往占用较多土地，设备购置费用较高，故初期投资较大。此外，露天开采，受气候影响较大，对设备效率及劳动生产率都有一定影响。

地下开采虽然占地面积较小，但存在严重的安全隐患与环境风险。地下开采会改变岩体原有的应力场，从而引起地质环境问题，可能造成采空区塌陷。塌陷区域地表形态与植被直接遭到破坏；若塌陷区为耕作区，将会影响其正常耕作；若塌陷区地表有水库、河流等，将导致大量水体随塌陷区的裂口进入煤炭地下开采洞道，影响矿井安全。

地下采矿更易造成对地下水环境的破坏。随着开采过程的进展，矿坑可能会出现涌水现象。矿井大量涌水，不仅导致地下水资源的巨大浪费，而且疏干了采区以上地层的含水层，形成降压漏斗，造成地下水位下降，影响地表植被的正常生长。

3.3.1.4 矿产开发的特殊环境影响

（1）落地原油的影响

原油的主要成分是烷烃和芳烃碳氢化合物、酚、沥青质和微量的重金属元素，如不及时处理，对周围环境将造成较大的影响。

在钻探和采油过程中发生井喷时，大量原油喷出，使周围的生态环境受到严重污染。通常井喷影响范围按 $3\,000\,m^2$ 计算，井喷量约 $60\,m^3$，黏稠的原油喷射到植物上，会造成大面积植物死亡，因此距离油井越远，影响程度越小。

表 3　原油对植物的影响范围

范围	影响程度
$<1\,000\,m^2$	对植物生长影响严重
$2\,000\sim3\,000\,m^2$	植物大都变成黑色，但经雨水冲洗，基本能继续生长

洗井、冲砂及井下作业过程中产生原油，修井过程中产生的落地原油可达 $0.5\sim2.0\,m^3$，据测量其油水产生的影响范围约 $500\,m^2$，其中污染严重的为 $200\,m^2$ 左右，在这一范围内植物大部分被破坏以致死亡。

表 4　小麦对土壤中含油量的反应

土壤含油量/（mg/L）	影响程度
500	生长、发育、产量均无明显变化
1 000	株高、产量开始下降

（2）海上石油的影响

对海洋动物的影响：由于大多数油类物质具有很强的亲脂性，因此其对生物的神经毒害作用是十分明显的。鱼类通过水将毒物聚集在腮中，阻碍了正常的呼吸，导致其窒息而死；软壳类生物由于不能把油污排出体外而死亡。另外，石油烃能导致鱼类的雌雄比例失调，对幼体有致畸作用，并降低其成活率。

石油影响海气系统间物质和能量的交换：石油是不溶于水的化合物，进入海洋中的石油会在海面上形成大面积的油膜，影响海气系统物质和能量的交换。大面积的海上石油的泄漏能导致海洋生物因缺氧而死亡，许多海鸟也因为翅膀黏附石油而不能飞行或在海中浮游以及食用被石油污染的鱼虾而生病死亡。

对海洋植物的影响：低浓度石油烃污染物易促进赤潮藻类（裸甲藻、新月菱形藻、中肋骨条藻）的生长。而油污染对大型植物的影响至今还不清楚（李日辉等，1998）。

（3）钻井泥浆的影响

钻井泥浆是油田钻井时因润滑冷却钻头、平衡井下压力所形成的以膨胀土等为主要成分并且添加多种有机物的泥状物质。

其主要危害表现为：①自然状态下难以降解，造成周边地区土壤板结，土地盐碱化，植被大量破坏。②钻井废泥浆长期累积渗透到地表水层或随雨水外溢流入江河小溪，污染水源，危害人民身体健康。③钻井废泥浆堆积在井场周围，占用大量耕地或草地，使被占用的土地失去使用价值，成为新的污染源（彭园等，2007）。

（4）烃类物质的影响

在无组织排放的油气中，烷烃和烯烃是主要组分。大量吸入高浓度烃蒸气，由于其窒息和麻痹作用可引起人和动物在短期内死亡。此外，油气中还含有少量芳香烃，对神经系统有致毒作用，少数可造成血液循环系统损害。高浓度的芳烃对中枢神经起麻痹作用，其中以苯的毒性最大。含烃蒸气除了直接对人身健康有危害外，也是大气中形成光化学烟雾的主要物质。

（5）尾矿的影响

废石、尾矿、煤矸石中含有毒、有害的重金属离子 Cr^{6+}、Hg、As、Pb、Zn 和氰化物、粉尘以及放射性物质。矿区风化及粉煤灰，使大气中总悬浮物微粒增加。加上煤层、煤矸石自然排放的 SO_2 的作用，严重破坏了大气环境质量（徐友宁，2002）。

尾矿库用于堆放尾矿，是矿山开采中必要的工程设施。近年来，由于尾矿库失事造成尾矿砂、尾矿水泄漏，冲毁下游的建筑、淹没耕地、污染水体的事故时有发生，个别尾矿还发生人员伤亡事故。尾矿水中含有很多有害元素，废水通过尾砂层和坝基渗透流失，会造成周围水系的严重污染。但由于含水层介质的吸附和地下水的稀释作用，可有效地降低污染物的浓度。另外，尾矿坝出现沉陷、裂缝很容易造成尾矿库的坍塌事故。尾矿砂的流失会使周围水体混浊，造成河道的淤积。

（6）矿区废水的影响

对地表环境的影响：在开矿、选矿过程中通过钻探，爆破，粉碎，研磨，加工和从尾矿库储存中产生的颗粒、尘埃物质，通过地表径流形成含悬浮物浊度较高的废水。这样的废水未经处理而排放可能导致河流和湖泊淤塞，从而损害其功能；含悬浮微粒较多且流量较大的废水的排放不仅可能影响地貌，还可能影响自然排水格局；废水的排放还有可能改变土壤的渗透性能，影响植物的生长，改变鱼类迁移模式和覆盖的底栖生物群落。毒性较强的污水会对饮用水安全造成威胁，引发供水危机。

对地下环境的影响：井下作业时酸化排出的残液及添加剂中的有毒物质会对地下环境造成污染。酸化所用的酸液是强酸液（盐酸、氢氟酸），有强烈的腐蚀性，排入土壤后会使土壤酸化，经地表径流和渗透作用影响地下水环境。当土壤遭受污染后，土壤中的微生物群落等就发生改变，使得土壤系统中的生物多样性降低，从而降低土壤的生态功能。

3.3.1.5 环境风险

（1）石油天然气开发项目风险分析

油气田生产项目存在的环境风险类型主要包括井喷、溢油、爆炸、火灾、油气泄漏等几种。现以井喷及泄漏作详细说明。

1）井喷

井喷是一种地层中流体喷出地面或流入井内其他地层的现象，大多发生在开采石油天然气的现场。引起井喷的原因有多种：地层压力掌握不准、泥浆密度偏低、井内泥浆液柱高度降低；起钻抽吸；以及其他不当措施等。

在一般情况下，井喷事故发生的概率是极小的。井喷有时是正常现象。井喷往往伴随着有毒气体的着火，对环境和人造成较大的危害：打乱正常的工作程序，影响全局生产；使钻井事故复杂化；极易引起火灾；影响周围千家万户的生命安全；污染周围环境和良田，影响水利、渔牧业和交通；伤害油气层，破坏地下油气资源；造成机毁人亡，油气井报废；造成不良的社会影响。

2）泄漏

① 油气管道事故率的估算

管道事故率定义为每年每千公里管道上发生事故的平均次数，即指事故次数与管道的运行长度和持续使用年限的比值，由下式计算：

$$\lambda = (\sum_{i=1}^{\tau} n_i / \sum_{i=1}^{\tau} L_i) \times 10^{-3}$$

式中：λ —— 管线上发生事故的平均次数，次/（10^3 km·a）；

τ —— 管线运行时间，a；

n_i —— 第 i 年所统计的运行中的输气管道上发生的事故次数；

L_i —— 第 i 年所统计的运行中的输气管道长度，km。

事故发生概率都来自于对以往发生事故的统计资料，由于受管线建设时的技术、材质及施工要求限制，不同时期的管线事故发生频率差别较大，因此在评价新建管线的事故发生频率时，应充分考虑新管线的技术水平和管理水平。

② 泄漏的危害

天然气泄漏的危害：大量天然气泄漏到空气中，可能会产生的严重危害如人员伤亡、环境污染、燃烧及爆炸等。当天然气在空气中的体积分数尚微（0.1%）时，人们就能感觉到油气味；达到 1.0%时，人体吸入几分钟就会中毒头晕，难以站稳；大于 2.0%后，会使人迅速失去知觉，甚至即刻丧命。防止天然气燃烧爆炸的基本方法是通风降低天然气浓度和消灭火种。

石油泄漏的危害：当石油从管道或储罐中泄漏出来后，其中的可燃性气体会蒸发到空气中，形成石油气。石油气的组成与天然气无本质差别，只是甲烷等低分子气体组分较少，故而石油气的危害也与天然气相似。天然气管道危害评价标准是：H_2S 中毒阈值为 300 μL/L（约 429 mg/m^3）。

（2）煤炭开采项目瓦斯爆炸风险分析

煤炭开采工程的风险主要有：井下瓦斯、煤尘爆炸，矸石场自燃酿成火灾，矸石坝垮塌事故，排矸场滑坡，爆破器材库爆炸，露天矿采场边坡滑坡，排土场滑坡。现以瓦斯爆炸作详细说明。

瓦斯爆炸的条件是：一定浓度的瓦斯、高温火源的存在和充足的氧气。瓦斯爆炸产生的高温高压，促使爆源附近的气体以极大的速度向外冲击，造成人员伤亡，破坏巷道和器材设施，扬起大量煤尘并使之参与爆炸，产生更大的破坏力。另外，爆炸后生成的大量有害气体，造成人员中毒死亡。瓦斯爆炸后很可能引起更严重的煤尘爆炸。

瓦斯爆炸风险通过评价系统可控危险度 D 估算。在某种环境条件下进行作业时，总是具有一定程度的潜在危险，影响危险性的主要因素有：发生事故或危险事件的可能性；暴露于危险环境中的时间；发生事故后可能产生的后果。因此，某种作业条件的危险性可用下式计算：

$$危险度\ D=L \cdot E \cdot C$$

式中：L —— 事故或危险事件发生的可能性分数值；

　　　E —— 暴露于危险环境中的时间长短的分数值；

　　　C —— 事故或危险事件后果的分数值。

最大的系统可控危险度 $D=10$（L）$\times 10$（E）$\times 100$（C）$=10\ 000$

以危险源风险度估算煤矿瓦斯爆炸重大危险源风险评价模型方程为：

$$H = KD/6\ 000$$

$$K=（P_1+P_2+P_3）/3$$

式中：H —— 危险源系统的风险度（危险度），$0 < H \leqslant 1$；

　　　K —— 系统不安全系数；

　　　D —— 系统的可控危险度；

　　　P_1 —— 人的不安全系数；

　　　P_2 —— 机的不安全系数；

　　　P_3 —— 环境的不安全系数。

对于煤矿，人（P_1）、机（P_2）、环境（P_3）不安全系数具有模糊性，通过对人的不安全因素、机的不安全状态和环境不安全条件进行分析并参照相关评估标准，给出人、机、环境的不安全程度的自然语言，从而可得出 P_1，P_2，P_3 的值。

3.3.2　矿产资源开发对不同类型自然保护区的环境影响

不同类型自然保护区的环境敏感点及保护对象不同，因此矿产资源的开发对其影响的方式也各有侧重（见图 1）。

3.3.2.1　对森林生态系统类型自然保护区的影响

采矿引发的森林采伐，使得森林生态系统在减少地表径流、防风固沙、涵养水源、保持水土、调节气候、改良土壤、净化空气、消除噪声等方面的能力减弱。植被的破坏不仅使景观遭到破坏，而且加大了山体滑坡的可能，加上野生动物的猎杀及栖息地的破坏，生态系统损失严重。

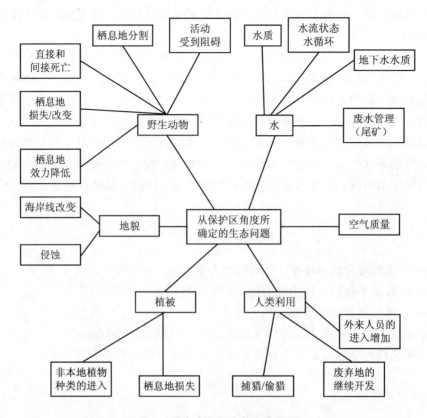

图 1   矿产资源开发的生态问题

化学物质的污染对森林环境造成影响，并使下游的水生环境情况更为糟糕：河中沉积淤泥量越来越多，水流水量减少，严重影响当地水生生物的生存。

3.3.2.2   对草原与草甸生态系统类型和荒漠生态系统类型自然保护区的影响

矿产资源的开采破坏了大量的草地，加之污染的影响，土壤板结，盐碱化加重，水土流失、草场退化严重，取而代之的不稳定群落——杂草群落、盐生植物群落生长迅猛。随着草原"三化"——退化、沙化、盐渍化的加剧，许多珍稀植物赖以生存的环境条件遭到破坏，这些植物逐渐濒临灭绝，植被可能发生逆向演替。

另外，由于生态系统其本身的多样性、稳定性不高，矿产开发行为极有可能使原有的生态系统破灭，恢复过程时间长且耗资巨大。

3.3.2.3   对内陆湿地和水域生态系统类型自然保护区的影响

资源开采过程中常因跑、冒、滴、漏等有散失的污染物质落于地面，这些污染物质不仅会使土壤的理化性质发生变化，而且会被降雨形成的地表径流带入湿地地表水体，如沼泽、河流等，对湿地造成污染。受其影响，内陆湿地和水域生态系统类型自然保护区涵养地下水源、调蓄洪水的能力将下降，从而使区域小气候如湿度、温度等受到一定的影响。生产设施与人为活动对鸟类生存的干扰，以及保护区内各种污染的综合作用结果，可使湿地型保护区内的湿地面积退缩。施工期对土壤的碾压使土壤板结，湿地生态系统的质量下降，以湿地为主要栖息生境的野生动物的繁殖地部分丧失，停歇地也处在极不稳定的状态。

3.3.2.4　对海洋和海岸生态系统类型自然保护区的影响

（1）对理化性质的影响

沉积物：表层沉积物被搅动，沉积物原有的结构、构造被破坏并使沉积物进入水体形成沉积物云团。

水质：采矿船废液、地面加工的废水排放对海洋水质，特别是表层水域环境有一定的影响。颗粒物质与微量金属对表层水域产生一定影响，而随着海水的稀释及海洋自身净化作用，对深层海域没有特别大的影响。

需氧量：采矿后可能会增加近底层水的需氧量。首先，由于沉积物中颗粒有机物再悬浮进入水体后在细菌作用下分解或被较大的动物消化需要消耗氧；其次，水体中悬浮颗粒物质（有机或无机）增加为细菌的生长提供了基质，促进了细菌的生长，由于细菌生物量的增加导致需氧量的增加（Ozturgute 等，1981）。

（2）对底质环境的影响

沉降到表层沉积物上的污染物质虽受到沉积物颗粒的分解作用和底栖生物的降解作用，浓度有所降低，但是随着时间的增长，海洋底质中的污染物质已超标很多倍，影响底栖生物的生长与繁殖。

（3）对生物环境的影响

矿产开发活动对海洋生物有利有弊。海洋矿产资源开发污染物质的进入使得一些底栖、浮游等生物受到污染而死亡，鱼类等受污染物质、温度、溶解氧、细菌的影响导致鱼卵和仔鱼的发育不良。但研究发现，生物标本采集等人为的破坏作用可以引起生物群落结构的破坏，并能在一定程度上刺激生物的快速生长（李日辉，1998）。

3.3.2.5　对野生生物类型自然保护区的影响

矿产资源开发对野生生物类型自然保护区的影响主要表现为野生动植物栖息地的破坏。

（1）栖息地受到分割

开发过程中修建的道路，使得野生动物不敢横穿道路到达另一边的栖息地，减少了物种适宜的栖息地数量，并且有可能使猎物或它们的同类种群隔离开，种群受到孤立。景观的破碎化造成了上百个"斑块"，每个"斑块"的面积不足以维系某些物种的生存空间需要，影响野生动植物生存和繁殖，降低生物的多样性。

（2）栖息地遭受损失或改变

矿产开采过程中施工营地及地面工程的建设，破坏了地表的植被，地面的能见度增加，为了避免天敌的追捕，一些动物不得不放弃原来的栖息环境，迁出或者另觅其他安全的栖息环境。污染物质的进入也使得不少野生植物死亡。

（3）栖息地效力降低以及野生动物的感官受到破坏

一些大型设备产生相当大的噪声，势必影响当地的野生动物，特别是警觉性比较高的物种，它们不得不重新确定路线，远离干扰源，被迫进入潜在适宜性较差的栖息地，以避免遭遇人类以及使感官遭受破坏，这使得栖息地的效力降低。

（4）野生动物的直接和间接死亡率增加

开发行为造成生态环境的破坏，动植物的栖息地面积减少，种内斗争严重。加上外来物种的入侵，使得种间斗争更为激烈，物种数量降低。施工期间，外来人员进入，随着施工车辆的增加，同时也增加了野生动植物被猎杀的概率。

（5）野生动物季节性迁徙和分散性迁徙受到阻碍

采矿活动使得保护区内的连通性较差，一些栅栏、建筑物、道路阻碍了野生动物的迁徙途径。而在矿山范围内，工业广场、道路、地面管线和其他线状设施可能对某些野生动物带来危险，形成破坏带，同时也妨碍野生动物在日常寻食或者季节性迁徙时期通过该矿区的自然能力（徐曙光，2003）。

3.3.2.6 对自然遗迹类型保护区的影响

矿产资源在开挖过程中，废弃物、粉尘等污染和侵蚀地质遗迹。石油开采时会释放出 H_2S、SO_2 等酸性气体，使得降水中的 pH 略有降低，腐蚀自然遗迹。而矿区渗水及污水的排放使得一些温泉等地质遗迹的水质发生变化，而影响其价值。

矿业开采引发的地质灾害有：崩塌、滑坡、泥石流、地面塌陷、地裂缝、地面沉降等，其中矿区地表沉陷是比较严重的地质灾害，它造成边缘的地表形态发生变化，地面建筑破坏，直接或间接威胁着自然遗迹。

矿产开发行为可能导致自然遗迹的完全破坏，生态系统崩溃，致使保护区丧失。

3.3.3 矿产开发项目的典型案例分析

吉林莫莫格油田开采项目对吉林莫莫格国家级自然保护区内的大气、地表水、地下水、土壤均造成了一定的影响；生产设施及人为活动干扰了保护区内鸟类的栖息环境。保护区内的湿地面积退缩，生态系统质量下降，以湿地为主要栖息生境的鹤、鹳类等珍禽的繁殖地部分丧失，停歇地也处于极不稳定的状态。

针对以上现象，采取了对功能区进行调整并将相应的生态减缓措施分别运用在保护区的管理体系、湿地与珍禽栖息地恢复与重建、鹤鹳类异地保护与恢复中。在油田开发及建设过程中，采取了地面工程及采油工程的生态环境保护措施来缓和保护区与油田开采项目之间的矛盾。

（1）工程概况

1986 年吉林油田在英台—四方坨子地区进行了第一次大规模石油开发，此次活动得到了吉林省政府的批准并进行了该开发工程的环境影响评价；2000 年末所进行的石油开发活动在英台地区属老区加密工程，其范围基本处于老区内（但有扩边行为），而在四方坨子地区所进行的开发则属新建工程。这两次大规模的石油开发活动均在莫莫格保护区内进行（部分位于区外），特别是有半数左右的生产井位于保护区的哈尔挠核心区内，对保护区的湿地和鸟类栖息环境都造成了一定的破坏和干扰。

（2）保护区概况

吉林莫莫格国家级自然保护区位于吉林省镇赉县中东部，保护区总面积 14.4 万 hm^2。该保护区始建于 1981 年 3 月，初为省级保护区，1997 年 12 月晋升为国家级自然保护区。保护区的管理范围为：北起丹岱乡白沙滩，南至洮儿河，西起岔台乡东岗，东到嫩江，其地理坐标为：东经 $123°2'70''\sim124°4'33.7''$，北纬 $45°42'25''\sim46°18'0''$。

2001 年 1 月国家林业局批复了莫莫格国家级自然保护区总体规划，进一步明确了保护区的功能区划分：核心区 5.18 万 hm^2，占保护区总面积的 36%，其中哈尔挠核心区 0.5 万 hm^2，胡家窝棚核心区 1.11 万 hm^2，哈拉塔核心区 0.5 万 hm^2；缓冲 4.9 万 hm^2，占保护区总面积的 34%；实验区 4.32 万 hm^2，占保护区总面积的 30%。

保护区内植物资源比较丰富，据初步统计，种子植物约有 600 种，其中经济植物 361 种，分属于 77 科。区内动物资源主要分为水生无脊椎动物、鱼类、两栖类、爬行类、兽类和鸟类。保护区内主要保护目标为莫莫格湿地和依附于湿地栖息的各种鸟类，特别是以丹顶鹤、东方白鹳、白鹤为代表的珍稀鸟类。

吉林油田涉及莫莫格保护区的开发区为英台油田，共包括三个区块：即英台区块、四方坨子区块、一棵树区块，位于镇赉县嫩江西岸。1982—1997 年莫莫格保护区未晋升为国家级自然保护区前，区内已打井 208 口。2000 年初，经中国石油天然气股份有限公司批准，吉林油田分公司在英台油田实施增产加密与滚动开发工程，至 2005 年秋，英台油田开发动用面积 86.4 km^2，动用地质储量 7 843 万 t，共建开发井 940 口，其中保护区核心区内有 577 口，缓冲区有 363 口。

（3）油田开发对保护区的影响分析

油田开发初期，开采区域与规模有限，对保护区功能未见明显影响。2000 年吉林油田实施增产加密与滚动开发之后，油田生产对莫莫格保护区湿地生态环境，鹤、鹳等水禽的影响比较严重，油田开采区地表水、地下水、土壤的污染，生产设施与人为活动对鸟类生存的干扰以及保护区内其他人类活动的综合作用结果，使保护区湿地面积退缩，湿地生态系统的质量下降，以湿地为主要栖息生境的鹤、鹳类等珍禽的繁殖地部分丧失，停歇地也处于极不稳定的状态。

1）油田开发对湿地植被的破坏

油田开发的油井、泵房、集输管线、道路等建设，直接破坏了保护区原有的植被。油田每个钻井在钻井期井位占地都在 5 000～6 000 m^2，原有植被全部被推土机掘起；埋设输油管线将深层的土壤翻到地表，不仅压埋了植被，也破坏了土壤的原生结构；频繁往来的车辆、众多人员的生产活动，使湿地植被遭到碾压与践踏，湿地土壤发生板结，影响湿地植被的自然生长。由于落地油及生产污水，油井四周约 500 m^2 范围的湿地植被遭到不同程度破坏，地表盐渍化，形成新的碱斑。井周及开采期临时占地上的植被虽部分尚可恢复，但大多是荒地杂草，处于植被演替的初级阶段，距其原生植被恢复尚需数十年。由于湿地植被永久或暂时性的破坏，使莫莫格保护区哈尔挠核心区的小叶章苔草沼泽面积减少10 535 hm^2。

2）油田开发对区域环境的污染

空气、水体、土壤是构成湿地生态系统主要的非生物要素，这些基本要素的污染，将直接影响到湿地的生态过程，并导致湿地生态质量下降。

环境空气：相隔 14 年的监测数据显示，由于油田十余年的建设，保护区内环境空气质量呈下降趋势，二氧化硫、二氧化氮和非甲烷总烃三项污染物的污染程度有所加重，其中二氧化硫平均浓度由 0.01 mg/m^3 上升到 0.03 mg/m^3，单项污染指数也由 0.2 上升到 0.6，增加了 200%；二氧化氮平均浓度由 0.013 mg/m^3 上升到 0.028 mg/m^3，单项污染指数也由

0.16 上升到 0.35，增加了 110%；非甲烷总烃平均浓度由 0.42 mg/m³ 上升到 0.5 mg/m³，单项污染指数也由 0.11 上升到 0.13，增加了 20%。

地表水：嫩江水质 14 年间有较大变化，1988 年监测结果可以满足标准要求，但 2002 年监测数据表明，嫩江水质受到污染，不能满足《地表水环境质量标准》（GB 3838—2002）中Ⅲ类水质功能区要求，其主要污染物为石油类，超标原因主要是水中的石油类已超标 11.6 倍，由于英台油田开发，加剧了污染程度，超标增加了 1.4 倍。

地下水：在 1989 年油田尚未进行大规模开发时，保护区内地下水中石油类已超标 23 倍，主要原因是该区域本底值较高。14 年来，由于石油的开发，包括废水排放，废渣堆放过程中污染物渗漏，生活污水、垃圾渗出液的渗透污染，渗坑、渗井中污水的渗透污染，采油井和注水井套外返水污染地下水，以及落地油、泥浆池残留物的渗透污染等，导致区域浅层地下水超标加重，尤其是第四系孔隙潜水，2002 年与 1988 年相比，油和挥发酚平均浓度分别增长了 20% 和 500%，超标率都由 13% 上升到 33%，挥发酚的最高超标倍数由 0.5 倍上升到 14 倍。

土壤：油田开发造成的土壤污染呈点状分布，污染范围主要集中在井场周围，污染浓度已超过土壤背景值。油田开发施工期，第一年落地油污染土壤可使土壤中石油含量达 99.1 mg/kg；第二年土壤中石油含量达 121.4 mg/kg；第三年土壤中石油含量达 142.7 mg/kg。经计算，英—坨油田工程开发施工期，每年单位土壤落地油输入量为 8 888.9～11 111.1 g/（亩·a），平均为 10 000 g/（亩·a）。

3）油田开发对鸟类生态需要的威胁

油田建设期，由于石油钻井与建筑施工，车辆、机械、人员活动频繁，夜晚井台生产的明火、灯光，泄漏的天然气及其燃烧的天灯视觉污染强烈，使保护区内鸟类受到极大惊扰，或避开生产区，或迁往他地。哈尔挠核心区坝里渔场至哈尔挠水库一带是东方白鹳秋季迁徙的重要停歇地，也是世界东方白鹳秋季南迁的唯一集群地，秋季集群数量一般稳定在 500～800 只。在 2000 年秋油田加密开发之后，这一传统的集群地已变得不再稳定，秋季集群东方白鹳有时会离开这一传统的停歇地而游荡在保护区的其他区域。进入生产期后，油田场区设施、钻井平台等新产生的人工景观，除小型鸟类会有一定的生态适应外，大型鸟类，尤其是鹤、鹳类将会因此而放弃原来的繁殖、停歇地。同时，由于联合作业站、井位间的道路与输电线已形成网络，核心区的空间被分割，破坏了鸟类栖息地的完整性。

（4）功能区区划调整

莫莫格国家级自然保护区总体规划已经国家林业局批复，原功能区划基本符合当时自然保护区保护管理实际。2000 年秋英台—四方坨子区域实施增产加密开发工程后，吉林油田公司在保护区的开采活动，直接威胁到保护区部分核心区与缓冲区的功能，而且随着以后吉林油田的建设发展，规划开发区域与保护区原有功能区划的矛盾会更加尖锐。有鉴于此，实事求是地面对保护区内油田开发所带来的变化，以哈尔挠核心区为重点，将部分石油开采区域调整为实验区，最大限度地保留嫩江沿岸核心区域，对莫莫格保护区进行一次科学、合理的功能区调整是十分必要的。

石油开采是功能区调整的主要因素，除此之外，近年持续干旱的恶劣气候条件，使区内水资源分布格局发生变化，随之部分鹤、鹳类等珍禽的栖息地迁移到原核心区之外，失去了有效保护与管理的监控，为此，需要将原缓冲区一些湿地资源相对良好、生物多样性丰富的区域调整为核心区。通过这样的调整，可切实保证保护区原有的湿地生态功能及对珍稀水禽的保护。

为减少石油开采项目对保护区的影响，实行功能区调整，结果如表 5 所示。

表 5　功能区调整情况一览表

项目	总面积/hm²	核心区		缓冲区		实验区	
		面积/hm²	比例/%	面积/hm²	比例/%	面积/hm²	比例/%
调整前	144 000	51 800	36	49 000	34	43 200	30
调整后	144 000	52 740	36.6	54 805	38.1	36 455	25.3
变化	0	940	0.6	5 805	4.1	−6 745	−4.7

（5）减缓不利影响的措施及建议

1）保护区管理体系建设

完善《吉林莫莫格国家级自然保护区管理条例》，并尽快申请吉林省人大讨论通过。针对吉林油田在区内的生产开发活动，保护区与吉林油田公司有必要制定双边的《吉林油田公司在莫莫格保护区内生产开发活动管理办法》，就油田生产的报批程序、入区管理、生产过程监管、环境保护、生态建设补偿等内容作出明确规定。

功能区调整后，需要对保护区功能区以及实验区内吉林油田的生产作业区立标定界以利分区管理。油田作业区与核心区近距离接触处，要设置警示牌。

在哈尔挠、胡家窝棚、哈拉塔各设保护管理站 1 处。保护管理站负责区域内重点保护对象的巡护、执法检查、资源监测以及公众教育工作。

在英台油田生产区内的英台区块、四方坨子区块分设监管站 1 处，负责油田生产开采活动的监管及油田开采对生态环境影响的监测工作。

保护管理站、监测管理站要建设固定的站址，配备必要的巡护、观察、监测仪器与设备。

新增划核心区内，存在一定数量的捕鱼窝棚及苇业收购作业点，违法捕捞鱼类，减少了珍禽的食物来源；频繁的人员活动，干扰了水鸟的栖息与繁殖。对违法设立的捕鱼窝棚、芦苇收购点要一律拆迁，严格限制核心区内的暂住人口，加强核心区内生产作业活动的管理。

2）湿地与珍禽栖息地恢复与重建

引嫩江水入区，从根本上解决芦苇沼泽对水的需求。利用嫩江白沙滩灌区提水站及原有的三分干、六引干等水利设施，引嫩江水入保护区，恢复芦苇沼泽地，提高丹顶鹤停歇、繁殖地的生境质量。

调控水位，保持碱草甸植被的稳定。针对 A2 区的功能保护，通过设置进水与放水闸，控制该区域水位，促进碱草甸植被的生长，保持碱水泡沼的星散状分布格局，为白鹤停歇创造适宜的栖息生境。

移植原生植被，恢复油田生产临时占地而破坏的湿地植被。油田开发期钻井、运输、集输管线铺设等临时占地所破坏的湿地植被，待进入生产期后，要及时通过原生植物移植、播种等方法，加快被破坏植被的自然演替进程，尽早恢复到原生状态。

退耕还草、退耕还湿，恢复湿地面积。洮儿河流域新增划的核心区 A1-2 在嫩江大坝北段泄洪区内，有违法围堤垦殖现象。调整后核心区内的合法耕种土地，要按国家及省退耕还林还草的有关规定优先安排退耕；对违法开垦的土地，坚决停止耕种。退耕的土地要根据管理的需要还草、还湿。

加强牧业管理，扶持棚舍饲养。A1-2 及 A2 区有大型牲畜放牧地 $200\,hm^2$，会造成草甸草原植被的退化，应该改变传统的散养方式，对牧民予以一定的经济支持，在保护区外建立牧草繁育场，并修建牛、羊饲养棚舍实行棚舍饲养。

3）东方白鹳集群地再建与繁殖地恢复

集群地再建：加强东方白鹳原哈尔挠秋季集群地的保护。在 A1-1 区的夹信子一带，近年秋季东方白鹳在该地停歇、集群的趋向明显，同时，该地具备一定的东方白鹳集群所需的食物、夜宿及活动空间的条件，只要因地制宜地采取必要的生物学工程措施，再建东方白鹳秋季集群地，使之成为最适栖息生境有极大的成功率。

人工招引繁殖：在 A1-1 区嫩江沿岸镇赉县草原管理站东、一撮毛、夹信子 3 个区地域，选取适宜的环境条件，架设水泥杆支架，人工招引东方白鹳繁殖。

4）丹顶鹤繁殖地保护与恢复

由于油田开发，部分丹顶鹤繁殖地遭到破坏，需要在丹顶鹤历史繁殖地 A1-2 区征用一定面积的苇地，按丹顶鹤及其他珍禽繁殖需要实行封闭管理，为丹顶鹤营巢、隐蔽提供环境空间。

为加快丹顶鹤历史繁殖区的恢复进程，可采用人工放养丹顶鹤招引野生鹤繁殖的方法，恢复与扩大丹顶鹤繁殖的种群，为此需要建野外简易放养舍及一定数量的放养丹顶鹤群。

5）其他珍禽栖息地保护与恢复

根据白枕鹤、白头鹤、灰鹤、蓑羽鹤以及大鸨等珍禽对食物的需要，对它们的停歇地进行系统筛选，在其中利于保护管理的地段，投食玉米、大豆，小型鱼类等，为珍禽迁飞提供能量补充。

6）油田开发与建设中的其他生态环境保护

地面工程建设中的生态保护措施主要有：① 输油注水管线均采用非金属管材，防止因管道腐蚀泄漏对地面植被的破坏；采用全密闭输油系统；含油污水在保护区外联合站处理。② 减少保护区内永久性建筑，转接站设在区外；钻井设计多打丛式井；在生产区与核心区近距离接触区域的采油井应采用电潜泵；集油配水间采用高架平台。③ 采油井场设备使用草绿色或浅蓝色，抽油机顺水流方向设置。④ 防止变压器油泄漏，采用防泄漏、防水、全封闭配电变压器。⑤ 地面工程建设时间应尽量选择在冬季，避免对保护区珍稀水禽的干扰和对湿地生态环境的破坏。⑥ 钻井开发临时占地，先期应将草皮植被铲起单放，采油设备安装完毕并平整土地后，回覆草皮植被。

采油工程建设中的生态保护措施主要有：① 保证抽水井完井固井质量，射孔前清水洗井，返出液配备容器回收，防止污水落地；② 井压裂投产、修井作业均在冬季进行，对落地液靠铺置地面砂土回收，送到指定地点妥善处理；③ 用双密封调心盘根盒、回收盒和光杆密封器组成的多功能安全环保防喷井口，将风险事故发生率降到最低限度。

第4章 自然保护区内的资源开发与利用

4.1 自然保护区内的资源开发

自然保护区的建设有效地保护了我国珍贵的自然资源和自然历史遗产，取得了良好的生态效益、社会效益和经济效益。然而我国的自然保护区在经过抢救式的快速建设后，一些隐藏的矛盾开始显现。再加上经济发展迅速和人多地少的现实国情，使得我国的自然保护区保护与发展面临巨大的挑战。在我国整体经济实力不强、自然保护区投入不足的大背景下，地方政府在保护区及其周边经济发展受限制的同时，还要负担较重的保护区财政需求，这既打击了发展保护区事业的积极性，也限制了保护区开展有效的保护工作。

在此情况下，以资源开发来缓解这种压力成为大多数保护区的首选。当前，自然保护区管理的直接依据是《中华人民共和国自然保护区条例》，其中有关保护区内资源开发的规定由于原则性太强而缺乏实际操作上的指导意义。这就导致了某些自然保护区在资源利用过程中，以牺牲保护区为代价，盲目开发，有的甚至蚕食保护区，给保护区"开肠破肚"，造成生境破碎化，对保护对象及其生境造成严重破坏。

4.1.1 自然保护区资源的概念与类型

4.1.1.1 自然保护区资源概念

广义的资源指人类生存发展和享受所需要的一切物质的和非物质的要素。因此，资源既包括一切为人类所需要的自然物，如阳光、空气、水、矿产、土壤、植物及动物等，也包括以人类劳动产品形式出现的一切有用物，如各种房屋、设备、其他消费性商品及生产资料性商品，还包括无形的资财，如信息、知识和技术，以及人类本身的体力和智力。由于人类社会财富的创造不仅来源于自然界，而且还来源于人类社会，因此资源不仅包括物质的要素，也包括非物质的要素。

狭义的资源仅指自然资源，联合国环境规划署（UNEP）对资源下过这样的定义："所谓自然资源，是指在一定时间、地点的条件下能够产生经济价值的、以提高人类当前和将来福利的自然环境因素和条件的总称。"《英国大百科全书》中把资源说成是人类可以利用的自然生成物以及生成这些成分的环境功能。前者包括土地、水、大气、岩石、矿物以及森林、草地、矿产和海洋等，后者则指太阳能、生态系统的环境机能、地球物理化学的循环机能等。

自然资源的类型有多种划分方法，按资源的实物类型划分，自然资源包括土地资源、气候资源、水资源、生物资源、矿产资源、海洋资源、能源资源、旅游资源等。

土地资源 土地是地球陆地表面部分，是人类生活和生产活动的主要空间场所，"土地包含地球特定地域表面及其以上和以下的大气、土壤及基础地质、水文和植被，它还包含这一地域范围过去和目前的人类活动的种种结果，以及动物就它们对目前和未来人类利用土地所施加的重要影响"。土地是由地形、土壤、植被、岩石、水文和气候等因素组成的一个独立的自然综合体。

气候资源 气候资源是指地球上生命赖以产生、存在和发展的基本条件，也是人类生存及发展工农业生产的物质和能源。气候资源包括太阳辐射、热量、降水、空气及其运动等要素。太阳辐射是地球上一切生物代谢活动的能量源泉，也是气候发展变化的动力。降水是地球上水循环的核心环节，生命活动和自然界水分消耗的补给源。空气运动不仅可以调节和输送水热资源，而且可将大气的各种组分不断输送扩散，供给生命物质的需要。

水资源 水资源是指在目前技术和经济条件下，比较容易被人类利用的补给条件好的那部分淡水量，水资源包括湖泊淡水、土壤水、大气水和河川水等淡水量。随着科学技术的发展，海水淡化前景广阔，因此，从广义上讲，海水也应算水资源。

生物资源 生物资源是指生物圈中全部动物、植被和微生物。生物资源的分类也是各种各样的，通常采用生物分类的传统体系，将生物资源分为植物资源和动物资源，植物资源又可以按群落的生态外貌特征划分为森林资源、草原资源、荒漠资源和沼泽资源等；动物资源按其类群可分为哺乳动物类资源、鸟类资源、爬行类动物资源、两栖类动物资源以及鱼类资源等。

矿产资源 经过一定的地质过程形成的，赋存于地壳内或地壳上的固态、液态或气态物质，当它们达到工业利用的要求时，被称为矿产资源。其分类方法较多，一般按矿物不同物理性质和用途划分为黑色金属、有色金属、冶金辅助原料、燃料、化工原料、建筑材料、特种非金属、稀土稀有分散元素 8 类。

能源资源 能够提供某种形式能量的物质或物质的运动都可以称为能源。大自然赋予我们多种多样的能源：一是来自太阳的能量，除辐射能外，还有经其转换的多种形式的能源；二是来自地球本身的能量，如热能和原子能；三是来自地球与其他天体相互作用所产生的能量，如潮汐能。能源有多种分类形式，一般可分为常规能源和新能源，常规能源指当前已被人类社会广泛利用的能源，如石油、煤炭等；新能源是指在当前技术和经济条件下，尚未被人类广泛大量利用，但已经或即将被利用的能源，如太阳能、地热、潮汐能等。

海洋资源 海洋资源是指其来源、形成和存在方式都直接与海水有关的物质和能量。可分为海洋生物资源、海底矿产资源、海水化学资源和海洋动力资源。海洋生物资源包括生长和繁衍在海水中的一切有生命的动物和能进行光合作用的植物。海底矿产资源主要包括滨海砂矿、陆架油气和深海沉积矿床等。海水化学资源包括海水中所含大量化学物质和淡水。海洋动力资源主要指海洋里的波浪、海流、潮汐、温度差、密度差、压力差等所蕴藏着的巨大能量。

旅游资源 旅游资源是指能为旅游者提供游览、观赏、知识、乐趣、度假、疗养、休息、探险猎奇、考察研究以及友好往来的客体和劳务。人们在旅行中所感兴趣的各类事物，如国情民风、山川风光、历史文化和各种物产等，均属旅游资源。旅游资源可分为自然旅游资源和人文旅游资源两大类。自然旅游资源指的是大自然造化出来的各种特殊的地理地质环境、景观和自然现象。人文旅游资源是人类社会中形成的各种具有鲜明个性特征的社会文化景观。

4.1.1.2　自然保护区资源分类

自然保护区是指对有代表性的自然生态系统、珍稀濒危野生动植物物种的天然集中分布区、有特殊意义的自然遗迹等保护对象所在的陆地、陆地水体或者海域，依法划出一定面积予以特殊保护和管理的区域。自然保护区是受人类保护的特殊区域，通常会包含部分或全部的资源类型。自然保护区资源是指：在特定的自然保护区范围内，对其保护和发展有价值的生物、环境因素及文化等有形和无形资产的总和，包括生物多样性资源、人文资源、景观资源、土地资源、水资源和空气资源等（李景文等，2006）。自然保护区的首要任务是保护这些特殊的区域，其次才能在不影响有效保护的前提下进行适度开发，因此，保护区内的资源是否可以利用，要首先考虑它是否影响到保护对象的保护需求。

参照自然保护区资源的定义，同时考虑自然保护区的划分类别，自然保护区可开发利用的资源可分为生物资源、水产渔业资源、能源资源和旅游资源。

生物资源　保护区可开发利用的生物资源包括动物资源和植物资源。主要有以下几类：自然或人为栽培的生物资源；正常保护和科研工作中所获得的剩余物和产品；生长周期短、再生能力强、繁殖快的有利用价值的动物和植物资源；其他再生资源，包括落叶、动植物分泌物、排泄物等。

水产渔业资源　包括淡水渔业资源和海水渔业资源。许多保护对象的有效保护都依靠水质和水量的良好保护，有些湿地和水域类、海岸和海洋类的生态系统本身就是保护的目标。因此，水产渔业资源的开发必须以开阔水域的自然散养为主。

能源资源　主要包括常规能源和新能源。像石油、煤炭等常规能源是禁止在保护区内开发的。水能以及新能源中的太阳能、地热、潮汐能、风能等能源虽未列入禁止利用的行列，但它们能否在保护区内开发利用，必须依据保护对象的需求做出科学的判断。如在候鸟的迁徙通道开发风电能源，必须经过科学的观测、相应的技术改造和严格的论证以确保其影响在接受范围内才能允许开发。

旅游资源　旅游资源主要包括生物群落资源和景观资源。生物群落资源主要是由于不同植物群落外貌差异以及季节性变化，与其他旅游资源形成互补，从而呈现一定的观赏价值。景观资源包括自然景观、自然遗迹、人文历史足迹等。自然景观主要有河流、山体、海滨、沙滩以及山岳景观和水体景观；自然遗迹包括地质遗迹和古生物遗迹；人文历史遗包括一些历代文化建筑、碑文、雕像等。这些旅游资源的开发不能破坏景观的整体性和连续性，更不能干扰保护对象的正常生存、破坏它们的生境。

4.1.2　自然保护区内的资源开发

以获取经济效益为目标对自然资源的利用一般分为两种方式。一种是直接利用，获取直接的经济效益。在经营区内因地制宜地、有计划地进行多种经营活动，这就是对自然资源的直接利用。直接利用又可分为消耗性利用和非消耗性利用。前者直接消耗资源，例如开荒耕种、种植养殖等，后者在一定程度上不直接消耗资源，例如有控制地开展生态旅游。另一种是间接利用，发挥自然资源潜在的经济价值。在自然保护区内所进行的科学研究，实际上是对自然资源的一种间接利用，其科学意义和指导性作用甚至比直接获得经济效益更为重要。

由于我国大部分自然保护区地处偏远、贫困地区，总体来说，保护区资源开发利用的水平较低。而就全国来说，资源开发利用又有不平衡的特点。资源开发利用与自然保护区所在地区的经济发展水平密切相关。一般来说，地处东南沿海地区、长江中下游地区、珠江三角洲或城市附近等经济比较发达地区的自然保护区，其资源开发利用水平相对较高，其产业特点是行业部门多、规模大、产值高。中西部地区大部分经济落后，交通不便，人口稀少，保护区资源开发利用水平相对较低，许多地方甚至没有开发。从目前的现状来看，不同地区、不同类型自然保护区的资源各有特点，资源开发利用的特点也不尽相同。

除旅游资源开发外，自然保护区其他资源开发可分为生物资源开发和非生物资源开发。

4.1.2.1 生物资源的开发利用

自然保护区常常拥有丰富的生物资源，其中大部分是可更新资源，如森林资源、植物资源和动物资源等。这些资源本身具有一定的生产力，在人工保护下，其生长速度和生长量都有可能增加，甚至出现种群超量发展。因而，合理开发利用部分野生动植物，是稳定天然食物链、保护自然承载能力与生物种群及其数量相适应的重要措施。我国自然保护区在 1998 年的资源收获收入为 3 986.4 万元，占总收入的 27.2%，仅次于旅游业，居第二位。其中有一些保护区创收的一半以上来源于资源收获（李俊清等，2006）。

对于数量占多数的森林类型自然保护区来说，主要的优势资源为木材、毛竹、林特产品（食用菌、中药材、山野菜等）。例如，福建武夷山自然保护区利用实验区内丰富的毛竹资源，发展毛笔加工及竹笋保鲜加工，使其成为当地经济的支柱产业；黑龙江凉水和五营国家级自然保护区对于红松籽的采收；四川王郎自然保护区蜂蜜的生产和销售等；黑龙江省凉水、广西大明山、河南鸡公山等自然保护区建有木材加工厂；贵州梵净山保护区利用当地资源楠竹纺织床席和其他竹制品；黑龙江车陆湾子、库尔滨等保护区采集利用野生浆果资源等。

对于湿地类型的自然保护区来说，主要是利用生物资源优势发展淡水经济动物的养殖和产品初加工工业。如江苏省盐城自然保护区结合湿地恢复开发的人工水禽湖，发展水产养殖，每年生产大量水产品，结合贝类养殖和沙蚕基地建设，组织贝采集和挖沙蚕的工作。大丰麋鹿保护区在冬季对滩涂芦苇的采收。

荒漠类型自然保护区大多在中西部地区，总体来说开发较少。如可可西里阿尔金山自然保护区开展了甘草、苁蓉等药材采集和种植；安西自然保护区建立了综合养殖场，饲养鸡、猪、兔等畜禽，还围栏建设草甸草场，作为当地农民发展商品畜牧业的饲草基地，在实验区开发了果园。

草原类型自然保护区主要是实验区放牧或打草。如宁夏云雾山自然保护区、山东黄河三角洲保护区大汶流保护部均通过放养羊、牛等增加保护区收。

海洋类型自然保护区主要利用浅海海域发展水产养殖。如南麂列岛自然保护区在实验区养殖经济贝、藻类生物，促进了当地经济的发展。

4.1.2.2　非生物资源的开发利用

自然保护区内可开发利用的非生物资源包括风能、水力资源以及地质景观资源等。地质遗迹类型自然保护区主要是利用独特的地质景观开展旅游，少数保护区还利用保护区周边地区的石材，开发生产工艺品。如天津市蓟县地质剖面国家级自然保护区引导当地群众在不影响保护的情况下，开发出具有古生物沉积结构的工艺品，取得了一定的经济效益。此外，安徽鹞落坪等自然保护区的小水电，黑龙江五大连池、江西官山自然保护区的矿泉水开发，河北红松洼自然保护区的风力发电等都取得了较好的经济效益。

除上述开发利用方式外，少数自然保护区还在周边地区开展了工业生产，主要集中在资源的深加工、食品工业等。

目前保护区资源形式还主要是传统的种养殖业，形式多种多样，特点是投资少、见效快、利润偏低但稳定；以旅游业为代表的现代资源利用形式方兴未艾，成为保护区的主要开发形式，但尚处于初步阶段，形式也较为单一。

4.1.3　自然保护区资源开发的作用

为实现自然保护区可持续发展，现阶段在自然保护区实验区范围内适度开展资源的利用，对自然保护区的可持续发展具有以下作用：

（1）筹集保护区资金，在一定程度上弥补政府对自然保护区投入的不足

我国目前自然保护区建设和管理经费主要来自于保护区所在地的地方政府财政，国家仅对国家级自然保护区的基础设施建设给予适当补助。而自然保护区分布相对集中的地区往往都是经济欠发达的地区，地方政府很难拿出足够的经费用于保护区的建设和管理，有限的投入仅能维持管理人员的工资发放，很少有多余经费用于建设和管理。因此，按照生物自然更新的规律，并根据市场的需要，通过资源的适度开发利用，可以筹集一些经费用于开展资源的管理，多年的实践也证明，在现阶段，这也是自然保护区资金渠道的来源之一。根据李景文等（2006）在内蒙古、甘肃以及宁夏 2004 年调查统计，自然保护区资源总经费的 20%～50%来源于创收，这在一定程度上缓解了保护区经费不足的状况。

（2）探索资源可持续利用的模式

我国自然保护区绝大多数都地处老少边穷地区和贫困山区，这些地区科技、文化、教育均不发达，生产方式落后，生产力水平低下，"靠山吃山"等传统观念决定了资源利用率处于较低的层次。自然保护区利用自身的技术优势，开展资源的适度开发和合理利用，探索符合当地实际的资源可持续利用模式。而这些可持续利用资源的模式一旦为当地居民所接受，一方面可以提高当地的生产水平和经济效益；另一方面可以减少不合理的资源消耗和浪费，从而更好地保护自然资源。

（3）改善社区关系，促进社区共管

中国是一个人口众多的大国，已建成的自然保护区多数位于经济落后的贫困地区，保护区及其周边的居民多世居于此，保护区内的土地和生物资源就是他们赖以生存的基础。自然保护区的建立，一定程度上制约了当地社区对保护区内资源的利用，影响到当地经济的发展和社区居民的生活水平，这种情况下，往往会导致保护区与社区之间产生矛盾，而保护区缺少社区的支持和配合，是不可能真正保护好区内的资源和环境的。通过吸引当地

社区共同参与资源的适度开发和利用，结合保护区的技术优势、信息优势以及当地社区的劳动力优势，走共同开发、共同富裕之路，不仅可以使保护区和社区都获取相应的经济效益，同时社区居民通过参与开发弥补了因保护区建立而带来的经济利益损失，也使社区居民自觉投入到保护区的建设和保护之中，达到双赢的目的。

（4）有助于开展自然资源及环境保护的宣传教育

自然保护区是天然的生物多样性保护区和科普宣传教育基地已是人们的广泛共识，但封闭的保护区并不能真正发挥保护区作为宣传教育基地的功能，只有当人们走进保护区亲身体验和感受后才能使这种作用得到发挥。我国绝大多数自然保护区均具备开展生态旅游的潜力，通过保护区开展的生态旅游，在获取经济效益的同时，让到保护区参观和旅游的人员感受自然，无形中起到了宣传教育的作用，尤其对于青少年的宣传教育作用更为明显。

综上所述，自然资源的合理开发利用是自然保护区发展的经济基础，也是妥善解决当地居民生产、生活问题的关键。要发挥自然保护区的资源优势，按照生物自然更新的规律，并根据市场的需要，在不破坏自然资源和自然环境的条件下，积极发展种植业、养殖业、采集业、狩猎业、加工业、旅游业和具有地方特色的手工业等，不断提高自然保护区的利用价值，积累更多的资金用于自然保护区的发展，逐步实现自然保护区的生态效益、社会效益和经济效益最大化。

4.2 自然保护区内的生态旅游

生态旅游是自然保护区利用资源的主要方式，也是自然保护区创收的最主要来源，如果生态旅游的经营能够完全遵守其内涵和要求，也是对自然保护区破坏最小的资源利用方式。在此，我们将生态旅游作为自然保护区利用自然资源的重要形式予以专门介绍。

4.2.1 生态旅游的定义和内涵

"生态旅游"（Ecotourism）一词最早由国际自然保护联盟（IUCN）特别顾问、墨西哥专家谢贝洛斯·拉斯喀瑞于 1983 年首次提出，1986 年在墨西哥召开的国际环境会议上生态旅游这一名词被正式确认。但直到 1992 年联合国环境和发展大会在全球范围内提出并推广可持续发展的概念和原则之后，生态旅游才作为旅游业实现可持续发展的主要形式在世界范围内被广泛地研究和实践。从概念提出至今 20 余年的时间里，针对如何确立一个明确的、统一的生态旅游的概念问题，国际生态旅游学会等国际组织及各国的研究人员都作出了自己的努力，他们在不同的领域，为了不同的目的，在世界上不同的地区实践着各自认为最佳的生态旅游模式。但由于他们重视生态旅游的原因和目的各不相同，对生态旅游的定义也因此存在很大差异，使得生态旅游的定义成为一个充满争议的热点命题，迄今为止尚未形成一个统一的、普遍被接受的生态旅游定义。

1988 年谢贝洛斯·拉斯喀瑞首次将生态旅游定义为"前往相对没有被干扰或污染的自然区域，专门为了学习、赞美、欣赏这些地方的景色和野生动植物与存在的文化表现（现在或过去）而进行的旅游"。该概念的提出建立在大众旅游的弊端以及给环境带来的负面影响的基础之上，因此仅从生态旅游包含内容的角度强调了被观光对象为自然景观，具有很大的局限性。

随着生态旅游实践和研究的深入，其包含的内容也随之逐渐丰富，目前大部分生态旅游的定义围绕生态旅游实现目标和应遵循的原则展开。国际生态旅游学会（The International Ecotourism Society，TES）在 1991 年提出："生态旅游就是在自然区域里进行的、保护环境同时维持当地人福利的、负责任的旅游。"澳大利亚生态旅游协会（Ecotourism Association of Australia）1992 年将生态旅游定义为"一种促进环境和文化的理解、欣赏和保护的生态可持续旅游"。加拿大环境咨询委员会（The Canadian Environmental Advisory Council，1993）指出生态旅游就是对生态系统作出贡献的，同时尊重当地完整性、富有启迪意义的生态自然旅游体验。Wallace（1993）更是直接提出生态旅游要为游客提供帮助（解说、资源目录、监控和旅游服务管理），同时要与居住在荒野地及其周围的当地人和非营利机构有效地合作。世界旅游组织（WTO）（1993）的定义从游客规模和旅游对象等方面对生态旅游作了规范性的阐述，指出生态旅游是以生态为基础的旅游，是专项自然旅游的一种形式，强调组织小规模旅游团（者）参观自然保护区，或者具有传统文化吸引力的地方。世界自然保护联盟（The World Conservation Union，IUCN，1996）认为："生态旅游就是前往那些相对没有受到干扰的自然区域的、对环境负责任的旅游，其目的在于享受并了解自然以及相应的过去和现在的文化特色，其旅游者负面影响小，给当地人提供收益以及社会、经济参与机会。"Honey（1999）认为生态旅游是前往脆弱、原始的保护区的低影响、小规模的旅行。此外，他还赋予了生态旅游更深层次的内涵，指出生态旅游要实现教育旅游者，为保护提供资金，使当地社会直接获得经济发展和政治赋权，促进对不同文化的尊重，推动人权的发展等功能。Fennell（1999）在前人基础上给生态旅游作了更为全面的定义，他认为生态旅游作为可持续形式的自然旅游，除了强调体验并学习自然，还要求生态旅游要在有道德的管理下，做到低影响、非消耗性以及以当地为导向并对目的地的保护作出贡献。日本国立公园协会及自然环境研究中心认为生态旅游除了要在自然区域开展外，还强调要在生态导游的解说下，深入了解自然、地区文化及人与自然的关系，从而提高人们保护自然的意识，进而陶冶情操。WWF 提出生态旅游就是为学习、研究、欣赏、享受风景和那里的野生动植物等特定目的而到受干扰比较少或没有受到污染的自然区域所进行的旅游活动。

目前，生态旅游作为可持续发展旅游的一种重要形式，已经从当初只强调欣赏自然景观并尽可能地减少旅游活动带来的影响，同时维持自然生态环境的可持续，逐步演化成将实现可持续发展、社区发展、当地参与、脱贫、生物多样性保护、旅游者受教育、综合管理等为目标的多目标共生体。虽然存在关注重点和表达方式的不同，但伴随着生态旅游包含的内容以及实现的目标的不断丰富，生态旅游的定义较早期可操作性已明显增强，社会公众对生态旅游定义的认识也日趋明朗化。

2002 年世界生态旅游学会在总结大量定义的基础上，将生态旅游的内涵与外延归纳为以下几个方面：

① 为保护生物多样性作出贡献；

② 维护当地人的福利；

③ 包括解说（学习）经历；

④ 旅游者和旅游业负责人的行动；

⑤ 主要是小规模和小团体；

⑥ 对非可再生资源的消费要尽可能少;

⑦ 强调当地(尤其是农村人口)参与、拥有和经营的机会。

综上所述,课题组将生态旅游定义如下:以自然资源为依托,强调在自然保护区、游客、经营者以及当地社区共同参与下,在严格的规划、管理和规范框架的指导下,所进行的具有保护、发展、教育等功能的旅游活动,从而达到环境、经济、社会与体验的可持续发展。

4.2.2 自然保护区开展生态旅游的目的和意义

我国是全球生物多样性最为丰富的国家之一,自然保护区是我国自然生态系统保存最为完整、自然景观最为秀美、珍稀濒危野生动植物分布最为集中、社区问题最为复杂的一类特殊区域,独特的自然条件使得自然保护区成为我国发展生态旅游的理想场所和最佳载体之一。自从1956年我国第一个自然保护区建立以来,经过50多年的发展建设,截至2008年底,全国已建立各种类型自然保护区2538个,总面积14894.3万 hm^2,约占我国陆域国土面积的15.13%,其中国家级自然保护区303个。目前在全国范围已初步形成了一个类型比较齐全、布局较为合理、功能比较完善的自然保护区网络,基本涵盖了我国生态环境最为原始、植被保存最为完好、生态系统功能最为完善的自然区域,是国家重点保护物种和古老孑遗珍稀生物的最后避难所和栖息地,在生物多样性保护上发挥了不可替代的巨大作用。

生态旅游作为一种尊重自然的环境友好型旅游产品,以自然环境和生物多样性为基础,在严格有效的管理措施下运行,注重公众的环境教育,并以自然环境、当地社区居民、经营者及游人四方共同受益为目标,从而达到环境、社会、经济的可持续发展。因此,在自然保护区范围内开展生态旅游不仅是可行的,在实现自然保护区可持续发展中还具有重要的意义。通过在具有一定基础设施条件的自然保护区开展生态旅游旅游,可以有效缓解我国自然保护区发展和建设中存在的很多紧迫问题,具有重要的经济效益、生态效益和社会效益。在自然保护区开展生态旅游的主要目的和意义可概括为以下几个方面:

(1)充分发挥自然保护区环境教育和科普宣传功能

科普宣教是自然保护区的主要功能之一,自然保护区也是开展科学普及和环境教育的最理想场所,如何充分发挥自然保护区的科普宣教的功能一直是困扰我国自然保护区发展的主要问题之一。生态旅游作为一种环境友好型的旅游方式,注重生态解说系统和环境教育理念,在自然保护区内开展生态旅游可以有效加强自然保护区的环境宣传和科普教育。实践也证明,在生态环境保护过程中,正确的生态观有时比法律法规的约束更易产生效果。生态旅游通过让游客走进自然、体验自然、学习自然,充分认识自然的价值,在旅游活动中接受生态环境保护的教育,并树立正确的生态观,从而达到自觉保护自然的目的。在这一过程中由自然充当环境教育的载体和环境教育的实施者,形象直观的教育形式和达到的效果是别的活动无法替代的。同时,生态旅游的科普和环境教育功能是全方位的,除了对游客外,也对生态旅游的经营者、管理者、参与者及社区居民等所有的利益相关者进行环境教育。开展生态环境保护方面的宣传和教育活动是生态旅游区别于常规旅游活动的最主要特征之一。

（2）为自然保护区当地社区提供适当的福利

根据现行的《中华人民共和国自然保护区条例》（1994 年 10 月 9 日国务院令第 67 号）相关规定，自然保护区是由政府依法划出一定面积予以特殊保护和管理的区域，在自然保护区内禁止进行砍伐、放牧、狩猎、捕捞、采药、开垦、烧荒、开矿、采石、捞沙等活动。而我国大多数自然保护区都是在 20 世纪 80—90 年代抢救性建立的，大多数集中分布在自然环境条件优越、人口稀少、经济水平较为落后的中西部地区和少数民族聚居区，由于划建时未进行科学规划，很多村镇和社区居民都被划在自然保护区范围内，导致自然保护区内社区居民的生产生活受到影响，开发和保护的矛盾冲突日益尖锐。这些区域除了拥有高质量的自然生态环境之外，社会经济水平大多十分落后，保留了丰富的地方文化习俗和传统的耕作经营方式等。社区居民早在自然保护区建立之前就世代居住于此，并形成了传统的资源利用方式和生活模式。由于地理位置偏僻，社会生产力远远低于发达地区，经济收入少，社区居民在医疗、教育等方面十分薄弱。

建立自然保护区后，通过法律手段进行强制性保护，限制了社区居民赖以为生的自然资源利用，忽视了社区居民的合理利益，导致社区资源利用和保护的矛盾日益突出。而自然保护区生态旅游活动强调当地（尤其是农村人口）参与、拥有和经营的机会，通过积极吸纳当地的社区参与保护、经营和管理，让社区居民在参与保护的同时获取相应的经济利益和福利，充分考虑当地社区的合理利益，优先改善其生活水平，从而可缓解社区与保护区之间开发与保护的矛盾冲突。

（3）合理解决保护区资金缺乏的突出问题

长期以来，由于国家对于自然保护区建设和管理投入的经费不足，导致我国自然保护区普遍存在基础设施薄弱、管理机构不健全、专业技术人员缺乏、科研工作难以正常开展、社区矛盾突出等问题，而且这些问题在短期内难以得到根本解决，大多数自然保护区仅维持在资源管护的低级水平上。这些问题归根结底均来源于发展资金的缺乏。因此，在法律允许的范围内，可选择自然条件较好的自然保护区，在实验区内开展一定程度的生态旅游活动，进行科学的规划，让社区居民主动参与到生态旅游活动中，并从中获得惠益，进而提高社区居民的经济收入。自然保护区也可从生态旅游活动中获得一定的资金用于生态环境保护工作，消除保护区资金不足这一发展的最大瓶颈。因此，开展自然保护区生态旅游是一项惠及各方的行为，是解决自然保护区资金短缺的最主要途径之一。

（4）为自然保护区自然资源与生物多样性保护作出贡献

生态旅游活动作为一种负责任的旅游活动，在开展过程中必须符合一定的原则，自然保护区生态旅游始终把"生态"这两个字放在第一位，一方面强调在自然区域内开展，同时更强调对自然生态环境的严格保护，生态旅游活动的强度和范围必须控制在自然环境的允许范围内，生态旅游活动必须对当地自然资源可持续利用与生物多样性的就地保护作出应有的贡献，高质量的自然生态环境也为生态旅游的开展提供了理想的场所，二者相辅相成，相得益彰。因此，自然保护区通过适度的生态旅游活动可促进区内自然资源和生物多样性的就地保护。

（5）提高自然保护区的综合管理水平和保护成效

生态旅游作为一种小规模、以保护生态为第一原则的活动，必须在科学的规划指导和规范的管理下进行，才能有效发挥其应有的功能，避免沦落为打着生态旅游旗号的常规旅游活动，科学的规划和管理也是生态旅游区别于其他旅游的主要特征之一。生态旅游规划的制定应立足于实现旅游资源及其环境得到有效保护，这是旅游活动开展的依据和指南。通过规划对目的地进行功能分区，并分别制定管理目标，实施针对性的管理。因此，在自然保护区内开展生态旅游活动，制定科学的生态旅游规划和管理条例，并对游客的旅游活动行为进行严格的管理，可提高自然保护区的管理水平。

（6）实现自然保护区旅游活动的可持续发展

根据初步统计，为解决自然保护区管护资金缺乏的问题，目前我国大多数省级以上自然保护区均已经开展了不同程度的旅游活动（蒋明康等，2000；崔向慧等，2006），这些旅游活动尽管都打着生态旅游的旗号，但绝大多数仍然属于常规旅游范畴。

实践证明，由于缺乏科学的规划和严格的监督管理，目前保护区内的旅游活动基本处于一种较为混乱的局面，大量旅游设施随意建设，而缺乏科学的环境影响评价和审批手续，在经济利益的驱使下，游客数量不加控制而不断增加，有些地区已经严重超出了自然保护区的环境容量，旅游干扰活动对自然保护区生态环境的影响强度和范围正在不断扩大，保护区面临的环境压力也随之增加，长此以往，由此带来的环境污染、自然景观丧失将使自然保护区大大降低甚至失去其应有的旅游价值。因此，只有在自然保护区内开展严格的生态旅游活动，取代现有的常规旅游活动，扭转目前的混乱局面，才能真正实现人与自然的和谐，实现自然保护区的旅游活动的永续发展。

（7）满足公众对于高品质生态旅游产品的迫切需求

随着我国社会经济的持续快速发展，社会公众的经济实力进一步提高，生活水平也随之出现大的飞跃，在物质生活水平提高的同时，对于精神方面的追求也出现了质的变化，尤其是居住在大城市的居民对于走进自然荒野地、体验自然的需求日益增加，而普通的常规旅游已经无法满足这一日益增长的需求。生态旅游与高国民素质相连，体现了社会文明和进步。生态旅游融休闲和科学普及教育于一体，旅游者的教育或理解力决定其满意程度，因此与大众旅游不同，对管理者、经营者、旅游者以及旅游区公众都有较高的要求；同时通过生态旅游活动，管理者、经营者、旅游者和旅游区公众的素质也将逐步得以提高。

在这样的背景下，以自然保护区作为目的地的生态旅游为公众提供了一个良好的选择。严格的自然保护区生态旅游在为公众提供自然美景休憩的同时，对公众开展环境教育，使参与者在生态旅游活动中接受生态保护的教育，进一步强化保护生态环境的意识。这种旅游方式也将被越来越多的社会公众所接受，在国内旅游市场中占据的份额也将逐渐增大。因此，在自然保护区开展生态旅游活动将满足社会公众对于高品质生态旅游产品的需求。

4.2.3　国内外自然保护区生态旅游进展

4.2.3.1　国外自然保护区生态旅游发展历程

虽然生态旅游的概念直到 1983 年才被提出，但有关自然保护区生态旅游的实质性活动在此之前早已开展。随着 1872 年美国建立起世界上第一个国家公园——黄石国家公园以来，自然保护区生态旅游活动随之出现，此后，澳大利亚（1879）、加拿大（1885）、墨西哥（1898）、阿根廷（1903）、瑞典（1909）等国纷纷效仿美国都建立了国家公园体系。描述此类旅游形式的词汇也很多，包括"Natural-based tourism（自然为基础的旅游）"、"Wildlife-tourism（野生动物旅游）"、"Environment-friendly tourism（环境友好旅游）"、"Environment pilgrimage（环境远征）"和"Green tourism（绿色旅游）"等，Ceballos-Lascurain 于 1996 年撰写的专论《旅游、生态旅游与保护区》主要就是讨论保护区开展生态旅游的问题。

20 世纪 60—70 年代，随着世界环境保护运动的发展，唤起了人们对自身所处环境的密切关注，人们开始重新审视旅游业，关注传统旅游方式所带来的社会和环境影响。为最大限度地减轻旅游活动对环境的影响，人们开始寻找一种能够避免诸多弊端的新的旅游形式，生态旅游应运而生。通过不断发展和努力，很多发达国家的自然保护区生态旅游在国家政策、管理体系和实践方面都取得了相当的成就，为进一步开展保护区生态旅游积累了丰富的经验。澳大利亚的生态旅游起步早、发展完善，是第一个制定国家和地方生态旅游战略的国家，1994 年就正式建立了国家生态战略，为国内生态旅游提供了一个规划、发展和管理的总体框架。1996 年澳大利亚旅游经营者协会（ATOA）和澳大利亚生态旅游协会（EAA）一起开展了全国生态旅游认证项目（NEAP），对生态旅游产品实施认证工作，与保护区相关的生态旅游项目在其中占了很大的比重。自 1879 年澳大利亚国家公园（1954 年更名为皇家国家公园）建立以来，到目前为止共建立了 60 多个类型的保护区，其中皇家国家公园、蓝山、卡卡杜、纳马齐、拉明顿等众多国家公园已成为重要的生态旅游目的地，与保护区相关的生态旅游项目——天然雨林索道、生态海岸度假村、石灰岩山洞观光、野生动物观赏、岛屿旅游也已成为澳大利亚吸引国内外游客的重要手段。在生态旅游管理方面，澳大利亚也一直走在世界的前列，早在 20 世纪 90 年代，杰诺伦洞穴保护区就建立了反映游客对环境影响的监测系统，并依此来控制进入洞穴的游客的数量。为减少森林旅游带来的影响，很多澳大利亚的森林保护区都建立了空中走廊，这样的做法既吸引了众多的游客，对森林生态系统的保护也作出了很大的贡献。

1872 年美国黄石国家公园的建立，对世界国家公园的建设产生了深刻影响。目前美国已形成包括国家公园、国家保护区、国家历史公园、国家休闲游乐区、国际历史遗迹地等在内的国家公园体系，是世界上最大的由一个单独机构管理的保护区网络系统，也是美国生态旅游的主要目的地。目前大部分美国国家公园都开展了生态旅游活动，其中约塞米帝国家公园的攀岩、华盛顿州圣劳伦斯火山国家公园的地质地貌景观、加利福尼亚州保护区的野生动物观赏、阿拉斯加德纳里国家公园偏远地露营等生态旅游方式均具有一定的特色。在保护区生态旅游开发方面，美国景观建筑师 Richard Forster 提出了同心圆式模式，将国家公园从里往外分成核心保护区、游憩缓冲区和密集游憩区，该模式曾得到世界自然保护联盟（ICUN）的认可，被包括中国在内的许多国家采用。总部设在美国的国际生态旅游协会作为一个非政府组织（NGO），在推动全球生态旅游研究、教育和实践方面发挥了重要作用。

发展中国家由于对自然保护区生态旅游缺乏先进的管理经验和技术，因此对自然环境和生物多样性保护的重视程度和主动性不够，过度依赖独特的自然资源优势，以生态系统的原始性、自然性、独特性和真实性作为生态旅游的发展基础。早在 20 世纪 70 年代，肯尼亚政府首先采用"利益相关者"理论，将几个国家公园、保护区的管理权交给当地县、郡委员会，使其从门票、饭店和其他旅游设施中获得收入，结果也进一步证明野生动物旅游的收益远远超过狩猎。目前肯尼亚国家公园由肯尼亚野生动物服务组织统一经营管理，包括阿伯黛尔山、瑞夫特断裂峡谷地区的纳库鲁湖国家公园、尹塞兰凯等20多个国家公园和自然保护区，主要旅游项目有野生动物观光、山地森林探险及休闲度假旅游等。

哥斯达黎加是世界上生物多样性最为丰富的地区，地理位置优越，生境条件独特，从20世纪70年代便开始了保护地生态旅游的探索，并开展了一系列独具特色的保护区生态旅游活动，如阿莱纳尔火山观测旅游、拉拉阿维斯瀑布游、蒙特威尔德云雾森林自然保护区的观鸟活动等。但随着游客数量的增加，哥斯达黎加自然保护区的生态旅游造成资源破坏的现象也较为严重。20世纪80年代以来，南非的萨比野生动物自然保护区、奇特瓦自然保护区、纳各拉度假和野生动物自然保护区、邦加尼山林度假区、麦迪科威野生动物自然保护区等开展的旅游活动已成为生态旅游经营的典型案例，这些保护区的生态旅游活动重点关注环境教育，注重对游客的教育，以及提高当地人对环境和文化的敏感度，从而降低旅游对自然环境和社会的影响。

国外关于旅游活动对自然环境的干扰影响的研究已经较为深入，并积累了一定的研究成果。20世纪70年代就已开展人类活动践踏对植被的影响研究。有关旅游干扰对动物行为影响研究也有诸多报道，如游客过多会干扰猎豹等敏感动物的觅食行为；人为喂食将改变狒狒等动物的自然生活习性；旅游车辆直接造成美国黄石国家公园内美洲麋鹿、野狼等野生动物死亡；科罗拉多的驼鹿因规避旅游干扰，冬季生殖地远离道路200 m以上，巨角山羊也退缩到气候恶劣的高海拔地区分娩，导致种群逐渐衰退。许多西方学者研究发现："善意的生态旅游正在逐步沦为残害野生动植物的新杀手"，针对这一现状，发达国家也采取了一些有效的对策，如美国国家公园管理局制定了"游客体验与资源保护"技术方法（VERP）、加拿大国家公园局制定了"游客活动管理规划"方法（VAMP）、美国国家公园保护协会制定了"游客影响管理"的方法（VIM），澳大利亚制定了"旅游管理最佳模型"（TOMM）等。

4.2.3.2　我国自然保护区生态旅游发展历程

我国第一个自然保护区——广东鼎湖山自然保护区始建于1956年，尽管当时"生态旅游"概念尚未提出，但鼎湖山自唐代以来就一直是著名的佛教圣地和旅游胜地，成为广大公众自发的旅游集中地之一。此外，吉林长白山、新疆天池、福建武夷山等自然保护区在保护区建立之前也早就存在不同规模的旅游活动。因此，对于我国而言，旅游活动的历史要远远早于自然保护区的发展历史，本书重点阐述自然保护区建立以来，我国自然保护区生态旅游的发展概况。

随着"生态旅游"概念引入国内后，自然保护区内的旅游活动取得了飞跃式的发展。尽管自然保护区内开展的旅游活动不一定就是生态旅游，但生态旅游的特点决定了原生自然环境优越的自然保护区逐渐成为生态旅游开展的最主要场所。随着生态旅游理念逐渐被国人接受，国内生态旅游热逐渐兴起，学者们对生态旅游的关注以及各地政府对生态旅游产业的重视，共同促进了我国自然保护区生态旅游的发展。

1993年，在北京召开了"第一届东亚地区国家公园和自然保护区会议"，会上就自然保护区开展生态旅游的可能性和可行性展开了讨论。1995年，由全球环境基金（GEF）捐款，在中国启动了涉及闽、赣、鄂、滇、陕五省的武夷山、长青等 9 个国家级自然保护区"社区共管"生态旅游发展模式，为自然保护区开展生态旅游提供了有益的尝试；2002 年启动的新一轮自然保护区管理项目涉及滇、川、琼等 7 省的 13 个自然保护区，极大地推动了我国自然保护区内生态旅游的发展。1996 年的《中国 21 世纪议程优先项目》计划中，明确提出要在自然资源保护领域发展可持续旅游，"井冈山生态旅游与原始森林保护"就是其中的一个实施项目。1999 年，由国家旅游局、国家环保总局（现为环境保护部）、国家林业局、中国科学院共同启动了"生态环境游"旅游年活动，各地方政府纷纷抓住机遇，将自己辖区内的特色景点集中推出宣传，在一定程度上推动了自然保护区旅游活动的发展。四川省借助世界旅游日主会场的机会推出九寨沟、黄龙等以自然保护区为依托的生态旅游景点；湖南张家界国家森林公园通过举办国际森林保护节，推出武陵源等生态旅游区。2008 年四川省利用目前拥有的 117 个自然保护区和 87 个森林公园发展生态旅游，将自然保护区作为生态旅游开发的重点区域。

从 20 世纪 90 年代开始，随着我国社会经济的快速发展，很多具有丰富自然景观资源的自然保护区纷纷开展旅游活动。1998 年，人与生物圈委员会对我国 100 个自然保护区进行问卷调查，结果显示有 82 个保护区已经正式开展旅游活动，旅游活动项目以风光旅游和野生动植物观赏为主，主要有观赏自然景观、观水、观兽、观鸟、观赏野生植物、探险、漂流、户外研究和教育以及其他一些和人造景观相关的旅游活动。很多自然保护区的旅游活动已具有相当规模并具有一定特色，如福建武夷山、四川九寨沟、湖北神农架、吉林长白山等保护区的森林旅游，青海青海湖、江苏盐城、黑龙江扎龙等自然保护区的观鸟旅游，云南西双版纳自然保护区的观象旅游，海南三亚珊瑚礁自然保护区的潜水旅游等。

自然保护区旅游不同于非保护区的旅游活动，必须充分考虑旅游干扰对生态环境及生物多样性的影响。目前自然保护区生态旅游开展的水平良莠不齐，不同保护区存在很大的差异，在开展旅游活动的同时，也给自然保护区带来了一系列的问题，学者也针对旅游干扰活动对自然保护区以及生物多样性的影响开展了很多的研究工作。尽管多数学者研究得出的结论为适度的旅游干扰会使群落的植物多样性增大，中等干扰下生态系统具有较高的物种多样性，如中度干扰能一定程度地增加黄山松群落的物种多样性、有利于马仑亚高山草甸植物多样性的发展等，但调查研究发现旅游活动与生物多样性保护目标还是存在明显冲突，旅游干扰将导致保护区森林景现多样性和异质性降低，延缓森林植被恢复演替的进程，降低植物多样性。

我国人与生物圈国家委员会编著的《自然保护区与生态旅游》对我国自然保护区开展生态旅游进行了分析和建议。为促使我国自然保护区生态旅游走上科学化、规范化发展的轨道，促使自然保护区统一组织、管理、开展生态旅游活动，规范对自然保护区生态旅游规划设计的要求，切实提高自然保护区开展生态旅游活动的成效，国家在 2006 年颁布了国家标准《自然保护区生态旅游规划技术规程》（GB/T 20416—2006）。但目前针对自然保护区生态旅游管理方面尚缺乏相关规范与标准。随着我国自然保护区数量的逐渐增多，国家对于生态环境保护的日益重视，保护区生态旅游规模的不断增大，通过系统调查查明我国自然保护区生态旅游活动开展的真实本底情况，已经成为当前十分紧迫而重要的工作任务之一。为此，本课题通过问卷调查和实地调查相结合的方式开展了自然保护区生态旅游的专项调查。

4.2.4 我国自然保护区生态旅游的发展现状调查与分析

由于我国自然保护区数量众多，类型多样，分别隶属于林业、环保、农业、水利、国土、中国科学院等不同部门管辖，不仅不同级别自然保护区之间差别巨大，甚至同一级别的自然保护区之间也存在很大的差异，但我国自然保护区普遍存在资金投入不足、管理水平较落后、资源本底不明等一些共性问题。为提高保护区的发展水平，很多保护区积极利用各自优越的自然条件和自然资源，开展了不同程度的旅游活动，尽管均宣称开展的为生态旅游活动，但大多数缺乏科学的规划和严格的管理，实际仍属于常规旅游活动，并对保护区内的生态环境和生物多样性产生了严重的影响。为此，急需查明当前我国自然保护区生态旅游的客观发展现状，找出其存在的问题并进行科学分析，才能提出可操作的建议对策，为国家制定相关政策提供科学依据。

4.2.4.1 调查方法

本课题根据客观实际情况，综合考虑可操作性、可行性和科学性，在调查中，以问卷调查为主，配合以典型案例实地调查法和专家咨询法，对我国自然保护区生态旅游的发展现状进行了一次系统调查。

（1）问卷调查

问卷调查是本研究最主要的调查方法，从自然保护区开展生态旅游的时间、旅游方式、规模、基础设施建设、规划制定、管理、人才培训、环保措施、社区共建以及保护区开展生态旅游带来的社会、环境影响等方面出发，精心设计了《自然保护区生态旅游调查问卷》，该问卷共有 20 道题，36 个回答选项。

表6　调查问卷中的问题设置

问题类型	问题数量	回答选项数量
基本概况	9	15
管理问题	4	12
生态影响问题	2	3
社区问题	2	2
其他问题	3	4

自 2008 年 6 月起，累计共向全国 468 个自然保护区寄发了调查问卷，其中国家级自然保护区 303 份，地方级自然保护区 165 份（省级 139 份，市级 13 份，县级 13 份）。这 468 个自然保护区范围包括北京、天津、内蒙古、黑龙江、辽宁、吉林等 31 个省、自治区和直辖市，类型包括森林生态系统、内陆湿地与水域生态系统、草原草甸生态系统、荒漠生态系统、野生动物、野生植物等我国现有的全部 9 种类型自然保护区，部门涉及环保、林业、国土、农业、水利和中国科学院等各个自然保护区行政主管部门，总面积 10 499 万 hm^2，分别占全国自然保护区总数和总面积的 18.5% 和 69%，详见表 7。

表7　接受问卷调查自然保护区的类型与面积

保护区类型	数量/个		面积/hm²	
	国家级	地方级	国家级	地方级
森林生态	134	67	13 274 017	1 964 367
草原草甸	4	3	818 924	610 241
荒漠生态	12	4	36 330 388	1 924 756
内陆湿地	29	29	18 879 455	2 769 523
海洋海岸	16	2	550 650	117 734
野生动物	77	44	22 693 821	3 306 581
野生植物	15	7	813 818	448 794
地质遗迹	10	6	147 274	144 780
古生物遗迹	6	3	147 432	48 615
合计	303	165	93 655 752	11 335 391

（2）典型案例实地调查法

在广泛问卷调查的基础上，本研究选择了上海崇明东滩、安徽金寨天马、山东马山3个具有代表性的国家级自然保护区作为典型案例开展了实地调查，通过线路调查法，实地调查保护区生态旅游路线设置、范围、旅游设施建设、生态旅游管理、社区参与等第一手的数据资料，并利用 GPS 记录调查路线和重要旅游设施的地理坐标，拍摄生态旅游开展的资料照片。实地调查的自然保护区详见表8。

表8　典型案例实地调查的自然保护区

保护区名称	所在地区	主要保护对象	类型	调查时间
马山	山东即墨市	柱状节理石柱、硅化木	地质遗迹	2008-11-05—08
崇明东滩鸟类	上海崇明县	候鸟及湿地生态系统	野生动物	2008-11-12—14
金寨天马	安徽金寨县	森林生态系统和野生动植物	森林生态	2008-11-18—21

（3）专家咨询法

项目研究过程中开展了广泛的专家咨询，通过电子邮件、走访、座谈等具体方式对目前国内从事生态旅游的相关专家和学者进行咨询，通过详细咨询与探讨，利用专家的建议不断修正课题的实施方案，也解决了很多难题，取得了重要的成果。

4.2.4.2　调查结果与分析

（1）问卷反馈情况

自从 2008 年 6 月寄发调查问卷开始，截至 2008 年 9 月 30 日，共收回有效问卷 110份，其中国家级自然保护区 86 份，地方级自然保护区 24 份（其中省级自然保护区 21 份，县级自然保护区 3 份），有效回收率为 24%。

在反馈有效调查表的 110 个自然保护区中，范围包括全国 29 个省、自治区、直辖市，其中华北地区 15 个、东北地区 11 个、华东地区 32 个、中南地区 21 个、西南地区 12 个、西北地区 19 个。反馈的自然保护区在各行政区域的状况详见表 9。由表 9 可以看出，答卷涵盖我国各个行政大区以及绝大部分省、自治区和直辖市，具有很高的代表性，因此，该问卷调查结果基本上可以反映我国自然保护区（尤其是国家级自然保护区）生态旅游的发展现状。

表 9   有效答卷中自然保护区的分布状况

分布地区	所在省市	保护区数/个	分布地区	所在省市	保护区数/个
华北 （15）	北京	2	中南 （21）	河南	3
	河北	5		湖北	6
	山西	3		湖南	6
	内蒙古	5		广东	3
东北 （11）	辽宁	4		广西	2
	吉林	5		海南	1
	黑龙江	2	西南 （12）	重庆	3
华东 （32）	上海	2		四川	3
	江苏	3		贵州	3
	浙江	2		云南	3
	安徽	6	西北 （19）	陕西	7
	福建	4		甘肃	5
	江西	9		青海	1
	山东	6		宁夏	3
				新疆	3

（2）我国自然保护区生态旅游发展现状

1）自然保护区开展生态旅游活动的比例及时间

"我国到底有多少自然保护区开展了生态旅游活动？"以及"自然保护区到底是何时开展生态旅游的？"是目前迫切需要解答的两个最为关键的问题。尽管国内一些学者在发表的论文中也曾多次探讨过这两个核心问题，但多数都停留在定性描述上，或者由于样本数量过少，无法客观反映实际情况。

学科组通过对 110 份有效反馈问卷进行统计分析发现，共有 85 个自然保护区已经开展生态旅游活动，占反馈自然保护区总数的 77%；正在规划开展的自然保护区有 23 个，占反馈自然保护区总数的 21%；仅有江西黄字号黑麂和甘肃安南坝野骆驼 2 个自然保护区由于经费、交通等问题尚未开展生态旅游活动，占反馈自然保护区总数的 2%（见图 2）。由此可见，目前我国自然保护区开展生态旅游活动的比例是相当高的，表明地方政府也都在积极利用本地资源进行开发活动。

共有 74 个自然保护区对"何时开展生态旅游时间"的问题进行了有效反馈。调查统计结果表明，20 世纪 80 年代（含以前）开始开展生态旅游的自然保护区共有 9 个，占总数的12%；20 世纪 90 年代开始开展生态旅游的自然保护区有 25 个，占总数的 34%；2000—2008年的 8 年间，开始开展生态旅游的自然保护区有 40 个，占总数的 54%。由此可见，20 世纪 80 年代属于保护区生态旅游的起步阶段，随后逐渐进入快速发展时期，且发展的速度也越来越快，2000 年以后进入我国自然保护区生态旅游活动发展的黄金时期（见图 3）。

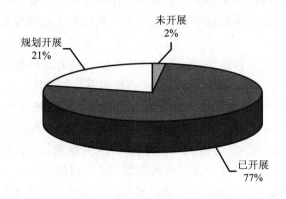

图2 自然保护区生态旅游开展情况

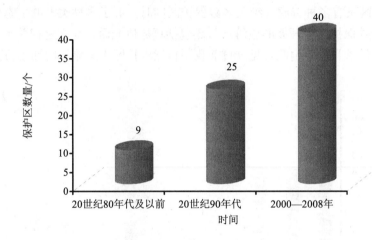

图3 我国自然保护区生态旅游开展时间与数量变化趋势

2）自然保护区开展生态旅游活动的项目

从1956年广东鼎湖山自然保护区开展生态旅游活动以来，通过在实践中的不断摸索，目前我国自然保护区内生态旅游的项目内容已经得到不断丰富，除了经典的自然景观游和休闲度假游之外，一些新颖的旅游项目正在发展壮大，游客数量正在不断增加。其中野生动物观赏类主要以自然保护区内野生动物为观赏对象，开展最多的为观鸟生态旅游，最早由国外兴起，后由鸟类爱好者引入国内，并在国内逐渐盛行。目前全国各地已经成立了数量众多的观鸟组织，并发展了大量的会员，如江苏野鸟会、香港观鸟会等。观鸟活动以各种迁徙候鸟、鸻鹬类涉禽、猛禽以及林鸟作为主要观赏对象，使用望远镜、长焦镜头等专业设备进行观赏。目前开展观鸟的自然保护区有黑龙江扎龙、江苏盐城珍禽、江西鄱阳湖候鸟、辽宁鸭绿江口滨海湿地国家级自然保护区等。其他还有云南西双版纳国家级自然保护区的观象游（主要观赏野生亚洲象）、河南太行山猕猴、广西崇左白头叶猴等自然保护区的观猴游（主要观赏猕猴、白头叶猴等灵长类动物）等，国外发达的观鲸游目前在国内开展较少。探险考察类生态旅游方式主要可以分为原始森林探秘、登山探险、古冰川地貌考察、植被考察、宗教及古文化探访和极限体验等，如海南五指山自然保护区的森林探险游、西藏珠峰自然保护区的冰川地貌考察游等。除此之外，还有一些保护区开展了科普夏令营和摄影写生艺术游等生态旅游类型，如四川王朗保护区的科普夏令营、吉林雁鸣湖保护区的摄影游等。

根据统计，共有 85 个自然保护区对"生态旅游活动方式"的问题进行了有效反馈，其中有 80 个自然保护区开展了自然景观游，占反馈总数的 94%，如青海青海湖、福建武夷山等保护区以高原湖泊和高山森林景观为主要观赏对象；55 个保护区开展了野生动物的观赏活动，占总数的 65%，如江苏大丰麋鹿和湖北石首麋鹿保护区主要观赏我国特有的国家一级保护动物麋鹿，安徽宣城扬子鳄自然保护区主要观赏活化石扬子鳄，广东惠东港口海龟自然保护区主要观赏珍稀海洋动物海龟等；54 个自然保护区开展了观赏野生植物游览活动，占总数的 64%，如贵州赤水桫椤自然保护区主要观赏中生代古老孑遗植物桫椤；30 个自然保护区开展了户外研究和教育，占总数的 35%；26 个自然保护区开展了户外探险活动，占总数的 31%；11 个自然保护区开展了以人造景观为主的旅游活动，占总数的 13%。由于保护区具有多种资源，绝大多数保护区同时开展了多种类型的生态旅游活动。除此之外，在少数保护区中开展的旅游项目还包括草原风光游、与文化相关土著旅游、漂流、其他水上旅游项目等。由此可见，目前我国自然保护区生态旅游的活动方式已经多种多样（见图 4）。

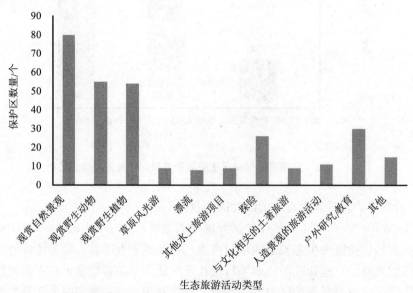

图 4　受调查自然保护区的生态旅游活动方式

3）自然保护区生态旅游基础设施建设状况

基础设施建设是自然保护区开展生态旅游活动的重要内容之一，只有经过科学的规划和论证，建设一定数量和规格的旅游基础设施，才能有效发挥自然保护区生态旅游在环境教育、资源环境保护、社区惠益共享等方面的功能。但是，基础设施的建设也是一把"双刃剑"，如果不能科学规划，掌握好尺度，过多的基础设施建设将会对自然生态环境造成严重的影响，产生污染环境、破坏自然景观、干扰野生动植物活动、生境破碎化等一系列问题。

目前，自然保护区内生态旅游基础设施建设主要包括道路、停车场、游客接待中心、宾馆、饭店、度假村、博物馆（科普宣教中心）、索道、人行栈道、游乐设施等，多数保护区同时修建了多种生态旅游基础设施。根据统计，共有 85 个自然保护区有效反馈了"生态旅游基础设施建设"的问题，结果发现，河北滦河上游、甘肃兴隆山、重庆缙云山等 33 个自然保护区建立了游客中心，占反馈保护区总数的 39%；北京松山、山东黄河三角洲、贵州赤水桫椤等 28 个自然保护区建立了博物馆，占反馈保护区总数的 33%；山东马山、江苏盐城、安徽金寨天马、辽宁双台河口等 59 个自然保护区建立了停车场，占反馈保护区总数的 69%；河北小五台山、浙江凤阳山—百山祖、吉林向海等 55 个自然保护区建立了宾馆/饭店/度假村等旅游食宿接待设施，占反馈保护区总数的 65%；5 个自然保护区建立了索道，占反馈保护区总数的 6%；17 个自然保护区建立了旅游游乐设施，占反馈保护区总数的 20%；此外还有 22 个自然保护区建立了一些具有保护区特色的其他旅游设施，如鳄鱼湖、鹤园、动物饲养场、观鸟屋、民族风情园等，占反馈保护区总数的 26%，这表明随着我国自然保护区生态旅游的不断发展，旅游方式和内容正在不断创新和发展。自然保护区生态旅游基础设施建设状况详见图 5。

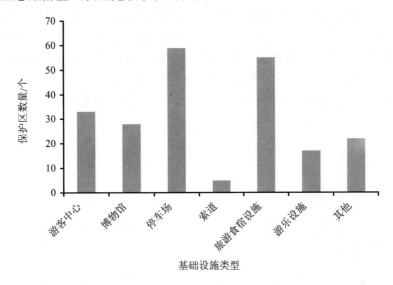

图 5　自然保护区生态旅游基础设施建设情况

自然保护区开展生态旅游活动，对于交通工具的要求较为严格，应优先提倡以步行为主，如国外流行的背包客、徒步旅行者和国内日益增多的"驴友"。其次，应严格要求使用对环境无污染的小型电动车/船，以及人力车/轿、畜力车、竹筏等。通过统计，共有 83 个自然保护区有效反馈了"区内交通工具使用情况"的问题，结果发现：内蒙古达赉湖、广东车八岭、安徽鹞落坪、湖北五峰后河等 44 个自然保护区对进入区内的交通工具没有要求，占反馈保护区总数的 53%；北京松山、甘肃兴隆山、安徽牯牛降等 11 个自然保护区内不使用任何交通工具，占反馈保护区总数的 13%；陕西周至、海南五指山、河北滦河上游等 28 个自然保护区只允许使用区内提供的交通工具，占反馈保护区总数的 34%（见图 6）。

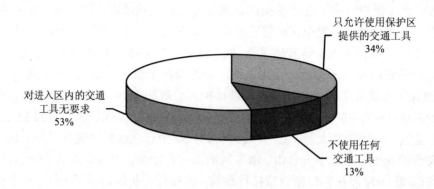

图 6　自然保护区内生态旅游对交通工具的限制情况

　　调查中共有 60 个自然保护区对"区内使用的交通工具类型"问题进行了有效反馈，其中有 31 个自然保护区目前使用普通汽车，占反馈保护区总数的 52%；19 个自然保护区采用达国家排放标准的汽车，占反馈保护区总数的 32%；15 个自然保护区为游客提供游艇，占反馈保护区总数的 25%；20 个自然保护区采用人力/电瓶车/船，占反馈保护区总数的 33%；9 个自然保护区采用畜/畜力车，占反馈保护区总数的 15%；4 个自然保护区为旅游修建了索道和缆车，占反馈保护区总数的 7%；此外还有 6 个自然保护区为游客提供燃气汽车等其他交通工具，占反馈保护区总数的 10%（见图 7）。

　　由此可见，不同自然保护区的实际情况有所不同，区内生态旅游活动使用的交通工具类型也各不相同，具有很高的多样性。

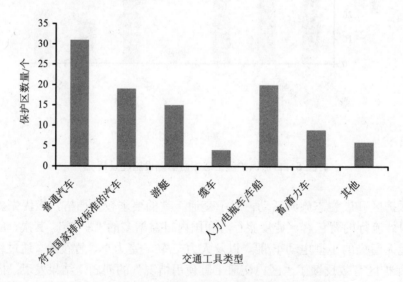

图 7　自然保护区开展生态旅游所使用的交通工具类型

　　4）自然保护区生态旅游活动的规模

　　生态旅游是一种小规模、低容量的旅游方式，游客的素质和数量都是其重要的限制因子。随着游客数量的增多，对保护区生态环境和生物多样性的干扰也在增大，当游客数量超过该自然保护区的环境容量时，必然会对自然保护区造成巨大的综合影响。

　　根据统计，共有 76 个自然保护区对"生态旅游游客数量"的问题进行了有效反馈，结果发现：有海南吊罗山、重庆大巴山、江西鄱阳湖候鸟等 28 个自然保护区年接待游客人次在 1 万人以下，占反馈自然保护区总数的 37%；有河北茅荆坝、辽宁双台河口、江苏盐城等 26 个自然保护区年接待游客人次在 1 万～10 万人，占反馈自然保护区总数的 34%；有河南连康山、山东黄河三角洲、贵州草海等 22 个自然保护区年接待游客人次超过 10 万人，占反馈自然保护区总数的 29%（见图 8）。

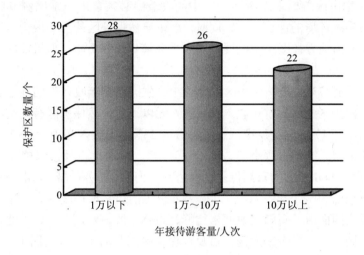

图 8　自然保护区生态旅游游客数量分布

　　共有 64 个自然保护区对"保护区内的游客接待床位数"的问题进行了有效反馈，其中配备了 100 个以下的接待床位的自然保护区有 32 个，占反馈保护区总数的 51%；配备 100～200 个接待床位的自然保护区有 11 个，占反馈保护区总数的 17%；配备 200～300 个接待床位的自然保护区有 6 个，占反馈保护区总数的 10%；配备 300～500 个接待床位的自然保护区有 5 个，占反馈保护区总数的 8%；配备 500 个以上接待床位的自然保护区有 9 个，占反馈保护区总数的 14%（见图 9）。

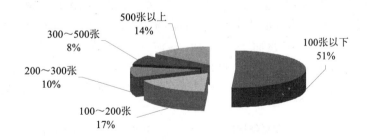

图 9　自然保护区生态旅游接待床位情况

　　考虑到自然保护区在反馈调查问卷时的顾虑和数据的真实性等因素，实际已经开展生态旅游活动的自然保护区的年游客数量有可能会远远大于调查问卷得到的结果，另外，由于一些保护区缺乏有效的游客数量统计方法和手段，也无法对进入保护区内的游客数量进行准确统计。从保护区内配备的游客接待床位数量来看，目前大部分开展旅游的自然保护区都在区内配备住宿床位,且数量变化很大,一些保护区内的游客接待床位甚至超过了 500 张,这些都不利于自然保护区内生态环境的保护,也不符合"区内游、区外住"的自然保护区生态旅游理念,需要引起相关管理者的重视。

综上,目前我国自然保护区生态旅游的发展规模差别巨大,不同保护区之间可能存在着巨大的区别。

5)自然保护区生态旅游收益与分配情况

自然保护区生态旅游要求旅游活动产生的收益中必须拿出一定比例专门用于自然保护区自然资源与生态环境的保护工作,同时,要求自然保护区的社区应当合理获得惠益的分享,生态旅游要为地方社区经济发展以及生态环境保护作贡献。但目前的实际情况还远未达到这一水平。

根据统计,共有 73 个自然保护区对"保护区生态旅游年收入"的问题进行了有效反馈,结果发现:保护区生态旅游年收入在 10 万元以下的自然保护区有河南小秦岭、山东马山、湖南八面山等 17 个,占反馈保护区总数的 23%;年收入在 10 万~100 万元的自然保护区有河北滦河口、湖南永顺小溪、河南连康山等 19 个,占反馈保护区总数的 26%;年收入在 100 万~1 000 万元的自然保护区有青海青海湖、江苏盐城、海南吊罗山等 28 个,占反馈保护区总数的 39%,年收入在 1 000 万元以上的自然保护区共有 9 个,分别为四川宣汉百里峡、重庆四面山、新疆天池博格达峰、贵州草海、四川亚丁、湖北神农架、吉林查干湖、江西井冈山和安徽金寨天马,占反馈保护区总数的 12%(见图 10)。

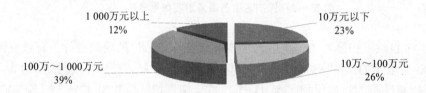

图 10 自然保护区生态旅游收入状况

统计发现,共有 74 个自然保护区对"生态旅游收入分配"的问题进行了有效反馈,其中:有黑龙江东北黑蜂、福建戴云山、山东山旺等 10 个自然保护区将小于 5%的旅游收入用于保护区资源管护,约占反馈保护区总数的 13.5%;有吉林向海、河北小五台山、江苏大丰麋鹿等 17 个自然保护区将 50%以上的旅游收入用于保护区资源管护,占反馈保护区总数的 23%;但也有湖南八面山、贵州草海、安徽铜陵淡水豚等 12 个自然保护区未将任何旅游收入用于自然保护区的资源管护,占反馈保护区总数的 16%,详见表 10。

表 10 自然保护区生态旅游收入用于资源保护的情况

旅游收入用于保护区资源管护的比例/%	保护区数量	占反馈保护区比例/%
0	12	16
<5	10	14
5~20	22	30
20~50	13	18
>50	17	23
合计	74	100

　　由此可见，当前，不同自然保护区开展的生态旅游差别非常大，其生态旅游收入也存在巨大的悬殊，贫富差距明显，且不同自然保护区管理机构对于旅游收入的分配方式也存在很大差异，尤其是生态旅游收入中用于资源管护的比例。

4.2.5　自然保护区生态旅游发展典型案例

4.2.5.1　山东青岛马山自然保护区

（1）马山保护区基本概况

　　山东马山国家级自然保护区位于青岛即墨市境内，地理坐标为东经 120°19′~120°23′，北纬 36°23′~36°24′，总面积 774.25 hm²，保护区始建于 1993 年，由山东省人民政府批准建立，1994 年经国务院批准晋升为国家级自然保护区，主要保护对象为火山岩柱状节理石柱群、硅化木、沉积构造带等地质遗迹。

　　保护区地处胶莱盆地东南缘，系剥蚀残余低丘陵，地形中部高，四周低，该区最高峰海拔 233 m，最低海拔 50 m，区内无河流。该区气候属温带季风气候，四季分明，年平均气温为 12℃，1 月平均气温为 -2.4℃，8 月平均气温为 25.3℃，年平均降水量为 750.4 mm，年日照时数为 2 726 h。马山山体主要以岩石为主，土层较薄，为沙壤土黄土质，植被为以黑松、刺槐和侧柏为主的混交林。保护区出露地层为早白垩纪青山组，面积约 100 hm² 的安山岩直接覆盖在沉积岩上，呈柱状节理的"马山石柱群"就发育在安山岩中，其规模之大、结晶过程和形态之特殊，为世界罕见。此外，保护区内还分布有罕见的硅化木群，已发现 11 株，属南洋杉科植物，对研究古地理、古生态有指示意义，也使得马山自然保护区成为一座天然的"地质宝库"。

（2）马山保护区生态旅游发展现状

　　马山自然保护区所在区域早在保护区建立之前就是一个著名的宗教旅游圣地，目前保护区对外开放的主要旅游景点共有九处，包括马山石林、硅化木展厅、玉皇殿、白云庵、千佛洞、狐仙居等，全部分布在马山保护区的核心区范围内，这些景点多数与当地宗教有关。保护区就生态旅游解说系统的建立已进行一定的尝试，如向游客免费提供宣传自然保护的小册子，为旅游活动配备相应的声像解说、教育设备等，但没有配备具备专业生态旅游知识的导游。目前保护区旅游活动尚未制定专门的生态旅游规划，但已经修建了旅游机动车道 9 km，停车场 2 000 m²，游乐场 2 处，占地 1 000 m²，饭店 4 处餐位数约 200 人的旅游基础设施；在核心区原白云庵景点新建一幢 9 层佛塔，占地约 100 m²；对核心区原有的景点狐仙居进行大规模扩建，扩建规模达原有景点的两倍，这些建设工程均未进行环境影响评价。针对生态旅游带来的影响，保护区没有开展相关的监测工作。目前马山保护区生态旅游活动由保护区和周围村集体共同经营，保护区管理处在旅游活动管理中充当管理者和经营者的双重角色，现有 6 名生态旅游监督管理人员。马山保护区生态旅游活动社区参与水平较低，周边社区尚未开发针对生态旅游的特色旅游商品，仅通过向游客出售外地旅游产品从旅游活动中受益，且销售情况一般，受益水平普遍偏低。

　　马山的旅游活动类型主要有地质遗迹观光和宗教旅游，游客大多数来自周围村镇和青岛市内，游客以农村居民居多，约占游客总比例的 70%，年游客总数约 4 万人。同时，由于马山自然保护区独特的宗教文化特色和风俗，每年农历三月二十八日和六月二十八日两天是传统的庙会节日，会吸引大量的游客集中进入保护区内，这两天游客接待量甚至要占全年接待总量的一半以上，因此，马山保护区游客的时间分布具有很高的不平衡性。

（3）马山保护区生态旅游中的主要问题

通过对马山自然保护区的实地调研和座谈，结果发现：马山自然保护区目前开展的生态旅游活动存在很大问题，从管理到规划，从社区参与到环境监测等各个方面都未能真正体现自然保护区生态旅游的特点，并对生态环境造成了一定程度的影响，经过归纳总结，区内生态旅游的问题突出表现在以下几个方面：

1）缺乏科学的规划和论证

截至目前，马山自然保护区一直尚未制定保护区生态旅游的总体规划，由于缺乏统筹安排，目前生态旅游建设活动十分混乱，现有各个景点、旅游线路及基础设施的建设和布局均未进行全面的科学论证，总体处于一种粗放式经营的状态。

2）缺乏经营权，监督管理十分薄弱

调查发现，马山自然保护区内很多旅游景点的经营权归附近村庄集体所有，保护区管理机构缺乏对区内生态旅游活动的经营权，很难对旅游活动进行监督和管理，直接经营管理景点的村庄集体往往为了追求利益的最大化，在未获立项批准、没有规划和环评的情况下，随意扩建、新建或改建自然保护区内的旅游设施，盲目开发，很多建设活动已经公然违背《中华人民共和国自然保护区条例》。如擅自在保护区核心区白云庵新建佛塔，在狐仙居核心区擅自对原有景点进行大规模扩建等。

3）游客时间分布不均，人为干扰大

马山自然保护区作为一个传统的宗教旅游圣地，在游客数量上具有时间分布不均匀的特殊性，平时每天前来保护区旅游的游人并不多，平均近百人，但每年农历三月二十八日和六月二十八日为传统的马山山会（庙会），会吸引周边地区大量的游客前来，这两天的游客接待量约占马山保护区全年游客接待量的一半以上，其中 2008 年山会恰逢"五一"小长假，仅三天的时间，保护区游客接待量居然高达 3 万人次，在短时间内如此众多的游客涌入面积仅 7.7 km² 的保护区内，已经大大超过了马山保护区所能接纳的环境容量，对保护区自然环境带来巨大的压力和破坏，也对保护区的管理提出了很高的要求和挑战。此外，由于参加庙会的游客以周边地区民众为主，文化层次和环境保护意识相对较低，往往给保护区造成很大的干扰，导致区内垃圾等废弃物随地丢弃，自然植被破坏景象也随处可见等。

4）环境教育和生态监测亟待加强

马山自然保护区作为自然遗迹类型保护区，是开展地质遗迹科普宣教的一个理想的户外教室，但保护区在旅游活动的定位中，一直以宗教圣地作为亮点进行宣传，并掺杂了一定的封建迷信的东西，对于一些优秀的地方风俗和文化传统的保护反而不足，尚未形成作为自然遗迹环境教育基地的理念，包括重点向游客介绍自然遗迹的形成过程以及一些地质基础知识等，导致马山保护区的环境教育功能在生态旅游活动中并未得到体现。

同时，由于缺乏相应的技术人才，以及相应的经费支持，保护区管理机构也未开展旅游活动对保护区生态影响的监测工作，因为无法获取旅游活动对保护区影响的第一手基础数据资料，也无法制定相应的对策措施。

综上，我们通过马山保护区目前存在的诸多问题可以看出，马山国家级自然保护区内开展的生态旅游活动实质上仍然是一种低层次、低质量的常规旅游活动，和真正的生态旅游有着本质的区别，必须制定科学的总体规划，严格管理。

（4）马山保护区生态旅游建议对策

为规范马山自然保护区生态旅游活动，必须充分考虑马山自然保护区的资源特点，进行科学的科学论证，详细规划、严格管理、转变观念、提倡社区参与，加强环保措施与环境监测，才能真正实现可持续性的发展。针对马山保护区生态旅游存在的客观问题，提出建议对策如下：

1）科学合理地定位，尽快消除法律障碍

马山自然保护区作为国家级自然保护区，其主要保护对象为火山岩柱状节理石柱群、硅化木、沉积构造带等地质遗迹，这些才是马山保护区最值得保护的核心内容，也是马山保护区开展生态旅游活动的特色和亮点所在，而目前分布于保护区核心区范围内的狐仙居、白云庵等众多宗教景点明显与现行的《中华人民共和国自然保护区条例》有关规定相抵触。造成这一情况的原因主要是，马山保护区建立时未进行充分的科学论证和规划，而简单地以 70 m 等高线为依据将整个保护区划分为核心区和实验区两大功能区，也导致将玉皇殿、白云庵、千佛洞等宗教景点划入核心区范围内，因此，当前应进行充分的调研，尽快解决核心区旅游开发的法律障碍。方案一：将目前位于核心区范围内的所有旅游景点整体搬迁到实验区范围内或其他合适地点，对现有的核心区进行严格保护，以保护优先的原则对保护区功能区划进行重新调整，在核心区外围设置一定面积的缓冲区。方案二：考虑到目前核心区内的宗教景点存在已久，无法进行整体搬迁或异地建设，可采取调整保护区功能区划的方法，将这些景点所在的区域由核心区调整为可以开展生态旅游活动的实验区，对整个保护区的功能区划进行大的改动，彻底解决马山保护区生态旅游的法律障碍。

在消除掉马山保护区生态旅游发展的法律障碍之后，应对马山自然保护区生态旅游进行重新定位，重点宣传和推介保护区内珍贵的地质遗迹，科学设计地质遗迹的观光线路，并配备相关的地质遗迹知识的宣传牌、指示牌、解说系统、宣教中心等，将马山保护区建设成一个地质遗迹的天然野外课堂，充分发挥其环境教育功能，进一步提升保护区游客的构成和层次，提高保护区的旅游形象。

2）科学规划、合理建设、严格管理

在开展自然保护区生态旅游之前，必须先根据保护区实际情况进行科学的规划，查明保护区现有的自然资源本底，环境容量等，并制定一个符合保护区实际的生态旅游总体规划。马山保护区在这方面尚属空白，急需尽快制定生态旅游总体规划，组织专家进行科学论证，并报有关主管部门批准。再根据总体规划中的项目进行合理的建设，自然保护区生态旅游建设不同于常规旅游活动，应尽可能保持自然保护区的原始性和自然性，减少人为干扰，尽可能少占用保护区土地，少破坏自然植被，仅建设必需的基础设施、宣教设施、生态监测设施和环保设施等。在生态旅游开展过程中，保护区管理机构应充分发挥监督和管理的职责，对整个生态旅游活动及游客的行为都进行严格的管理，制定科学的马山自然保护区生态旅游手册或指南，由于马山是一个较为开放的山体，附近的社区居民常常自己开辟道路进入保护区内，尤其是在每年庙会期间，管理难度很大，因此，在马山保护区加强进区人员的管理和控制十分必要。

3）协调好社区关系，注重资源与环境保护

我国自然保护区社区问题是一个普遍存在的问题，马山自然保护区周边共有3个乡镇，总人口12.3万人，以农业种植为主要收入来源。目前保护区内的土地所有权和大部分景点的经营权均归附近村集体所有，因此保护区无法对区内旅游活动进行管理和监督。对此，保护区应加强和地方政府、社区的沟通和协调，争取早日解决保护区的土地权属问题，取得全部土地的所有权，这样才能彻底解决地方社区片面追求经济利益对区内土地盲目开发利用的问题。同时，保护区应对区内自然资源的合理利用进行科学指导，始终坚持资源与环境保护优先，在保护的基础上，进行适度的资源开发利用。

4.2.5.2 上海崇明东滩鸟类自然保护区

（1）崇明东滩保护区基本条件

上海崇明东滩鸟类国家级自然保护区位于长江入海口，我国第三大岛崇明岛的最东端，地理坐标为东经121°50′～122°05′，北纬31°25′～31°38′。保护区始建于1998年，由上海市人民政府批准建立，2005年经国务院批准晋升为国家级自然保护区，总面积24 155 hm^2，主要保护对象为迁徙鸟类及其栖息的河口型潮汐潮滩湿地生态系统。

崇明东滩自然保护区是长江口规模最大、发育最完善的河口型潮汐滩涂湿地，地理位置独特，滩涂辽阔，是亚太地区候鸟迁徙路线上的重要驿站和水禽的重要越冬地，生物多样性极为丰富。

保护区滩涂目前仍在向东不断淤涨，每年生长速度约150 m。由于受人为干扰小，保护区内自然植被保存完整，植被以芦苇、海三棱藨草、碱蓬等为主，根据初步调查统计，区内共有高等植物34科122种，从近堤至光滩，随着土壤盐分的不同依次分布着芦苇—互花米草—藨草—海三棱藨草—藻类等植被群落。尽管滩涂植被相对简单，但由于生产量大，在滩涂淤积中起着举足轻重的作用，良好的植被条件同时也为众多野生动物提供了理想的栖息场所。据不完全统计，全区共有脊椎动物40目100科364种，其中鸟类18目54科265种，鱼类14目31科73种，两栖爬行动物4目8科16种，国家重点保护动物主要有白鹳、白头鹤、灰鹤、白枕鹤、中华鲟等，列入《中日保护候鸟及其栖息环境的协定》的鸟类有156种，列入《中澳保护候鸟及其栖息环境的协定》的鸟类有54种。此外，保护区还有浮游植物211种，浮游动物174种，底栖动物71种，2002年被指定为国际重要湿地。崇明东滩自然保护区的建立，对于保护全球候鸟迁徙路线的完整性，保护鱼类产卵、索饵、洄游场所，调节邻近区域的气候，净化长江口水质并提供水资源等方面发挥了重大作用，在维护上海地区的生物多样性，提升城市整体形象，增强上海城市综合竞争力等方面具有举足轻重的地位。

目前保护区内无村庄，也无常住人口，距离前哨农场约2 km，最近的城镇为陈家镇，下辖38个行政村，有5万多人口，周边社区居民以农业生产为主，少量从事水产养殖业和捕捞业。社区居民对于保护区的影响主要体现在收割芦苇、放牧牛群等人为活动上（上海市崇明东滩鸟类自然保护区科学考察集，2002）。

（2）崇明东滩保护区生态旅游发展现状

崇明东滩保护区生态旅游活动开始于2002年，主要是上海市区一些零散的游客自发前来参观，人数很少。随后，崇明县旅游局在保护区内投资兴建了旅游观光步道等基础设施，并开始开展小规模的观光旅游，后来随着市民生态旅游需求的不断增长，进入保护区的游人不断增多，目前崇明东滩保护区开展的主要旅游项目有观鸟、湿地观光和湿地体验等，活动区域主要集中在捕鱼港管护站附近的海堤和观光木栈道附近，均属于保护区实验区范围内。根据 2007 年保护区统计数据，当年保护区共接待游客达 71 063 人次，2008 年1—10 月保护区共接待观光类游客 47 600 多人次，游客主要为上海市市民，观光时间也多集中在周末和节假日。崇明东滩自然保护区 1999 年建立了保护区管理处，共有工作人员26 人，其中正式编制 16 人，中级以上职称 10 人。保护区管理处下设办公室、科教科、管护科和财务室，其中管护科下辖 4 个管护站和 1 个东旺沙警务站（协作单位），机构健全，人员齐整。建区以来，为更加有效地保护好区内自然资源，崇明东滩自然保护区分别和复旦大学、上海交通大学、华东师范大学等高校和科研院所进行项目合作，就崇明东滩生态环境保护和合理开发利用、长江口保护生物学研究、湿地恢复和重建技术、湿地效益评价等问题开展研究工作；并与复旦大学等高校合作，建立了 3 个长江口碳循环全球定位监测站和数据共享平台，深入开展河口潮滩湿地的基础研究工作，进一步查明了保护区内的资源本底情况。

为限制游客随意进入保护区对生态环境造成破坏，保护区管理处于 2004 年正式建立了崇明东滩国家级自然保护区通行证管理制度，游客在进入保护区前必须提前办理通行证，持证进入保护区，保护区也依此对游客在区内的活动类型、停留时间和活动范围进行严格的控制，这一举措在全国自然保护区中尚属先例，具有极高的创新性。

目前保护区内的景点仅有捕鱼港管护站以东的观景平台（大石头）和与观景平台相接并深入湿地植被群落的观光木栈道，观景平台占地 2 000 m^2，木质栈道长约 200 m。区内观光基本上不使用交通工具，仅有观鸟和湿地体验在必要时使用保护区提供的交通工具。由于历史原因，保护区目前开展的旅游活动中，除普通观光类旅游活动仍由上海实业有限公司经营外，其他旅游活动如观鸟、湿地体验则由保护区主导经营，保护区管理处负责对区内所有旅游活动的监督管理。保护区高度重视环境教育，将科普教育贯穿在保护区生态旅游的始终，如在保护区不同位置建立了大量的宣传牌、指示牌，并建立了生态旅游解说系统，由保护区专业人员对游客的观鸟和湿地体验进行解说和指导，充分发挥保护区作为科普教育基地的功能。

崇明东滩保护区由于也是众多野生动物的栖息地，因此，保护区对现有的功能区划进行了科学划分，在野生动物集中栖息的区域利用警示牌、引导牌、通行证管理、管理人员现场指导等手段严禁游客进入。目前保护区生态旅游已制定规划并报送相关主管部分审批，但总体上看，保护区目前的生态旅游还处于小规模的初期阶段，除建区之前就已存在的观景平台和木栈道外，保护区尚没有进行旅游相关基础设施的建设。

（3）崇明东滩保护区生态旅游的先进经验

崇明东滩鸟类自然保护区生态旅游尽管开展时间并不长，经济创收也不多，但通过严格的管理和科学的规划与设计，使保护区充分发挥了资源保护、科研监测、环境教育等多重功能，产生了巨大的生态效益和社会效益，其成功的规范化管理经验可为国内其他自然保护区所借鉴。

1）实行通行证制度

2004 年 4 月 26 日上海市林业主管部门正式颁布了《上海市崇明东滩鸟类自然保护区

通行证管理办法》（简称"办法"），崇明东滩保护区也正式开始实行通行证制度。通行证共分科学研究（A）、环境教育和实习（B）、特殊作业（捕捞和采集等）（C）、一般参观（D）和区域管理（E）五类，单位或个人可根据自己的作业需求在前往保护区之前通过电话、互联网或现场申请等途径向保护区管理处或上海市农林局申请合适的通行证种类。待审批通过后发放通行证方可进入保护区。保护区也根据保护与管理的需要，将自然保护区范围在核心区、缓冲区和实验区的基础上进一步划分为 9 个区域（见表 11），不同区域对进入的行为活动要求也不同，进一步规范人员在区内的活动。

表 11　崇明东滩鸟类自然保护区活动区域划分

编号	位置	编号	位置
0	全部区域（河口水域和潮滩湿地）	5	缓冲区东旺沙外滩 A
1	核心区团结沙外滩及水域	6	缓冲区东旺沙外滩 B
2	核心区东旺沙外滩及水域 A	7	实验区东旺沙水闸
3	核心区东旺沙外滩及水域 B	8	实验区团结沙水闸
4	缓冲区团结沙外滩	9	外围缓冲保护带

　　在保护区内进行观光旅游活动需要申请 D 类一般参观通行证，可在前往保护区观光时现场申请办理，而观鸟和湿地体验类旅游活动则需要申请 B 类环境教育和实习类通行证，且必须事前和保护区方面预约。保护区在关键地点设置了检查站，随时检查进区人员的通行证。通过这种严格的管理制度，不仅可以有效控制进入保护区的人数，更可以通过控制游客行为最大限度地减轻人为干扰对自然保护区生物多样性的影响。

　　2）严格的环境管理

　　崇明东滩保护区对区内生态旅游活动全程都实行严格的环境管理，对于不同类型的旅游活动方式也有着严格的限制。如观光旅游主要集中在捕鱼港管护站周围的观景平台和观光木栈道上，禁止游客进入其他区域；而观鸟活动范围则分布在白港管护站和捕鱼港管护站之间约 10km 长的海堤公路上，观鸟活动的时间、地点由保护区定期向外发布，游客凭借通行证并在保护区人员的陪同下进行有秩序的观鸟活动；湿地体验活动范围位于白港管护站以东的滩涂，游客进入滩涂区域也必须在保护区工作人员的陪同下进行。因此，保护区从时间和空间上都对区内的生态旅游进行了限制和规定，是一种严格的、有限制的旅游，符合生态旅游的内涵。

　　3）先进的环境教育

　　崇明东滩保护区没有土地权属问题，也没有社区矛盾，保护区在开展生态旅游过程中高度重视环境教育和科普宣教，通过各种各样的宣传手段让进入保护区的游客得到环境教育，将环境教育融入生态旅游的全过程中，让游客在参观中了解到什么是沿海滩涂湿地、崇明东滩湿地的快速演替特点、沿海滩涂湿地具有哪些重要的生态功能、孕育了怎样丰富的生物多样性，以及就地保护的重要性和必要性等。保护区管理处成立以来，利用"世界湿地日"、"爱鸟周"和"保护野生动物宣传月"等时机，走进社区、校园，开展形式多样的环境教育宣传活动，出版了近 10 种共 2 万多份宣传保护湿地书籍、图谱和光盘，这些对于普及保护知识，以及提高全社会对鸟类、湿地保护意识都起到了非常重要的作用。

（4）崇明东滩保护区生态旅游存在的问题

1）人为干扰的影响

目前崇明东滩保护区的游客主要来自于上海市区，由于交通便利，大多数游客采取自驾游的方式，因此，在游客旅游旺季，会有大量的私家车涌入自然保护区，根据 2008 年 10 月 2 日的统计数据，当日在保护区登记的车辆高达 704 辆，如此众多的机动车辆排放大量的尾气，对保护区空气质量造成污染，同时，汽车发动机和鸣笛产生的噪声也会对保护区内栖息的鸟类造成影响，尤其是在候鸟迁徙季节，噪声会严重影响迁徙候鸟在保护区范围内的停留和觅食。这些问题需要引起保护区管理机构的高度重视。同时，一定数量的游客进入滩涂区域，人为践踏活动也对滩涂湿地造成影响。

2）外来入侵物种的威胁

目前互花米草已经成为崇明东滩保护区内滩涂上威胁最大的外来入侵植物。互花米草曾作为先锋植物被引入崇明东滩滩涂，因其生长迅速，对于加快滩涂淤涨、固滩护堤、促淤造陆等方面具有重要作用。但随着时间的推移，互花米草也具有极强的入侵和扩散能力，在很多区域形成了大面积的单一群落，发达的根系抑制和阻止了其他乡土植物的生长，并使贝类在密集的米草草滩中活动困难，甚至窒息死亡，从而直接降低了滩涂的生物多样性，造成栖息地恶化。研究表明，互花米草群落中的鸟类种类和数量均明显少于芦苇、海三棱藨草群落，互花米草的入侵还直接影响了鸟类群落的结构变化。目前保护区内互花米草群落的发生面积已经达到几千公顷，急需采取控制措施。此外，大面积的互花米草群落也严重影响了保护区植被的自然演替过程，挤占了芦苇、海三棱藨草的生态位，破坏了保护区的自然景观，对保护区观光类和观鸟类生态旅游活动构成了威胁。

（5）崇明东滩保护区生态旅游的建议

崇明东滩国家级自然保护区生态旅游活动坚持保护第一的原则，将环境教育贯穿于旅游活动始终，并开展了大量的创新和尝试，取得了良好的社会效益和生态效益。针对区内旅游对生态环境产生的一些不利影响，特提出如下建议。

1）进一步加强旅游活动的管理，减轻环境影响

保护区可在长假、周末等旅游高峰时期开辟由崇明县城直达保护区的旅游专线，鼓励生态旅游游客乘坐交通工具前往保护区，减少自驾车的数量；同时，在保护区范围内，推行清洁无污染的环保交通工具，如采用低噪声的电瓶车等。对于游客行为方面，尽可能将游客的活动范围控制在相对封闭的观光平台和观光木栈道上，减少进入滩涂的游客数量，从而减轻对保护区原生生境的干扰。在迁徙候鸟集中的高峰季节，采取措施减少游客的活动范围或暂时关闭保护区，优先为迁徙候鸟提供迁徙的停歇地，让其得到充分的停歇和能量补充。

对周边地区社区居民在保护区实验区内进行的收割芦苇、抓螃蟹和弹涂鱼、挖沙蚕等资源利用行为进行严格管理，控制其活动范围和资源利用强度。

2）控制外来入侵物种，加强环境监测

针对目前保护区内大面积分布的互花米草的单一群落，保护区管理机构应加强和周边高等学校及科研院所的合作，制定科学的防治措施，控制住互花米草在保护区范围内的进一步扩张和入侵，保护原生生态系统、生物多样性及自然景观。同时，加强对保护区的环境监测，掌握保护区自然资源的变化动态，以及生态旅游活动对保护区自然环境的影响程

度，为制定相关管理决策提供科学依据。

4.2.5.3 安徽金寨天马自然保护区

（1）金寨天马自然保护区基本条件

安徽金寨天马自然保护区位于安徽省六安市金寨县境内，地理坐标为东经 115°20′～115°50′，北纬 30°10′～31°20′，总面积为 28 914 hm²，保护区以天堂寨、马鬃岭两个省级自然保护区为核心，鲍家窝、窝川、九峰尖、康王寨四个国有林场和天堂寨镇集体山场为依托组建而成。1998 年经国务院批准晋升为国家级自然保护区，主要保护对象为北亚热带常绿、落叶阔叶混交林，山地垂直带谱及珍稀野生动植物。

保护区地处鄂、豫、皖三省交错地带的大别山腹地，是北亚热带向暖温带的过渡地带，区内崇山峻岭，峭壁悬崖，最高峰天堂寨海拔 1 729.3 m，保护区气候属北亚热带湿润季风气候，四季分明，雨量充沛，日照充足，无霜期较长，年平均气温 13.1℃，极端最高气温 38.1℃，极端最低气温−23.1℃，年降雨量约 1 480 mm，年日照时数约 2 225.5 h。地带性植被属于暖温带落叶阔叶林向亚热带常绿阔叶林过渡型，垂直分布带谱明显，区内自然环境优越，孕育了丰富的野生动植物资源，区系成分复杂，特有种多。根据初步统计，全区共有高等维管束植物 178 科 1 881 种，其中国家重点保护植物有大别山五针松、金钱松、香果树、连香树等 25 种，区内共有陆栖脊椎动物 61 科 185 种，其中国家重点保护的野生动物有金钱豹、原麝、小灵猫、白冠长尾雉等 18 种。该区还是淮河支流史河、淠河的发源地和下游梅山、响洪甸两大水库的水源涵养地。天马自然保护区的建立，对保护大别山区残存的天然阔叶林、涵养水源都具有重要的意义。

安徽天马国家级自然保护区管理局成立于 2006 年，为正科级全额拨款的事业单位，共有编制 12 人。管理局设置有办公室、保护部、科教部、经营部 4 个内设机构，同时成立了天堂寨、马鬃岭两个管理站。保护区尚未取得相应的土地权属，但大部分保护区土地归国有林场所有，土地纠纷尚不明显。保护区周边共有 16 个行政村，总人口 17 095 人，多数从事农业生产，社区经济以农林收入为主要来源。

（2）金寨天马自然保护区生态旅游发展现状

金寨天马自然保护区的旅游活动最早开始于 1987 年，由原天堂寨集体林场经营，旅游活动规模较小。2004 年由安徽省旅游集团接手，从金寨县政府处通过承包取得金寨天马保护区生态旅游的经营权，并成立天堂寨风景区发展公司，专门负责景区的旅游建设、管理和对外宣传工作。经过几年的发展建设，目前保护区旅游活动已经初具规模，通过持续的宣传，保护区在江苏、浙江、湖北等周边省份已经小有名气。区内旅游开发也十分成熟，已经开发的主要景点包括大峡谷、瀑布群、圣卦峰、白马峰等，景区范围和保护区天堂寨国有林场范围大致重合，吸引了大量游客。根据保护区提供的统计数据，2007 年全年共接待游客达 11.4 万人次，旅游收入达 8 000 万元。目前保护区游客主要来自安徽合肥、皖北城市和江苏南京、无锡、常州一带。

保护区生态旅游已建立旅游观光索道 1.5 km，全负荷运载状态下每小时游客运输量达 400 人，旅游机动车道 45 km，步行游览便道 30 km，停车场 3 000 m²，以农家乐为主体的大小宾馆、饭店 52 家，共有近 3 000 个接待餐位和近 2 000 张接待床位等，生态旅游基础设施建设已具备一定规模。虽然保护区生态旅游已制定相应的生态旅游规划，但尚未向相关主管部门报批，基础设施的建设具有很大随意性，且未按要求进行环评。由于缺乏科学的规划和监督管理，区内旅游开发已涉及保护区核心区，其中观光缆车的末站更是建在保护区核心区内。在生态旅游解说系统建设方面，保护区已设立自然保护与生物多样性知识的宣传标牌、建立了博物馆和宣教中心、配备了专业导游、制定了游客行为规范和守则等，但在实际旅游活动开展过程中环境教育开展的情况并不理想，区内的旅游活动偏重于迎合大众旅游的口味，没有做到对游客的积极引导和进行环境教育。在社区参与方面，保护区生态旅游鼓励农家乐旅游接待方式，使得区内部分社区居民可以通过提供服务、出售土特产品和手工艺品等形式从旅游活动中受益，但这部分人口仅占保护区内总人口很少的部分，社区参与总体水平不高。

目前保护区内所有旅游活动均由安徽省旅游集团全权负责，保护区管理机构被完全排斥在外，既无法行使充分的监督和管理职责，也无法从目前区内旅游活动经营中受益，这完全违背了自然保护区开展生态旅游的初衷。针对旅游活动给保护区带来的影响，保护区已开展一些监测和调查，但没有主动采取环保措施来维持区内的生态环境，如区内游客产生的生活污水直接排入保护区河流，对游客产生的垃圾也只做到了部分收集。

（3）金寨天马保护区生态旅游中的主要问题

通过对金寨天马自然保护区的实地调研和走访调查，结果发现，保护区生态旅游活动发展势头很快，但处于一种比较随意的状态，缺乏有效的管理，也产生了一系列问题，主要包括以下几个方面：

1）发展速度快，管理松散

保护区自从 2004 年成立天堂寨风景区发展公司，进行独立经营和管理后，公司为了最大限度地追求经济利益，对金寨天马进行了大刀阔斧的开发建设，修建了大量的旅游设施和接待设施，并打着"华东地区最后一片原始森林"的口号在东部地区进行大力度的旅游推介和宣传活动，保护区年接待人数也随之出现迅速增长，在旅游高峰季节，大量游客涌进保护区内，大大超过环境容量，根据保护区提供的资料，2004 年全年共接待游客约 7 万人次，2007 年接待游客数量就上升到 11.4 万人次，增长了 63%。保护区近 5 年的游客数量变化动态如图 11 所示。因此，金寨天马保护区内旅游活动的过快发展和过度开发已经成为保护区生态保护的最主要威胁。

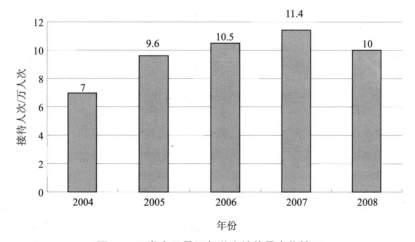

图 11　天堂寨风景区年游客接待量变化情况

由于金寨天马保护区旅游活动完全由当地旅游集团经营和管理，导致保护区无法对区内的旅游活动进行监督和管理，也无法从旅游活动中获益，甚至保护区需要对区内开展物种资源本底调查和必要的护林防火工作都要报旅游集团批准，这已经与自然保护区生态旅游的初衷完全相背离。保护区的资源管护工作形同虚设，区内旅游设施也随意建设，缺乏科学的规划和论证，登山道路及观光缆车可直接通往保护区的核心区，其中观光缆车直接到达保护区核心区的主峰，导致大量游客可直接进入核心区，缆车的修建也破坏了大量的自然植被，对野生动物也造成很大的干扰。随意在保护区核心区建设人工景点，也直接破坏了保护区自然景观的协调性，如旅游开发集团在索道站核心区终点建设的仿长城式样建筑，严重破坏了该区域的自然景观。

2）生境破坏和环境污染较为严重

由于金寨天马保护区缺乏对游客行为的管理和相关规定，游客在保护区内的活动范围十分广泛，很多游客不按照现有的旅游线路，而自行开辟野道和小径，不仅具有严重的安全隐患，大量的游人践踏行为也会加速土壤板结，破坏自然植被，加速水土流失等。由于缺乏废弃物收集处理系统，游客在区内产生的大量废弃物往往得不到合适的处理而随意丢弃，不仅严重影响保护区的生态环境，降低保护区生态质量，更大大破坏了保护区的自然景观。水在金寨天马自然保护区内具有重要的生态意义，不仅是野生动植物的重要水源，同时区内大大小小的瀑布、水潭、溪流也是保护区自然景观的重要组成部分，水源质量直接关系到天马保护区生态旅游的可持续发展，必须严格保护。此外，由于游客行为的不受限制，也给保护区带来了极大的火灾隐患，金寨天马保护区自然植被包括落叶阔叶林、针阔混交林和针叶林等，其中在海拔较高区域主要为针叶林和落叶阔叶林，在秋季干燥时期，如果不能严格控制火种，很容易引发森林大火，造成巨大的损失。游客的随意进入也给保护区带来了外来入侵物种的威胁，目前保护区道路两旁分布的外来入侵植物种类正在不断增多，需要引起重视。

3）社区参与程度低，环境教育十分薄弱

金寨天马自然保护区目前由旅游公司进行经营管理，并未充分考虑到地方社区的利益，也未能与当地社区充分沟通，听取地方社区的意见，因此，地方社区在保护区生态旅游活动中参与程度很低，很难从保护区生态旅游活动中获得相应的利益。保护区针对周边社区居民的环境保护宣传教育力度也远远不足，目前保护区实验区内共居住有近3万人口，交通不便，农田分布零散，农业生产条件差，耕作技术粗放，居民随意毁林开荒培植食用菌或种植其他经济作物、烧柴等活动对自然植被都造成了严重的破坏，甚至破坏国家重点保护植物。如有的居民竟然砍伐国家一级重点保护植物银缕梅作为燃料，还有很多居民在区内进行采药活动，挖掘八角莲、天麻等野生药用植物。因此，保护区应加强环境教育工作，同时针对普通游客和区内社区居民进行环境教育，提高其环境保护意识。

（4）金寨天马保护区生态旅游的建议对策

1）严格管理，完善界标识系统

针对金寨天马保护区生态旅游目前缺乏管理的现状，自然保护区管理机构应和旅游集团进行充分沟通和协调，切实发挥其对区内生态旅游活动的监督职能，责令生态旅游经营方制订相关总体规划，实行必要的环境保护措施，对现有的违法行为进行限期整改；制定生态旅游游客手册，严格规范游客在保护区内的行为，限制其旅游活动范围；在每年的11

月下旬至第二年 3 月上旬的保护区防火季节，增派人手，加大资源管护力度，加大防火宣传，控制并减少进入保护区的游客数量，禁止游客将火种带入保护区内，杜绝一切人为野外明火，尽可能避免人为原因的火灾发生。

　　明确保护区各功能区边界也是当前十分紧迫的一项工作，保护区目前边界和内部功能区边界模糊，缺乏必要的界标识系统，学科组在整个实地调查过程中，未发现一块保护区界碑，也未看到一根保护区界桩。保护区的边界十分模糊，不仔细对照保护区功能区划图，以及查看 GPS 经纬度坐标，根本无法判断所处区域是自然保护区内还是保护区外。但根据和保护区职工的座谈了解到，保护区建立之初曾在保护区的外围边界设置过少量木质的界桩，由于年久失修，经历风吹雨打，目前基本侵蚀殆尽，连痕迹都没有了。此后，保护区也一直未在关键区域和分界处设置界碑、宣传牌等标识系统，导致保护区边界模糊不清楚，与区外的山林没有任何的分界线，周边社区居民可随意进出保护区。同时，保护区内尽管也划分为核心区、缓冲区和实验区三大功能分区，但不同功能分区之间也未设置界碑和标牌，实际无法实现分区管理，游客可以随意出入核心区和缓冲区，因此，亟待尽快健全保护区界标识系统，在保护区边界设立永久性的界碑和界桩，内部各功能区之间也分别设立相应的标识牌，严格对保护区实行分区管理。保护区管理处对保护区内已经开展的旅游活动充分发挥其监督和管理的职能，制订相应的管理办法和规章制度，规范保护区旅游活动的开展，加强对游客的教育，禁止游客随意进入核心区和缓冲区。并建立定期巡护制度，加强对保护区内违法破坏活动的打击力度。

　　2）科学规划，加强环境教育

　　金寨天马保护区生态旅游活动由于缺乏科学的总体规划，因此各种建设项目事先大多数也没有进行科学论证，缺乏科学性，甚至对生态环境造成不良影响，破坏自然景观，干扰野生动植物的栖息和繁衍。因此，必须结合金寨天马国家级自然保护区的总体规划，聘请专家，尽快编制专门的金寨天马自然保护区生态旅游规划，对保护区内的旅游景点、旅游线路、游客要求等进行详细的规定，与地方社区充分沟通，让社区也参与到生态旅游活动中，并获得一定的收益。拆除现有的位于核心区和缓冲区内的旅游设施，按照《中华人民共和国自然保护区条例》严格管理。

　　加强保护区生态旅游的环境教育工作，重点包括两部分，一是加强对进区游客的环境教育，主要包括增设环境保护的宣传牌，建立专门的保护区宣教中心，利用展板、视频、图片、模型和标本等各种形式对游客开展环境保护教育，提高其爱护自然，保护环境的意识和主动性；还可以通过编印金寨天马自然保护区重点保护动植物的小册子或折页，免费向游客分发，提高其辨识国家重点保护物种的能力，认识到生物多样性保护的意义和重要性。二是加强对区内生活的社区居民的环境教育，保护区管理机构可采取定期举办培训班和讲座的方式，对区内的社区居民代表进行生态保护方面的重点培训，通过培训教育，使其意识到保护生态环境及野生动植物的重要性，建立主动的保护理念，逐步提高区内社区居民的整体环境保护意识，指导其有节制地利用区内的自然资源。还可通过聘用部分经验丰富的居民作为护林员，使其成为保护第一线的骨干力量。

第 5 章　自然保护区资源开发活动的阈值管理

5.1　阈值管理体系

自然保护区是需要特殊保护和管理的区域，保护是其第一任务。然而经费不足、周边地区经济落后是许多保护区面临的现实困难，资源开发是其现实选择。但是，保护区的资源开发应遵循"保护为主，兼顾开发"的可持续原则，资源的开发应与保护区的质量要求相适应。在满足保护要求的条件下进行资源的适度开发，依对象、选方式、定区域、调时期、限规模，形成一套完整的保护区资源开发阈值管理技术。

5.1.1　阈值的概念

阈值是指某系统或物质状态发生剧烈改变的那一个点或区间。阈值的概念较早出现并应用于物理学中。19 世纪以来，随着生态实验和观测手段的改进，人们对自然生态系统的现象和本质有了更多的认识，生态系统的反馈机制、自组织能力和非线性特征等越来越受到生态学家的重视。20 世纪 70 年代 Robert 将阈值概念引入生态学研究，指出生态系统的特性、功能等具有多个稳定态，稳定态之间存在"阈值和断点"，这就是最初生态阈值的概念（May，1977）。此后 30 多年里，生态阈值作为资源保护及可持续生态系统管理的概念基础，不断受到生态学和经济学界的关注，其概念、研究方法及实践应用也在不断完善之中。

生态阈值是针对生态系统的阈值概念。生命所具有的反馈、调节能力决定了生态系统具有不同于物理学中的"系统"的许多特征，因此生态阈值的概念较物理学中的"阈值"更为复杂。国内外对于生态阈值的定义有不同的描述，目前较为实用的一个定义是 Bennett 和 Radford（2003）提出的，他们认为生态阈值是生态系统从一种状态快速转变为另一种状态的某个点或一段区间，推动这种转变的动力来自某个或多个关键生态因子微弱的附加改变，如从破碎程度很高的景观中消除小块残留的原生植被，将导致生物多样性的急剧下降。一旦突破系统的阈值，系统将很难再恢复到以前的状况。生态阈值主要有两种类型：生态阈值点和生态阈值带（Bennett 和 Radford，2003）。在生态阈值点前后，生态系统的特性、功能或过程发生迅速的改变。较为典型的例子是栖息地丧失或破碎对生物多样性的影响，栖息地丧失过程中存在一个阈值点，到达这一点时，种群灭绝的概率将迅速升高。此"灭绝阈值"取决于有机体的繁殖率、离开栖息地的迁移率以及栖息地的环境状况等（赵慧霞等，2007）。生态阈值带暗含了生态系统从一种稳定状态到另一稳定状态逐渐转换的过程，而不像点型阈值那样发生突然的转变，这种类型的生态阈值在自然界中可能更为普遍。

　　保护区内的资源既是相对于人类来说的一切可用之物，又是保护对象得以健康存在的自然基础。保护区的建立从根本上确立了保护区内的资源以满足保护对象的健康存在为第一要求，其次才是满足人类开发利用的需求。自然保护区的保护对象主要是自然生态系统、野生生物和自然遗迹及其生境，目的是让其在自然状态中得以健康保存，因此，生态阈值的概念更适合用来确定资源开发的合理空间。从阈值的概念我们可以得出，自然保护区内资源开发利用的阈值就是自然保护区保护对象的安全状态发生剧烈改变时的资源开发量，这个量多为一个区间而不是一个确定的数值，也就是所谓的资源开发利用的安全阈值。

5.1.2　阈值管理的原则要求

　　（1）保护优先，适度开发

　　建立自然保护区的第一目的就是保护具有特殊意义的自然生态系统、野生动植物物种和自然遗迹，保护对象的完好保存是其他一切附属价值存在的基础。保护区内的生物资源属于可再生资源，但在时间、空间范围和环境条件一定的情况下，可更新速率是有限的。因此，当开发速率超过可更新速率时，可更新资源就会转变为不可更新资源，造成资源枯竭。生物资源的这种资源属性要求人们在开发利用时要"适度"。同时，自然保护区的资源与普通资源相比具有明显的脆弱性，能够承受由开发保护区对象及其生境所带来影响的能力是有限的，超出这一限度就会影响和破坏系统的稳定性。所以，为了保护对象的长久存在和资源永续利用，保护必须为第一原则。

　　（2）科学分类，系统利用

　　生态系统是一个包含生物和地理环境的有机整体，其中生物与生物、生物与环境之间形成相对稳定的食物链、食物网、能量流动、信息交换、物质循环关系。不同自然保护区资源利用的对象、形式、范围、强度等必须区别对待，在利用前要进行深入调查、科学研究和论证，在开发过程中必须以系统工程整体性原理和生态学原则来开发自然保护区自然资源，避免盲目开发，防止过度资源利用而给保护区造成破坏。自然保护区资源的利用必须建立在科学的基础之上，对于可能出现的问题事先做好研究工作。同时要根据自身的特点，在保护区总体规划中，明确生态旅游资源之外的资源利用内容、范围和利用形式；在实际工作中，按总体规划的设计和要求严格管理（孙建国，2004）。

　　（3）可持续利用

　　自然保护区的公益性和保护对象的重要性决定了自然保护区必须为国家和地方生物与环境保护服务。而目前在许多自然保护区中，由于国家和地方政府没有提供足够的经费，或者是因为保护区自身运转的需要，而通过各种途径增加保护区的收入，开发保护区的资源。但自然保护区资源的利用和开发必须是在不破坏保护区资源和环境的前提下，通过资源有效开发使保护经费得到补充，环境资源未受到污染和破坏，生态系统保存完整，促进当地经济发展。自然保护区在资源利用中，必须以生态规律和经济规律为指导，保护目标和经济目标相结合、近期利益和长远利益相结合，实现保护区资源利用的可持续发展（李俊清等，2006）。

5.1.3 阈值管理的政策需求

（1）明确保护区机构的资源管理权，健全和完善保护区管理机构及其职能

改变多头管理的混乱局面，明确规定在一个自然保护区内，其资源管理权应仅属于保护区管理机构，而不能由多个相关部门都涉足管理。保护区管理机构主要是根据有关法律和保护区管理条例，对当地社区和其他有关部门的资源开发活动进行监督管理。同时，建立由自然保护区上级主管部门和有关部门组成的监督机构，对自然保护区内资源利用项目实行定期检查和资源保护影响评价制度，确保资源利用的经济、环境和社会效益。

为使自然保护区适应开放式、参与式管理的需要，对保护区管理机构应进行适当的调整，狠抓法规和制度的落实，加强资源保护工作的力度，建立和完善社区发展部门。在资源保护工作中应严格执法，加强对区内各类资源开发利用活动的监督；在科研工作中要根据保护与发展的管理目标，对区内资源开发活动进行统一规划，研究资源利用技术。在大部分保护区或至少在国家级自然保护区管理机构中设立专职社区管理分支机构，负责协调保护与发展的工作，指导和监督社区在实验区的资源开发活动等。

（2）社区参与管理

保护区及其周边的居民是保护区的一个组成部分，社区居民对资源利用的观念与方式对保护区的管理有很大的影响。社区参与保护区资源管理工作，有利于充分调动社区群众保护和管理资源的积极性，并使他们获得一定的经济利益。社区参与机制包括激励机制、利益协调机制和监督机制。激励机制就是运用一系列有效的激励手段，将社区参与资源管理的过程与其经济利益相结合，如对一些资源综合利用及生态效益显著的合作项目采取免税、减税或提供适当的生态环境补偿费用等措施，激励社区群众保护和合理利用资源。利益协调机制就是考虑参与管理的各方对资源使用权和分配权的需求，规范参与各方的资源利用方式和行为，并公平地分享利益。社区参与监督机制主要包括建立地方政府、社区和保护区管理机构的互相监督机制，制定和完善相应的法律和措施。同时，建立公众和社会团体参与的监督机制，加大新闻舆论的监督力度。

保护区管理机构一方面要帮助当地居民保持与自然保护相协调的土地利用方式，改变那些违背自然规律的方式，使当地居民通过合理利用资源而受益；另一方面又要通过实例向当地人民进行宣传教育及培训，并建立示范性的资源利用区，扩大对周围居民的影响。要建立针对社区的利益保障机制。保护区通过发放旅游经营许可证，优先保证当地社区居民的申请，以加大社区的参与程度，充分带动社区的经济发展；通过股份经营试点，吸引社区居民入股；在有关政策上鼓励旅游公司优先吸纳当地社区，解决当地劳动力的就业问题。

（3）建立技术指南

在自然保护区可适度利用自然资源的前提下，制定具体可操作性技术指南，根据各主要类型自然保护区的特点和各地区资源优势，确定合理的资源利用方式和利用强度。明确保护区内哪些类别的资源可以利用，哪些类别的资源不可以利用；明确保护区内哪些区域内的资源可以利用，开发范围有多大。

5.1.4 阈值管理的技术支撑

原则是技术的方向，政策是技术的保障，而技术是原则的体现和政策的结果。自然保护区资源开发的阈值管理技术需要体现保护优先、可持续发展的原则和理念，为那些有资源开发需求的自然保护区提供技术支持。

5.1.4.1 分析保护对象的需求

要想确保资源开发对保护对象的影响最小，首先必须弄清楚保护对象的需求，然后才能依此确定开发活动可能带来的干扰。根据不同保护对象，我国的自然保护区分为三大类别九个类型，每个保护区都有明确的保护对象，这样为我们分析保护对象的需求提供了便利条件。

自然生态系统类自然保护区主要包括森林、草原与草甸、荒漠、内陆湿地和水域、海洋和海岸五个类型。自然生态系统的组成包括生物群落和非生物环境，系统的稳定存在和功能发挥依赖系统内丰富的生物多样性。因此，自然生态系统需要有完整、多样的生物群落及满足这些群落生长的适宜生境以保证生物多样性的存在。

野生动植物类自然保护区主要包括野生动物物种和野生植物物种两个类型。首先两类保护区都需要一定的适宜生境面积来维持种群的存在与繁衍。对野生动物来说，必须有充足的水源、食物和隐蔽物以及尽量少的外界干扰。对野生植物来说，需要有一定的种质资源用以维持物种基因的传播。

自然遗迹类自然保护区主要包括地质遗迹和古生物遗迹两个类型。这两类保护区均需要一定的土地面积来保证遗迹单元的完整性。

在满足主要保护区对象需求的同时，还必须要考虑以下几个方面：第一，对于有多保护对象的保护区来说，必须要同时满足所有保护对象的需求。当然，保护对象间的需求可以有重叠的部分，但对于不同保护对象的特殊需求必须全部满足。第二，在满足保护对象最低需求的同时，尽量在更高水平上考虑保护的需求，如考虑景观的连续性和整体性，以利于在更高层次上维持生态系统的稳定性。

5.1.4.2 筛选资源开发的方式

自然保护区是一类需要特殊保护的区域，区内保护对象多为珍稀、濒危物种，且比较脆弱，必须对保护区内的资源开发活动进行严格的筛选，以确保对保护对象的影响在可接受范围之内。应根据《中华人民共和国自然保护区条例》中的管理规定，对我国自然保护区内资源开发利用的技术进行筛选。

有些开发活动的影响与其管理方式和管理水平关系密切，如果能够根据保护对象和保护区生境特点制定相应的管理方式和过程控制，这些开发活动的影响就可以控制在可接受的水平，可将其列入允许适度开发的方式。有些开发活动管理粗放，仅将传统的开发方式移植到保护区，可将其列入限制开发的方式。对于在保护区建立之前就已经存在的，要逐渐引导其改进管理方式或改变利用方式，向允许适度开发的方式发展。对于条例明确禁止的资源开发活动，可以直接列入禁止开发的方式。

（1）允许适度开发的方式

有些资源开发方式不改变自然保护区的基本景观和土地特性，并且开发区域仍能为保护对象所利用，能够在生态环境影响可接受的范围内取得较好的经济效益，在对其开发地点、时间和规模等因子做出相应规范后，保护区及其周边的资源开发可以优先发展此类资源开发方式。

1）生态旅游

自然保护区一般都拥有丰富的旅游资源，是旅游者向往的热点区域，同时我国有相当数量的自然保护区靠近大中城市，或交通比较便利，这类自然保护区可充分利用这一优势，开展生态旅游。一方面可利用参观游览的机会，宣传自然保护区知识；另一方面，保护区可通过收取门票和服务费等形式增加收入，用于补助自然保护区建设和管理，既创造经济效益，又取得生态教育的社会效益。

开展生态旅游以不破坏和少影响原有自然环境为原则，保持景观的自然性和整体性，不提倡建设大型的旅游设施。在合理规划和设计的基础上，应加强对旅游活动的管理，防止自然环境的破坏。生态旅游需要有组织地进行，可以先建立生态旅游专业导游队伍，并建立与生态旅游相配套的设施。同时，要建立保护区生态监测计划，对旅游的环境影响进行短期的快速评估和长期的影响分析。生态旅游开发项目主要有风光旅游、科学考察旅游、科普旅游、度假旅游、会议旅游、夏令营旅游、观鸟旅游等。

2）不引入环境污染和生态破坏的种养殖业

种植业和养殖业是目前保护区开展最为普遍的生产经营活动，且效益比较稳定。这类资源开发活动要因地制宜，合理开发。首先，要通过生产过程和生产工艺的改进，如引进绿色农业、有机农业等，将资源利用过程中对水、土壤、大气的污染降到最低水平。其次，要以生态学理论为指导，保证资源利用过程不产生新的生态破坏。如不在坡度大于 25°的地方开荒种植，不种植和养殖外来物种等。

种植业主要适用于实验区面积较大、具有土地资源和植物资源优势的自然保护区。一般情况下，森林生态系统类型的自然保护区可开展果树、中药材、苗木以及茶叶等经济植物种植。

但需要注意的是种植业不得引进物种，以防外来物种进入保护区后对当地生态系统造成破坏。用材林、经济林的建设不得破坏保护区内原有植被，只能利用荒山荒地种植。

自然保护区内可开展的养殖业主要包括水产养殖和陆生经济动物养殖。水产养殖业主要适宜在具有湿地资源的保护区中开展。可将湿地恢复与水生动植物种植或养殖结合起来。

陆生经济动物养殖业适用范围较广。主要是利用保护区的资源优势和技术优势，结合野生动物救护中心、野生动物驯养繁殖场和科研工作，饲养国家法律许可饲养的野生经济动物。

水产养殖须以自然放养为主，不得添加食料和农药；畜牧业养殖必须采取围栏养殖和圈养，不得采取放牧的方式。

3）野生经济植物资源的采集

我国不少保护区中分布有大量的野生经济植物资源，适度采集可以获得较好的经济效益。保护区中常见的野生经济植物包括药用植物、油脂植物、纤维植物、食用植物等。不同类型的自然保护区可根据资源的特点，确定其经营的主要资源。如湿地类型自然保护区中芦苇资源的采割利用；森林、草原、荒漠等类型自然保护区中可开展中药材、食用菌、野生浆果等经济植物采集。

4）多种类型的综合开发利用

自然保护区内自然资源的开发利用不同于保护区外的其他区域，不能进行大规模的开发。因此，单一的资源开发利用往往不能取得较大的效益。一些基本条件好的自然保护区，则可以采取多种类型开发的复合模式。目前比较成功的模式有种植+养殖+资源+深加工、生态+旅游商业、种植+养殖+生态旅游等。例如安徽鹞落坪自然保护区利用当地独特的地理气候条件和资源优势，在抓好自然保护工作的前提下，充分利用保护区内传统农副土特产品和中药材资源丰富的有利条件，在制定规划的基础上，对传统农副产品和中药材资源进行开发。其产品主要有茶叶、食用菌、天麻、银杏、杜仲、厚朴等。1996 年保护区积极争取到德国援助的"有机农业开发项目"，该项目在保护区实施了有机茶、鱼菜立体开发和有机药、菌生产加工两个项目点。建成有机花园 150 亩，有机蔬菜 25 亩，年加工量 25 t 有机茶厂一座，有机中药材 200 亩及加工厂一座。

（2）限制开发的方式

自然保护区的自然资源开发应最大限度地减少对区内资源的消耗，或者是不消耗区内的资源。根据对一些自然保护区自然资源开发现状的调查，下列资源的开发或其生产方式应受到限制：

1）不可再生资源

自然保护区内的不可再生资源主要有矿产资源、地质足迹和古生物遗迹，矿产资源除国家特许开发外，一律不得开发利用。地质遗迹和古生物遗迹除了可开展生态旅游外，不得作消耗性开发。

2）以保护区木材为原料的菌类植物栽培

菌类植物（包括木耳、香菇、天麻、茯苓等食用菌和药用菌）的人工栽培需要消耗大量的木材，大规模生产对森林资源破坏非常明显。现阶段，大多数保护区开展的菌类植物栽培用木材都取自保护区内，其替代措施为从保护区外调入原材料，或者是农作物秸秆、杂草取代木材作为菌类植物的培养基。

3）湿地水域的精养鱼池

结合湿地的人工恢复开展水产养殖虽然是一种比较可行的开发方式，但精养鱼池往往需要投入大量饵料，为防治鱼类病虫害的发生，还需投放相应的药物，结果会造成水体的污染。因此，保护区不适宜建立精养鱼池，可采取自然放养的方式，既不造成污染，又可获取相应的效益。

4）大面积的人工林及皆伐的作业方式

在一些集体林区的自然保护区中，结合社区经济的发展，可以在实验区的荒山荒地中建设小块的用材林（不少保护区建区前实验区就包含有部分人工林）。但人工林的建设只能利用实验区的荒山荒地，不得将现有的次生林改造为人工林。同时，人工用材林的采伐必须采取择伐和间伐的经营方式，不得采用皆伐的经营方式。人工林的营造也应为混交林，不宜选用单一树种造林，尤其不得引进外来树种造林。

（3）禁止开发的方式

根据《中华人民共和国自然保护区条例》第二十七条：禁止在自然保护区内进行砍伐、

放牧、狩猎、捕捞、采药、开垦、烧荒、开矿、采石、捞沙等活动；但是，法律、行政法规另有规定的除外。第三十二条：在自然保护区的核心区和缓冲区内，不得建设任何生产设施。自然保护区的实验区内，不得建设污染环境、破坏资源或者景观的生产设施，建设其他项目，其污染物排放不得超过国家和地方规定的污染物排放标准。在自然保护区的实验区内已建成的设施，其污染物排放超过国家和地方规定的排放标准的，应当限期改正；造成损害的，必须采取补救措施。

5.1.4.3 确定资源开发的区域

开发利用活动必须建立在保护和管理好保护区自然资源的基础上，并严格控制在一定规模，不得单纯为谋求经济效益而扩大开发利用范围和强度。在保护区管理中，管理机构需要确定可以用来开发的区域及其面积大小。

总体上，根据《中华人民共和国自然保护区条例》第二十七条规定，"禁止任何人进入自然保护区核心区"；第二十八条规定"禁止在自然保护区缓冲区内开展旅游和生产经营活动"。因此，自然保护区内任何形式的资源开发活动都必须严格限制在实验区范围之内，不得涉及核心区和缓冲。划定实验区的主要目的是为了更好地保护好保护区内的资源和环境。即使在实验区范围内，也并不是所有的区域均可以开发利用，不能在实验区全面开花，否则会对核心区造成威胁。原则上，资源开发应限制在远离核心区的实验区外侧，以最大限度地降低开发带来的影响。在保护区外围保护地带建设的项目，不得损害自然保护区的环境质量。保护区为壮大自身经济实力而开办的资源加工业、食品加工业及其他产业，一般不安排在保护区范围内，而应建立在邻近的城镇中。旅游区必须严格划定范围，旅游景点和旅游线路应用标志牌明确指示，以防止游人进入非旅游区域。

对于保护区合理开发的空间大小，我们可以参考保护区（保护地）发展比较成熟的国家的划分标准，同时结合我国的保护区现状与政策规定，从而确定一个相对合理的开发空间。表 12 总结了美国、加拿大、日本和韩国四个国家对保护区（国家公园）各功能区的面积比例配置（黄丽玲等，2007）。

表 12 各国功能区面积占总面积的平均比例表

国家	不同功能区占总面积的环境比例			
	严格保护区	重要保护区	限制性利用区	利用区
加拿大	特别保护区 3.25%	荒野区 94.1%	自然环境 2.16%	户外娱乐区 0.48% 公园服务区 0.09%
美国	原始自然保护区 95%	特殊自然保护区/ 文化遗址区	自然环境区（公园发展区）	特别利用区
日本	无	特级保护区 13% 特别地区Ⅰ类 11.3%	特别地区Ⅱ类 24.7% 特别地区Ⅲ类 22.1%	普通地区 28.9%
韩国	无	自然保护区 21.6%	自然环境区 76.2%	居住地区 1.3% 公园服务区 0.2%

注：特别地区Ⅰ类，在特级保护区之外，尽可能维持风景完整性，有步行道和居民；特别地区Ⅱ类，有较多游憩活动，需要调整农业产业结构的地区，有机动车道；特别地区Ⅲ类，对风景资源基本无影响的区域，集中建设游憩接待设施；自然保护区，允许学术研究，最基本的公园设施的建设，军事、通信、水源保护等非在此设置不可的最基本设施，恢复、扩建寺院；自然环境区，不集中建免费公园设施、以不改变原有土地类型为原则，允许公众进入。

　　加拿大与美国由于国土面积大，地广人稀，因此国家公园面积通常较大，且将严格保护区和重点保护区作为公园的主体部分，两者的面积占总面积比例非常大，达到 95% 以上，限制利用区和利用区所占比例非常小。日本和韩国国土面积小，人口众多，许多地区已出现不同程度的开发，很难再开辟出能保持自然面貌的大面积国家公园。两国国家公园中重点保护区平均占地面积比例略大于或等于 20%，但在限制利用的区域，日本的特别地区 II 类要求尽可能维持风景完整性，韩国的自然环境区要求不改变原有土地类型，因此日本、韩国的国家公园中需要完整保护的区域仍占较大的比例。我国既有加拿大和美国国土面积大、自然资源丰富的特征，又有日本和韩国人口众多、经济快速发展的特点，因此，我国自然保护区限制性利用区域的比例设置应综合体现这两个特点。

　　采伐实验表明，景观中至少有 50%～70% 的原始森林生境时才有可能保护物种生态过程的健康和维持正常秩序（杨京平和卢剑波，2002）。因此为保护生态系统的完整性和自然的状态的原真性，保护区内的严格保护区和重要保护区会占很大的面积，通常平均占总面积的 90% 以上（黄丽玲等，2007）。另外，根据国家环保总局（2002）印发的《国家级自然保护区总体规划大纲》中的规定：核心区应是最具保护价值或在生态进化中起到关键作用的保护地区，所占面积不得低于该自然保护区总面积的 1/3，实验区所占面积不得超过总面积的 1/3。综合以上考虑，我们认为自然保护区内的资源开发活动应仅限于实验区内，开发面积应小于保护区总面积的 1/10，且不大于实验区面积的 1/3；面积小于 $100\,\text{hm}^2$ 的自然遗迹类自然保护区和面积小于 $1\,000\,\text{hm}^2$ 的自然生态系统类和野生生物类自然保护区禁止开展任何资源开发活动。

　　我国的自然保护区按保护对象的不同划分为 3 大类别 9 个类型，保护对象的重要性及其对生境的要求各不相同。除了遵循共同的开发原则外，还要针对各类别的保护区和资源开发利用方式确定利用区域。

　　生态系统类自然保护区的保护对象是各种自然生态系统，主要是森林、草原与草甸、荒漠、内陆湿地和水域、海洋和海岸生态系统等。对这类保护区在实验区可以经营利用人工林、竹林，可以进行抚育间伐（为了促进林木生长），可以进行采摘，参观游览和其他一些试验项目。对于生态系统内有珍稀野生生物存在的保护区，应同时满足野生生物类的管理要求来确定允许的开发区域和开发方式。

　　野生生物类自然保护区的保护对象是珍稀濒危物种种群及其自然生境，属于严格保护类型，即使旅游和科研也要严格管理，必须限制利用。这类保护区只在实验区可以开放那些人为干扰比较小、活动范围有限、低噪声、无污染的利用方式，如有限度的竹林采伐利用、小规模的生态旅游活动等。

　　自然遗迹类自然保护区的保护对象是有特殊意义的地质遗迹和古生物遗迹。自然遗迹类保护区的突出特征是对遗迹的保护与展示。自然遗迹类自然保护区的利用不必像其他类保护区那么严格，在科学确定旅游容量和做好污染控制的情况下，可在整个保护区内开展生态旅游，同时还可以开展科学研究、科普教育、展览等方面的利用。

5.1.4.4　规定资源开发的时间

　　生物资源属于可更新资源，在自然界处于相对平衡的状态，野生生物的周期性生理变化、种群动态消长变化规律，有着严格的时间限制。开发时间要遵循生物生长繁殖和种群动态消长变化规律。开发生物资源的时间必须考虑自然资源保护的需求，以不损害其他生物生长繁衍为前提。例如，野生动物交配、繁殖、冬眠季节不能观看、惊扰野生动物；野生植物的采集要在植物生长成熟期，避开生长旺盛期；鱼虾蟹洄游期、水生动物产卵期，禁止水域及其附近的捕捞活动；封山防火季节，相应减少客流量，甚至在一些重点防火区域停止开展旅游活动等。否则，珍稀濒危动物数量下降，会有灭绝的危险；大型动物数量下降，会影响食物链的各个环节，从而改变自然保护区生态系统的结构和功能；水生生物遭受破坏，改变水生生态系统的结构和功能；引发火灾，给自然保护区带来严重的创伤。

5.1.4.5　限制资源开发的规模

资源开发的规模大小应以不影响保护对象的长期生存为基本要求。在满足开发区域面积小于保护区总面积 1/10 且不大于实验区面积 1/3 的前提下，还需要根据保护对象的需求限制资源开发的规模。根据自然保护区的主要保护对象，我国的自然保护区分为自然生态系统类、野生生物类和自然遗迹类 3 个类别。前两类自然保护区保护与管理的核心目标就是以物种为基础的生物多样性和生物资源的有效保护。生物的多样性表现在三个方面：遗传多样性、物种多样性、生态系统多样性。三者是紧密相连的，遗传多样性下降表征的遗传多样性损失，可能降低物种的生存力；物种灭绝使物种多样性降低；物种多样性和生态环境变化又影响生态系统多样性。

物种作为一级生物单元，其多样性的变化既可反映遗传多样性的变化结果，又可表征生态系统多样性的变化趋势。就可操作性来说，研究物种多样性的阈值对自然保护区的规划和管理更具有指导意义。

对于自然遗迹类的自然保护区来说，资源开发方式主要是生态旅游，对其进行旅游容量和旅游方式的研究是确定此类保护区开发阈值的关键。

开发规模的确定就是在满足一系列先决条件的情况下，计算出相关影响因子的临界值或临界区间。对于自然保护区来说，就是满足自然生态系统、野生动植物物种、自然遗迹3 类自然保护区安全存在这一先决条件，确定保护区内资源开发的最大值；并将结果应用于自然保护区的环境管理之中，以做到保护区的永久保护和持续利用。从原则上讲，可再生资源的使用速度不能超过其再生速度，否则将会削减自然资本存量，即可再生资源的利用是以其再生能力为阈值，超过该临界，则是不可持续的。生态阈值带的普遍存在表明自然保护区内资源开发利用的空间也应该是一个弹性空间，而不只是某一点的限制。阈值出现的多因子推动力说明，要做到自然保护区资源开发的有效管理，必须从多个方面对资源开发进行综合限制。

5.2　阈值的相关研究与计算方法

5.2.1　阈值的相关研究

生态阈值在生态系统中的广泛研究为人类通过生态系统管理实现，可持续利用自然资源提供了理论基础。因此阈值的研究主要关注的是自然生态系统在外界干扰（包括自然干扰和人为干扰）下的生态阈值和自然资源在人类开发利用下的生态阈值。

5.2.1.1　生物多样性变化的生境阈值

近百年的物种数量变化表明地球正经历着一段高速的物种灭绝史，生境丧失和破碎化可谓是罪魁祸首，同时也是目前人类干扰生态系统最主要的方式。据估计（Reid 和 Kenton，1989），在现已确定绝灭原因的 64 种哺乳动物和 53 种鸟中，由于生境丧失和破碎引起其中 19 种和 20 种绝灭，分别占 30%和 38%。因生境丧失和破碎化而受到绝灭威胁的物种比例则更高，在哺乳动物和鸟中约占 48%和 49%，在两栖动物中则高达 64%。

在生态系统尺度上，大量实验已经证明了栖息地大小影响生物多样性的生态阈值。在岛屿生态系统中，Ward 和 Thornton（1998）认为大小适中的岛屿可能存在物种数量的某种平衡，岛屿过大或过小都会降低生物多样性。生境面积过小和破碎化导致生物多样性减少，生态阈值的确定可以为保护大部分物种提供科学依据。由于缺乏自然生态系统响应外界不同干扰的数据，同时物种之间存在生态系统特性的差异，即使具有相似生态特征的物种对生境改变也有不同的响应，因而很难确定不同生态系统的生态阈值（Lindenmayer 等，2005）。与生态系统相比，确定物种个体的栖息地的阈值相对容易一些。Radford 等（2005）发现以森林为主要栖息地的鸟类对森林破坏有强烈的阈值反应，当栖息地减少到 10%以下时，鸟类的多样性就会急速下降。

野外调查数据和理论模型都预测，在生境破碎化过程中，景观中存在一个适宜生境比例阈值，小于这个阈值，动物种群将因为隔离效应而快速下降（Jasson，1999）。Andrén（1994）通过分析群岛、农田景观中的森林斑块、森林景观以及其他景观中的 35 个鸟类和哺乳类种群，认为这个阈值可能在适宜生境面积的 10%～30%。Fahrig（1998）利用个体行为模型，通过模拟 500 个个体的种群，在不同生境比例（0～100）、不同破碎化程度（从聚集成块到完全分散）景观中的 500 次结果，从理论上证明，当繁殖栖息地小于景观面积的 20%时，繁殖栖息地的破碎将影响种群的存活，在这一阈值以上破碎对种群存活无影响。Flather 和 Beversl（2002）利用离散反应-扩散模型（discrete reaction-diffusion model）进行的研究认为，这个阈值在 30%～50%。同时，Mönkkönen 和 Reunanen（1999）认为在景观管理中，应谨慎使用普遍性的影响阈值（因普遍的影响阈值更多的是反映常见种和广布种的要求），而应更多关注在生境破碎化过程中的敏感种。

研究表明，如果物种对某种栖息地有特殊的偏爱，同时研究者可以很容易地分辨出此物种的栖息地和非栖息地时，确定该物种个体栖息地的生态阈值的可能性更大（Radford，2005）。Drinnan（2005）对城市景观破碎化的研究也支持了这种观点，在城市景观中可以清楚地分辨出栖息地和非栖息地，较容易地确定其生态阈值。因此在保护生物多样性的实践中，不同尺度和保护对象必须谨慎应用生态阈值理论，盲目使用可能会对某些物种或群落带来严重的伤害。

5.2.1.2　生态系统功能改变的生物多样性阈值

生物多样性下降是生态系统弹性和功能丧失的一个重要原因，生物多样性的变化超过一定的阈值后，生态系统的服务功能就会减弱。正确认识物种多样性和生态系统功能之间的关系对于保护生物多样性、最大限度地发挥生态系统的服务功能非常重要。

冗余种假说（Redundancy species hypothesis）是物种多样性对生态系统功能影响机制

解释中主要的假说之一。该假说认为生态系统保持正常功能有一个物种多样性的阈值，低于这个阈值时系统的功能会受到影响，高于这个阈值时相当一部分物种的作用是冗余的（Walker，1992）。但是，由于生态系统拥有多个稳定状态，并且很难确定一个生态系统到底有多大程度的冗余，即生态系统中到底有多少物种丢失才会导致该系统稳定性和功能产生不可逆的变化，因此，确保生物多样性在安全阈值之上才能保证生态系统功能完整地稳定存在。

5.2.1.3 生态系统响应的气候变化阈值

生态系统对气候变化的适应和调节能力是有限的，如果气候变化幅度过大或持续时间过长，超出了生态系统自身的调节和修复能力，生态系统的结构和功能就会遭到破坏，这个临界限度称为气候变化对生态系统影响的生态阈值。过去几十年，气候变化被公认为生态系统变化的驱动力，而一旦超过生态系统变化的阈值，微小的气候变化就会引发生态系统的骤然变化。

气候变化包括水分、温度、湿度、辐射等各种气候因子的变化，其中水分和温度是最重要的两个因子，也是确定生态阈值的重要指标，直接或间接影响着生态系统的功能。室内与野外实验分析和模型模拟是研究生态系统响应气候变化生态阈值的主要手段。Taub 等（2000）的实验研究表明，CO_2 浓度的提高在一定程度上增强了植物对高温的适应性，提高了其引起生理活性衰变的阈值。Bachelet 等（2001）采用生物地理模型（MAPSS）和动态全球植被模型（MC1）相结合的模拟结果表明，若温度升高 4.5℃，将使美国主要生态系统面临干旱的威胁，他将此值定为温度影响生态系统的生态阈值。微观实验的结果可为宏观的模拟提供数据支撑，宏观的模拟结果有利于我们了解气候变化引起的生态系统响应，两者的结合将会为我们作出正确的决策提供依据。

5.2.1.4 水资源开发阈值

水资源作为当今最为宝贵的自然资源，其合理利用受到了更多的关注和研究。水资源对于社会经济发展具有不可替代性，它不像石化能源那样，耗尽之后可用其他能源替代；而且水资源还是利用和充分发挥其他资源价值的重要介质，因此，水资源的开发阈值对其他自然资源的开发阈值也有重要意义。

流域是基本的水文单元，是水资源利用和管理的对象。流域水资源开发阈值是在现状条件下，天然径流量扣除人类不能利用的洪水，再扣除生态需水后的那部分具有一定水质功能的水资源（李春晖等，2008）。在计算水资源开发阈值时，一个重要的内容就是计算生态需水量。Tennat（1976）在研究了美国西部 19 条河流后，得出以下结论：在 50%保证率下的河道流量的 60%，是为大多数水生生物在主要生长期提供优良至极好的栖息条件和多数娱乐用途所推荐的径流量；而保持大多数水生动物有良好的栖息条件和一般的娱乐活动，所推荐的基本径流量的河道内径流为 50%保证率河道流量的 30%~50%；河道内径流为 50%保证率河道流量的 10%，是保持大多数水生生物在全年生存所推荐的最低径流量。

国内学者考虑到我国季风气候的特点和水资源的区域差异，认为河流中维持枯水期30%的水量是参与组成生态环境的最低要求，如果枯水期河流中的水量小于此数值，便会对生态环境造成不可逆转的影响（刘昌明和陈志恺，2001）。由于我国北方地区水资源短缺，地表水资源开发利用率应维持在 60%～70%；而对于生态环境相对脆弱的西北干旱地区，其水资源开发利用率的比例不应该超过 50%（钱正英和张光斗，2001）。基于自然水循环和社会水循环，王西琴和张远（2008）从水质和水量综合考察，发现在同时满足设定的生态需水标准（≥60%）和水质标准（污水比 1∶5）的前提下，水资源允许开发利用率阈值呈现出 Logistic 曲线增长趋势，随着消耗系数的增加，水资源开发利用率阈值经历了逐渐增加→最大值→下降的趋势，波动的范围从 20%→50%→40%。并得出结论，在当前水资源消耗系数情况下，松花江、辽河、海河、黄河、淮河、长江、珠江七大河流水资源开发利用率的阈值分别是 34%、38%、45%、36%、38%、31%、32%。从宏观角度为我国处于不同水资源消耗水平的地区提供了确定水资源开发利用率的理论依据，同时也为评价现状水资源开发利用率的合理性提供了科学方法。

5.2.1.5　耕地资源开发阈值

人多地少，是我国当前和今后很长一段时期必须面对的严重形势。作为一种稀缺的、不可替代的自然资源，如何在经济快速发展需要侵占土地和人民物质生活提高需要增加耕地等多重压力下准确计算出耕地开发的合理阈值，对于确保我国的粮食安全至关重要。

蔡银莺和张安录（2005）通过分析认为，耕地资源减少与经济发展之间的关系符合经济增长与收分配之间的库兹涅茨规律，即耕地资源流失量最初随着人均 GDP 的增加而增加，当越过某一个阈值后，就开始随着人均 GDP 的增长而降低；耕地资源流失下降的阈值受城市经济、消费水平的影响而有所差异。说明耕地资源变化与经济发展之间的关系规律是较为复杂的，经济发展对耕地变化不仅有负面作用，还在一定程度上存在着正向作用。这种借鉴其他领域成熟规律确定阈值的方法为阈值的计算提供了新的思路。

将全国分为八个大区，以 1995 年各区的耕地实际生产力为基准，设定人均 400 kg、450 kg、500 kg 粮食需求量，陈百明和周小萍（2002）计算全国八个大区各自的耕地开发阈值，然后通过平均得出全国人均耕地面积应不小于 $0.092\,hm^2$、$0.104\,hm^2$、$0.115\,hm^2$ 的阈值。这种计算阈值的方法考虑到了各地耕地生产能力的差异，将全国分为八个区域；考虑到了不同时期的需求变化，制定了三个需求量；既可以从全国水平上规定耕地的安全阈值，又兼顾到地区生产能力的差异，分区域进行耕地开发阈值控制。这样，为我们研究具有动态变化和系统差异特征的自然生态系统提供了很好的借鉴。

从阈值的相关研究中，我们可以发现阈值不仅在自然生态系统保护中广泛存在，而且在自然资源开发中也广泛应用。对于自然保护区这类综合了保护与开发的特殊区域，阈值的应用既要考虑两者的共性，更要突出其自然保护区的特殊要求，形成一套相应的管理体系。

5.2.2　阈值的计算方法

自然保护区保护的对象多为稀有、濒危的物种，保护过程中非常关心的一件事就是要想保持一个物种生存下来，最小生存种群（Minimum Viable Population，MVP）应该是多大？最小生存面积（Minimum Viable Area，MVA）是多少？得出 MVP 后，再加上种群密度就很容易确定 MVA 了。MVA 既可以为新建保护区确定最小面积提供依据，也可以为已有保护区确定最大开发阈值提供数据。因此，计算 MVP 也就成了计算保护区资源开发阈值的关键步骤。

5.2.2.1 种群生存力和最小生存种群的概念与原理

用分析和模拟技术，估计物种以一定概率存活一定时间的过程叫种群生存力分析（Population Viability Analysis，PVA）。PVA 得出的主要结论就是最小生存种群（MVP）（李明义和李典谟，1994）。最小生存种群是指种群为了保持长期生存持久力和适应力应具有的最小种群数量。长期生存指种群具有不受统计随机性、环境随机性、遗传随机性及灾害随机性影响的能力。适应力指种群能保持一定的活力、生育力和遗传多样性以适应自然界的变化（张知彬，1997）。从理论上讲，物种是有生有灭的，无限期的生存是不可能的。因此 MVP 通常描述为种群以一定概率存活一定时间的最小种群大小。Shaffer（1981）首次精确定义了最小生存种群（MVP），即在遗传特性、环境因素和种群自身的随机变化存在的情况下，能够以 99% 的概率存活 1 000 年的最小种群。MVA 是与 MVP 平行的一个概念，它是维持 MVP 所需的生存空间，与物种类群有关。

由于确定性灭绝往往无法避免，因此 PVA 一般研究随机干扰对种群的影响（Shaffer，1981）。不同的种群大小对随机干扰的反应是不同的，在没有系统压力的情况下，大种群对随机干扰不敏感，种群不易灭绝；而小种群对随机干扰极为敏感，种群易灭绝。PVA 主要研究小种群的随机灭绝问题。Soulé（1984）认为最小存活种群与下述因素有关：①种群在年龄结构和性比等方面的随机性；②环境随机性；③遗传随机性；④自然灾难；⑤最小动态面积；⑥种的社会行为机能障碍；⑦疾病。种群一旦变得太小，原来大种群动态研究中忽略的随机因素现在突然起着重要甚至决定作用。这些随机因素包括统计随机性、环境随机性、遗传随机性及灾害随机性。统计随机性主要指生死过程的随机性。例如某种群死亡率为 0.5，那么 n 个个体同时灭绝的概率为 $0.5n$。当 n 太小时，仅由于死亡的随机性便可导致小种群在短期内灭绝。若再考虑到出生的随机性，小种群灭绝的机会还要增大。环境随机性是指环境因素如食物、降水、温度等随机扰动，其特点是对种群所有个体都发生作用。遗传随机性指由于近亲繁殖、遗传漂变等作用导致遗传多样性的丧失，降低了物种的适合度。灾害随机性是指较大范围和强度的自然灾害如洪涝、干旱、火灾等常导致大部分个体突然死亡（张知彬，1997）。需要指出的是，这四种随机因素是同时作用于小种群的，小种群也因此时常面临灭绝的危险。

5.2.2.2 种群生存力和最小生存种群研究方法

根据最近的研究进展，PVA 主要从三个方面来研究种群灭绝过程：分析模型、模拟模型和岛屿生物地理学分析。分析模型主要是一些数学模型，一般考虑理想条件或特定条件下的灭绝过程；模拟模型用计算机模拟种群真实动态；而岛屿生物地理学方法则是研究岛屿物种的分布和存活，证实分析模型和模拟模型的正确性。

（1）分析模型

1）统计随机性和环境随机性

统计随机性和环境随机性对种群灭绝影响的特点主要表现在：小种群对灭绝的敏感速度高于大种群；环境干扰增加，种群灭绝的概率增加。Goodman（1987）提出了初始种群大小为 N 的期望存活时间公式：

$$T(N) = \sum_{x=1}^{N} \sum_{y=x}^{N_{m}} \frac{2}{y[yV(y) - r(z)]} \prod_{z=x}^{y-1} \frac{V(z)z + r(z)}{V(z)z - r(z)}$$

式中，$r(z)$ 和 $V(z)$——分别是种群大小为 z 时每个个体平均增长率和平均增长率方差。

N_{m}——最大种群大小。

$$V(N) = V_{e} + V_{1}/N$$

其中，V_{1} 是由一个个体组成的种群情况下 r 的平均方差，由个体间 r 的遗传差异引起，不随时间和种群大小变化而变化。V_{e} 是环境变化对 r 影响所产生的方差，又叫环境方差。很明显，当 N 不是很小时，V_{e} 对 $V(N)$ 的变化起主要作用。

Goodman 分析了模型的数值解：①只考虑个体方差，忽视环境方差，在受密度制约和非密度制约的条件下，$T(N)$ 随 N_{m} 呈接近指数形式增长。在受密度制约的条件下，$T(N)$ 小于非密度制约的条件下的 $T(N)$ 几个数量级；②考虑环境方差，忽略个体方差，非密度制约种群 $T(N)$ 随 N_{m} 呈低于（或小于）线性方式增长；环境方差是决定种群平均灭绝时间的关键因素。存活时间的概率分布是负指数分布。

Goodman 模型有以下优点（Burgman 等，1990）：①增长率参数和方差参数在野外易于观察；②模型包含了统计随机性和环境随机性；③适合于各种增长形式的种群动态。其缺点是需要提供种群密度从一个个体到最大种群数量范围内的增长率和方差。已有人用岛屿生物地理学资料证实 Goodman 模型（Belovsky，1987）。

从理论上说，有密度制约的种群一般比较稳定，受环境随机干扰较小，种群灭绝概率可能较低。因此，在分析模型时，确定种群密度和种群增长率及增长率方差之间的关系，对模型的分析结果是至关重要的（李明义和李典谟，1994）。

2）灾害模型

灾害对物种存活的影响是以随机时间间隔方式发生作用的。Ewens（1987）的灾害统计学模型很复杂。设一个生死过程，t 时种群大小为 N，在时间 (t, t^{+}) 间出生一个个体的概率为 $\alpha(N)\Delta t$，死亡一个个体的概率为 $\beta(N)\Delta t$，发生灾害的概率为 $r(N)\Delta t$。许多生物种群，都可以假定 $\alpha(N) = \alpha N$，$\beta(N) = \beta N$，$r(N) = rN$。当 $\alpha \leqslant \beta - r\ln p$ 时，种群一定会灭绝。作为一个问题的解答，如果原始种群大小为 i 的种群中每个个体的子代系是独立的，i 较大，则种群灭绝时间小于或等于 t 的概率。

$$PE \approx \exp\{-\exp[-(t - a_{i})/b_{i}]\}$$

其中，a_{i} 和 b_{i} 是依赖原始种群 i 的常数。$b_{i} = 0.7797\sigma i$，$a_{i} = u_{i} - 0.5772 b_{i}$，$u_{i}$ 和 σi 分别是种群灭绝时间的平均数和方差。

$$u_{i} = \ln i/(\alpha - \beta - r\ln p), \quad \sigma_{i}^{2} = (\ln i)[(\ln p)^{2}]/(\sigma - \beta - r(\ln p)^{3})$$

$$t^{*} = a_{i} - b_{i}\ln(-\ln p^{*})$$

式中，t^{*} 是种群灭绝时间，p^{*} 是种群灭绝时间小于 t 的概率。

Ewens 等得出结论，平均存活时间取决于原始种群大小的对数形式，仅较弱地依赖于种群大小。

Shaffer 于 1987 年总结了统计、环境和灾害随机性的行为特征，在统计随机性的作用下，平均存活时间随种群大小增加呈几何级数增长，这说明统计随机性只对数量在几十至几百只的种群起作用。这种关系取决于种群增长率，增长率越低，平均存活时间随种群增加越慢，但超过中等种群大小或增长率后，平均存活时间就变得很长；环境随机性对种群平均存活时间的作用随种群大小增加呈线性增长。这种形式主要取决于种群增长率和增长率的变异性。灾害对种群平均存活时间的影响随种群大小的对数形式增加而增长，这种关系不仅依赖于种群增长率，而且依赖于灾害的严重程度和频率。根据三者对种群灭绝的影响来看。灾害对种群存活的重要性大于环境随机性和统计随机性，环境随机性对种群存活的重要性大于统计随机性。

（2）模拟模型

由于种群生存力分析遇到了大量的非线性生态关系，因此方程无法求得分析解。随着计算机技术的发展和应用，许多人用模拟技术研究种群的生存力。

1）Shaffer 的模拟模型

Shaffer（1987）使用 1959—1970 年的种群动态数据，用计算机模拟美国黄石公园大棕熊（ursus arctos）种群的灭绝过程（Shaffer 和 Samson，1985）。他的模拟模型运用了离散时间和离散数量公式，考虑了种群的性比、年龄结构、死亡率和繁殖率以及密度制约关系。离散个体模型包含统计随机性，通过伪随机数字发生器产生个体，确定其存活和繁殖，用死亡率方差和繁殖率方差表示环境随机性。MVP 定义为95%概率存活 100 年的种群大小。模拟结果显示有 50～90 个个体能满足此 MVP。类似的研究还有 Suchy 等（1985）的工作，他们用黄石公园 1975—1982 年的大棕熊种群动态资料，模拟环境随机性和统计随机性对大棕熊 MVP 的影响，发现死亡率对种群的影响大于繁殖率，以 95%的概率存活 100年的 MVP 是 125 个个体。Shaffer 和 Samson 比较模拟模型和分析模型的特点，他们认为分析模型过高地估计了种群存活概率和存活时间，而模拟模型则真实可靠。不过 Shaffer的模拟模型未考虑遗传随机性和灾害等因素。

2）VORTEX 模拟模型

VORTEX 模拟模型是 Lacy 等人 1987 年编制的种群动态随机模拟程序，模拟离散时间连续事件的种群过程。模型考虑了统计随机性、环境随机性、遗传随机性和灾害等因素。该模型是目前种群生存力分析应用最广泛的模拟模型。它已用于许多物种的 PVA 研究（Seal等，1990a、b），以指导这些物种的保护和管理，目前模型仍在改进中。

VORTEX 模型又称旋涡模型，将种群动态模拟为有一定发生概率的相互独立的序列事件，表现种群在多种确定性和随机性因素相互作用下的综合结局。它模拟生死过程和基因代代相传的过程在一定概率分布的制约下，通过产生随机数来确定每个个体的生死，每个雌体每年产卵（仔）数量和雄雌率，确定同一基因位点上的两个等位基因哪一个由亲代传给子代。

使用者能模拟繁殖速率中的密度依赖行为。当种群超过指定的环境容纳量时，重新调到初始年龄组状态，继续模拟。VORTEX 能模拟环境容纳量的线性趋势，通过从两项分布或正态分布中抽样确定出生率、死亡率和容纳量，模拟环境变异性和灾害，还能模拟补充个体或收获个体的种群和亚种群的动态。

VORTEX 能输出种群平均增长率、种群灭绝概率、灭绝时间、存活种群的平均大小和遗传变异，适用于低繁殖率长寿命的物种，如哺乳动物、鸟类和爬行动物。VORTEX 还有一些假设，主要包括：①当种群大小小于环境容纳量时，存活概率是密度独立的。当种群超过环境负载量时，附加的额外死亡率同等地影响所有的年龄和性别组。②有关种群大小变化与遗传变异间的关系仅检查一个位点，忽略位于相同染色体的基因间的潜在复杂关系。③繁殖年龄的所有个体有相等的繁殖概率。④种群的生活史特征（出生、死亡、迁移、收获和补充）被模拟为离散序列，并且是季节性事件。⑤近交对种群的影响仅有两种选择，或者选择隐性致死模型或者选择 Heterosis 模型。⑥个体繁殖和死亡率的概率从第一次繁殖到最大寿命均为常数。⑦灾害对种群的影响假定为仅在事件发生的那年，不考虑灾害的滞留效应。⑧种群间迁移速率不依赖于年龄和性别。⑨未模拟复杂的种群间相互作用关系。

旋涡模型的用户界面十分友好，对于应用者来说主要工作就是数据的搜集和结果的解释。另外，利用模拟模型进行参数的灵敏度分析是种群生存力分析的重要内容，既方便又十分有意义。

5.2.2.3　岛屿生物地理学方法

研究 PVA 的经典岛屿生物地理学方法有两种：发生率函数（Diamond，1975a）和岛屿模型（Samson 等，1985；Shaffer，1981）。但这两种方法均不适用于连续分布的物种，如许多大陆的脊椎动物。

Belovsky（1987）用岛屿生物地理学资料证实了 PVA 的 Goodman 模型。他比较了 Brown（1971）和 Patterson 与 Atmar（1986）有关陆生哺乳动物在美国西南部山顶分布和存活状况与 Goodman 模型的预测，发现预测结果和观察结果一致。有人建议，应广泛地运用岛屿生物地理学资料检验 MVP 模型（Shaffer，1987）。Berger（1990）研究了美国西北部 122 个地点大角羊（bighorn sheep）种群存活情况，发现这些种群在地理上是隔离的。研究结果表明：①小于 50 个个体的种群在 50 年内全部灭绝；②超过 100 个个体的种群存活了 70 年；③种群迅速灭绝不是由食物短缺、气候恶劣、捕食、种群间竞争引起的。种群大小是种群存活的标志，Berger 的研究可以看成是探索 MVP 最小可存活种群的实验途径。

5.3　生态旅游的环境容量

通过对我国自然保护区生态旅游发展现状及存在问题的调查和分析，可以明显地看到，目前我国自然保护区生态旅游在取得了一定成绩的同时，由于缺乏科学的规划、管理，也存在很多突出的问题，其中过多的游客进入自然保护区内，超过了自然保护区生态环境所能承受的容量，游客产生的垃圾和污水会对自然保护区生态环境造成严重污染，旅游活动的噪声和人为干扰活动对野生动植物造成严重的影响，已经成为自然保护区可持续发展的主要威胁之一。因此，开展自然保护区生态旅游环境容量研究，不仅是必要的，而且是十分紧迫的一项重要工作，通过研究生态旅游环境容量的概念、内涵和组成，对目前现有的环境容量确定方法进行类比分析，结合自然保护区生态旅游环境容量的特点，对现有的容量确定方法进行优化，为规范我国自然保护区生态旅游活动提供依据。

5.3.1　旅游容量计算方法及存在问题

目前我国旅游环境容量的确定主要存在以下两种方法：一种是 2003 年国家旅游局制

定的《旅游规划通则》（以下简称《通则》）中推荐的方法；另一种是 2006 年中国国家标准化管理委员会颁布并实施的《自然保护区生态旅游规划技术规程》（以下简称《规程》）中推荐的方法。

5.3.1.1 《旅游规划通则》方法

《通则》将旅游环境容量分为空间容量、设施容量、生态容量和社会心理容量四大分容量。根据最小限制因子定理，旅游环境容量在数值上等于生态环境容量、社会心理容量以及空间容量与设施容量之和的最小值。即：

$$TECC=min\{EEBC，（REBC+FEBC），SEBC\}$$

式中：TECC——旅游环境容量；

　　　EEBC——生态环境容量；

　　　REBC——空间环境容量；

　　　FEBC——设施环境容量；

　　　SEBC——社会心理容量。

在各分容量的确定方法上，《通则》给出了 REBC 和 FEBC 的具体测量公式，并推荐了 EEBC 和 SEBC 的研究方法：

$$REBC：C=\sum C_i=\sum X_i \cdot Z_i/Y_i$$

式中：C——旅游区日空间总容量，数值上等于各分区（景点）日容量之和；

　　　C_i——第 i 个景点的日空间容量；

　　　X_i——第 i 个景点的可游览面积；

　　　Y_i——第 i 个景点的基本空间标准，即平均每位游客占用的合理游览面积；

　　　Z_i——第 i 个景点的日周转率。

$$FEBC：C=\sum C_i=\sum X_i \cdot Y_i$$

日设施容量的计算方法与日空间容量的计算方法相似，其中旅游接待设施，如宾馆、休疗养院的日间系数建议为 0.4。

EEBC：《通则》指出生态环境容量是一个比较复杂的问题，其计算必须考虑如下因素：

① 土壤密度、土壤组成、土壤温度、土壤冲蚀与径流；

② 植被：植被覆盖率、植被组成、植被年龄结构、稀有植物的灭绝、植被的机械性损伤；

③ 水：水中病原体的数目与种类、水中养分及水生植物生长情况、污染物；

④ 野生动物：栖息地、种群组成、种群改变、旅游活动对种群活动的影响；

⑤ 空气。

《通则》同时提出容量研究的三种常用方法，即：

① 既成事实分析（after-the-fact analysis）：在旅游活动与环境影响已达平衡的系统，选择游客量压力不同调查其容量，所得数据用于测算相似地区环境容量。

② 模拟试验（simulation experiment）：使用人工控制的破坏强度，观察其影响程度。

根据试验结果测算相似地区环境容量。

③ 长期监测（monitoring of change through time）：从旅游活动开始阶段做长期调查，分析使用强度逐年增加所引起的改变。或在游客压力突增时，随时做短期调查。所得数据用于测算相似地区的环境容量。

SEBC：《通则》指出社会心理容量主要影响因素是拥挤度，对其测算是一个比较复杂的问题。目前主要有两个模型可以利用：一是满意模型（hypothetical density），二是拥挤认识模型（perceived crowding models）。

5.3.1.2 《自然保护区生态旅游规划技术规程》计算方法

《规程》给出了旅游环境容量的三种测算方法：面积测算法、卡口法和游路法，并给出了相应的测算模型。

（1）面积测算法

$$C = \frac{A}{a} \times D$$

式中：C——日环境容量，人次；

    A——可游览面积，m^2；

    a——每位游人应占有的合理面积，m^2；

    D——周转率，D=景点开放时间/游完景点所需时间。

（2）卡口法

$$C = D \times A$$

式中：C——日环境容量，人次；

    D——日游客批次，$D = t_1/t_3$；

    A——每批游客人数；

    t_1——每天游览时间，$t_1 = H - t_2$，h；

    t_3——两批游客相隔时间，h；

    H——每天开放时间，h；

    t_2——游完全程所需时间，h。

（3）游路法

完全游道

$$C = \frac{L}{l} \times D$$

不完全游道

$$C = \frac{L}{l + (l \times t_2 / t_1)} \times D$$

式中：C——日环境容量，人次；

    L——游道全长，m；

    l——每位游客占用合理游道长度，m；

    D——周转率，D=游道全天开放时间/游完全游道所需时间；

t_1——游完全游道所需时间；

t_2——沿游道返回所需时间。

游客容量测算

$$G = \frac{t}{T} \times C$$

式中：G——日游客容量，人次；

t——游完某景区或游道所需的时间；

T——游客每天游览最舒适合理的时间；

C——日环境容量，人次。

从以上方法中我们可以看出，《规程》中推荐的方法其实是对《通则》中的空间环境容量计算进行细化，给出三种方法模型，在具体案例的容量计算中往往采用三种方法结合的方式。学者们就生态环境容量、社会心理容量等的测算尝试建立了不同的模型，在设施环境容量和空间环境容量确定方面也有一些自己的见解。但在实际操作中，多采用以上推荐的方法，尤其在 2006 年《规程》颁布后，自然保护区生态旅游规划中的容量计算基本上都采用面积测算法、游路法、卡口法这三种方法对旅游空间环境容量进行计算。

5.3.1.3　当前旅游容量计算方法中存在的问题

自然保护区的生态旅游是一种高品质、严要求的旅游形式，在容量计算与控制方面，自然保护区的要求也要严于一般旅游区。现有的容量计算方法均借用于一般旅游区，除对自然保护区针对性不足外，在容量确定的实践过程中也出现了一系列的问题。这些问题的存在直接影响自然保护区生态旅游容量控制的初衷和效果。通过对现有环境容量计算方法的综合分析，我们发现现有方法在确定自然保护区生态旅游环境容量时存在的问题和不足，主要体现在下面五个方面：

（1）未能体现自然保护区的特殊性

现有的容量计算方法借用于早期的风景名胜区容量计算，虽然对其中的一些因子做出了限定，但没有从根本上理清自然保护区旅游环境容量和一般旅游区旅游环境容量的区别，导致很多保护区在进行容量确定时忽略"保护"的首要目标，未能充分体现自然保护区开展生态旅游的特殊性和严要求性。

（2）对容量的理解存在偏差

目前很多保护区虽然按规定在旅游规划过程中对保护区生态旅游环境容量进行计算，但有的计算仅仅是为了弄清楚区内开展的旅游活动可以接待多少游客，甚至简单地将设施环境容量等同于自然保护区的旅游环境容量，对保护区旅游环境容量的理解存在偏差。

（3）忽视环境容量的动态变化

旅游环境容量是一个变数而不是一个定值，不同季节、不同景观类型、不同管理状态下，旅游环境容量均不相同。而目前国内自然保护区在进行容量计算时，一经确定便将其视为多年不变的数值，忽略其动态变化的过程，缺乏实际意义。

（4）注重计算，忽略容量管理

现有的容量计算方法强调容量大小的确定，而在容量控制与管理方面并没有做出规定。从目前保护区容量确定的实践来看，大多数保护区能按规定做到容量的数字计算，而只有极少数保护区在容量管理方面做出尝试，导致很多保护区在游客数量处于低水平时仍出现旅游环境质量下降的情况。

（5）年旅游天数的确定不够科学

现有容量计算方法都只给出了日环境容量的确定方法，在实际操作中自然保护区需要通过日环境容量和年旅游天数的乘积获得旅游环境年容量，而在年旅游天数确定时习惯性采用大众旅游淡旺季划分，这样的划分不符合自然保护区生态旅游的实际（很多时候自然保护区旅游旺季正是大众旅游的淡季），由此得到的年旅游环境容量亦缺乏科学性。

5.3.2　生态旅游容量的确定方法

环境容量的大小指导旅游接待设施建设，设施容量不应该作为旅游环境容量的主要影响因素。在进行空间容量计算时，单位面积容量指标（m^2/人）的确定过程实际上已将心理容量考虑在内，要避免重复考虑，而且社会心理容量也不应单独作为自然保护区旅游环境容量的主要影响因素。自然保护区生态旅游环境容量的大小应由生态容量和空间容量决定。生态系统结构复杂、影响因子众多，旅游干扰对生态系统的影响具有累积效应，加上不同状态下的生态系统所能承受的旅游干扰程度不同，因此生态容量的数字量化具有相当的难度，通过模型计算生态容量的做法亦不明智。生态容量的确定可借鉴西方国家的可接受变化极限法（limits of acceptable change，LAC），用监测和管理方案代替复杂的生态容量计算。

5.3.2.1　自然遗迹类保护区

自然保护区的保护目标决定其所能接受的生态旅游影响类型和程度大小。如前所述，自然遗迹类保护区的保护目标为保护地质遗迹和古生物遗迹的完整性，这一保护目标相对于其他类型自然保护区的保护目标而言较容易实现，对自然遗迹旅游的限制也相对较少。此外，在进行旅游可游览面积确定时，本书认为自然遗迹类自然保护区不必拘泥于自然保护区特定的旅游空间，除特殊的保护对象需要规避和受实际限制难以到达的区域外，其余区域均可作为容量计算的有效区域。从这个意义上来看，自然遗迹并不能称为完全意义的自然保护区（有着严格的保护要求），此类保护区在容量计算模型上，可以借鉴风景名胜区旅游环境容量的确定方法。

通过对现有模型的比较分析，笔者较认同崔凤军等（1997）对泰山进行旅游环境承载力研究时所提出的旅游空间环境容量计算模型。他将景区环境容量的计算模型归纳为总量模型和流量流速模型，充分体现了风景区内景点分布特点的不同对容量计算的影响；此外，在确定游客合理密度时，崔凤军等考虑容量影响因素的复杂性而提出不同条件下的密度值，实际操作意义较强。但在进行密度值选取时，他站在旅游风景名胜区的目标——接待水平的最大化的立场上，选取最大密度值代入计算，因此原模型在一些细节上不符合自然保护区的特点。本书根据自然保护区保护第一的原则，借用崔凤军的容量计算模型，并对原有模型进行了适当的修改和完善，提出如下的自然遗迹类自然保护区的容量计算模型。

总量模型：一个均质空间的旅游区，景点均匀分布，有几个门可以出入，游客在区内随机运动，无规则行走。公式为：

$$D_m = S \times d$$

$$D_a = D_m \times （T/t）$$

式中：D_m ——某旅游区瞬时客流容量，人；

D_a ——日客流容量，人；

S ——旅游区游览面积，m^2；

d ——单位面积最佳游客密度，人/m^2；

t ——游人每游览一次平均所需时间，h 或 min；

T ——每天有效游览时间，h 或 min。

其中：$d = \min （d_1, d_2, \cdots, d_r, \cdots）$

d_1 ——植被被踩踏而能够正常恢复生长所能接受的游客密度；

d_2 ——自然净化及人工清理各种污染物（如垃圾）状况下所能接受的游客密度；

d_3 ——因游人个人空间需求而允许的游客密度；

d_4 ——因噪声等因子造成的游客感应气氛允许游客密度；

d_r ——第 r 个因素产生的游客密度。

流量-流速模型：一个旅游区以若干景点为节点，以既定的粗细均匀的游览线路为通道，连接成网络系统，游客按既定线路游览。适用于游览线的游客容量测算。测算公式为：

$$D_m = L/d'$$

$$D_a = （V \cdot T）/d'$$

式中：L ——游览区内游览线路总长度，m；

d' ——游览线路上的游客合理间距，m/人；

D_m ——某旅游区瞬时客流容量，人；

D_a ——日客流容量，人；

V ——游客的平均游览速度，m/min。

5.3.2.2 野生生物类和自然生态系统类自然保护区

（1）生态环境质量等级评价

生态系统具有脆弱性和敏感性，当生态系统质量状态发生变化时，所能承受来自外界的干扰程度就会不同，反映到单位面积/游径所能容纳的游客数量亦不相同。本书在容量计算过程中引入自然保护区生态环境质量综合指数 EII（主要反映生态旅游给保护区生态环境带来的影响）和单位面积/游径游客容量系数，并通过建立二者之间的对应关系，进而根据保护区生态环境所处的状态对单位面积/游径所能承受的游客量进行调整。

1）生态环境质量评价指标体系的建立

评价指标体系的构建从自然保护区"保护第一"的目标出发，遵循科学性、可表征性、可度量性和可操作性等原则（叶亚平，2002），选取环境污染、生态破坏两个方面包含大气、地表水、噪声、土壤等 8 个单项/综合指标，针对生态旅游活动给自然保护区生态环境带来的影响来评价自然保护区生态环境质量等级，详见表 13。

表 13　生态环境质量评价指标汇总及权重

目标层	制约层		指标层		
	权重	内容	权重	内容	
自然保护区生态环境质量综合指数 A_1	0.4	环境污染 B_1	0.1047	空气污染指数 C_1	
			0.2583	水质综合指数 C_2	
			0.6370	噪声污染指数 C_3	
	0.6	生态破坏 B_2	0.0662	土壤影响指数 C_4	
			0.1124	野生植被	植被覆盖率 C_5
			0.5053		植被受破坏程度 C_6
			0.0412	野生动物	被感知系数 C_7
			0.2748		生活习性变化 C_8

2）指标的解释、赋值和归一化处理

对上述指标进行等级划分时，本书尽量依照现行的各类环境标准进行，以确保等级划分的科学性和客观性；对于目前尚无明确规定的指标在等级划分时本书注重借鉴学者们已取得的研究成果进行。除现行国家标准对部分指标有明确等级划分的除外，本书对其他指标均采用 4 级分级处理，具体如下：

① 空气污染指数（API）

指标解释与计算方法：空气污染指数（API）是一种反映和评价空气质量的数量尺度方法，就是将常规监测的几种空气污染物浓度简化成为单一的概念性指数数值形式，并分级表征空气污染程度和空气质量状况。目前我国计入空气污染指数的项目暂定为：二氧化硫、氮氧化物和总悬浮颗粒物。

当某种污染物浓度 $C_{i,\ j} \leqslant C_i \leqslant C_{i,\ j+1}$ 时，其污染分指数：

$$I_i = [\ (C_i - C_{i,\ j})\ /\ (C_{i,\ j+1} - C_{i,\ j})\ ] \times\ (I_{i,\ j+1} - I_{i,\ j})\ + I_{i,\ j}$$

式中：I_i——第 i 种污染物的污染分指数；

C_i——第 i 种污染物的浓度值；

$I_{i,\ j}$——第 i 种污染物 j 转折点的污染分项指数值；

$C_{i,\ j}$——第 j 转折点上 i 种污染物（对应于 $I_{i,\ j}$）的浓度值；

$C_{i,\ j+1}$——第 j+1 转折点上 i 种污染物（对应于 $I_{i,\ j+1}$）的浓度值。

$$API = \max\ (I_1,\ I_2,\ \cdots,\ I_i,\ \cdots,\ I_n)$$

目前我国所用的空气污染指数的分级标准是：（i）空气污染指数 50 点对应的污染物浓度为国家空气质量日均值一级标准，50 以下为优；（ii）空气污染指数 100 点对应的污染物浓度为国家空气质量日均值二级标准，51～100 为良好；（iii）空气污染指数 200 点对应的污染物浓度空气污染指数为国家空气质量日均值三级标准，101～150 为轻微污染，151～200 为轻度污染；（iv）空气污染指数的更高值段对应于各种污染物对人体健康产生不同影响时的浓度限值，201～300 为中度污染，300 以上为重度污染。计入空气污染指数的污染因子有二氧化硫、二氧化氮及可吸入颗粒物。

指标归一化处理：

表 14 空气质量状态分级标准

空气质量系数	1	0.75～1	0.5～0.75	0.25～0.5	0～0.25
空气状态分级	优	良好	轻度污染	中度污染	重度污染
空气污染指数	API≤50	50＜API≤100	100＜API≤200	200＜API≤300	API＞300

注: 自然保护区执行环境空气一级标准, 即只有当 API≤50 时才能达到自然保护区环境空气质量的要求, 指标值参照 GB 3095－1996。

② 水质综合指数（WQI）

指标解释: 水质综合指数反映水质现状, 本书选用 COD_{Cr}、氨氮、总悬浮颗粒物等 4 个指标列入计算。

当评价项目 i 的监测值 C_i 处于评价标准分级值 C_{iok} 和 C_{iok+1} 之间时, 该评价指标的指数:

$$I_i = \left(\frac{C_i - C_{iok}}{C_{iok+1} - C_{iok}} \right) + I_{iok}$$

式中: C_i——i 指标的实测浓度;

C_{iok}——i 指标的 k 级标准浓度;

C_{iok+1}——i 指标的 $k+1$ 级标准浓度;

I_{iok}——i 指标的 k 级标准指数值。

$$WQI = \frac{1}{4} \sum_{i=1}^{4} I_i$$

i 当 0＜WQI≤1 时, 水质指数为 1;

ii 当 1＜WQI≤2 时, 水质指数为 2;

iii 当 2＜WQI≤3 时, 水质指数为 3;

iv 当 3＜WQI≤4 时, 水质指数为 4;

v 当 4＜WQI≤5 时, 水质指数为 5。

指标归一化处理:

表 15 地表水环境质量状态分级标准

水质质量系数	1	0.75～1	0.5～0.75	0.25～0.5	0～0.25
水质综合指数	1	2	3	4	5

注: 国家级自然保护区执行地表水环境 1 类标准, 其他级别自然保护区执行地表水环境 2 类标准。指标值参照 GB 3838－2002。

③ 噪声污染指数

指标解释: 主要反映保护区旅游活动带来的噪声污染, 用等效连续 A 声级表示, 数据可由分贝仪直接测得。

指标归一化处理:

表 16　噪声环境质量分级标准

噪声质量系数	1	0.66～1		0.33～0.66		0～0.33	
噪声标准值 L_{Aeq}/dB	≤40*	昼间	夜间	昼间	夜间	昼间	夜间
		50	40	55	45	>55	>45

注：*为根据《国家环境保护总局关于公路建设穿越自然保护区执行噪声标准问题的解释》"0 类夜间标准"。目前我国尚没有关于自然保护噪声环境质量的具体执行标准，本书参照《中华人民共和国国家标准旅游区（点）质量的等级划分与评定》（GB/T 17775－1999）中 AAAA 级旅游区所执行的噪声质量标准——0 类标准。指标值参照 GB 3096－1993。

④ 土壤影响指数（EII）

指标解释：主要反映游客践踏对保护区土壤的综合影响（庄季屏，1978），包括践踏所引起的道路两侧土壤硬度、土壤含水量、土壤有机质含量改变率等。

$$SCR = \frac{N_i - N_o}{N_o} \times 100$$

式中：SCR——土壤因子（硬度、含水量、有机质含量）改变率；

　　　N_i——第 i 小区土壤因子值；

　　　N_o——对照区土壤因子值。

一般而言，游客对保护区土壤的影响主要集中在道路两侧 3 m 范围内，3 m 以外游客的影响较小，在此范围内旅游活动对 1 m、1～2 m、2～3 m 范围内土壤影响程度也有很大不同，且主要集中在 1 m 范围内（Shi，2006）。通过将游客影响区域划分为距道路两侧 1 m、距道路两侧 1～2 m、距道路两侧 2～3 m 三个区域，每个区域的影响权重分别按 0.5、0.3、0.2 计算。土壤影响的综合评价模型如下：

$$SII = \sum_{i=1}^{3} w_i \sum_{j=1}^{3} \frac{\left| N_{ij} - N_{oj} \right|}{N_{oj}}$$

式中：SII——土壤影响系数；

　　　N_{ij}——距游道 i 小样区土壤第 j 因子测定值；

　　　N_{oj}——对照区土壤第 j 因子测定值；

　　　W_i——权重。

指标归一化处理：

本书根据土壤影响指数的大小，将土壤状态分为四个等级，分别赋值（见表 17）。

表 17　土壤质量状态分级标准

土壤质量系数	0.75～0.1	0.5～0.75	0.25～0.5	0～0.25
土壤状态分级	轻微影响	较少影响	较严重影响	严重影响
土壤影响指数	EII≤0.7	0.7< EII≤1.4	1.4< EII≤2.1	EII>2.1

⑤ 野生植物各指标

植被覆盖率：一定区域范围内植被覆盖面积占总面积的百分比，是衡量自然环境质量的重要指标（Cole，1981）。

表 18　植被覆盖率分级标准

指标值	1	0.66～1	0.33～0.66	0～0.33
植被覆盖率	＞90%	60%～90%	30%～60%	0～30%

植被受破坏程度：反映保护区野生植物受生态旅游影响的综合性指标，为无量纲指标，本书主要通过对指标进行定性描述并进行指标值确定。植被受破坏程度综合考虑植被种群结构变化、伴人植物、有划痕树木数量、树皮粗糙度、距离游道外沿距离、分布范围等诸多因素。

表 19　野生植被受破坏程度评分表

评价标准	指标值
即使是远离游道的植被也受到严重破坏，且数量较大；植被种群结构发生明显变化	0～0.33
沿游道两侧植被破坏严重，且部分远离游道的植被也受到一些破坏；植被种群结构发生轻微变化	0.33～0.66
沿游道两侧植被受到一些破坏，但数量不多且破坏程度不大，植被种群结构未发生变化	0.66～1
植被基本保持原始状态，未受到旅游活动的影响	1

⑥　野生动物各指标

被感知系数（FI）：在一定的空间范围内，野生动物的种群数量越多，则其被外界所看见或听见（合称感知）的概率就越大。根据这一理论，以对某一特定动物物种感知人数的变化来反映该动物种群和数量的变化情况。

$$FI_j = N_j / N_o$$

式中：FI_j——第 j 类野生动物的感知系数；

N_j——感知第 j 类野生动物存在的人数；

N_o——被调查的总人数。

生活习性变化：旅游开发常常改变旅游地野生动物原有的生存条件，为适应改变了的生境条件，野生动物在生活习性上也会发生一些相应的改变，这主要包括取食习性的改变和行为特性的改变（包括野生动物因旅游干扰改变其觅食、栖息环境及活动路线、活动时间、睡姿等）两个方面（Hammitt 和 Cole，1987）。生活习性的变化为无量纲指标，主要是对指标进行定性描述，并进行系数确定。根据保护区开展生态旅游对野生动物产生影响的实际情况，将野生动物生活习性变化分为四个级别，详见表 20。

表 20　野生动物生活习性变化程度评分表

评价标准	指标值
生活习性发生重大变化，丧失野外觅食能力；行为特征发生根本性改变	0～0.33
生活习性发生较明显变化，生存能力下降；行为特征发生明显改变	0.33～0.66
生活习性发生轻微变化，觅食习惯有所改变，但生存能力未见下降；行为特征发生轻微改变	0.66～1
生活习性和行为特征基本无变化	1

3）指标权重的确定

本书评价指标权重值主要采用层次分析法，辅以德尔菲法（专家打分法）获得。

层次分析法基本步骤如下：

第一步　建立层次结构模型。根据问题的性质和要求，将问题所含的要素进行分组，把每一组作为一个层，按照最高层（目标层）、若干中间层（准则层）以及最低层（措施层）的形式排列起来。采用结构图表示层次结构关系。

第二步　构造成对比较矩阵。从第二层开始用成对比较矩阵。设某层有 n 个因素，$X=\{x_1, x_2, \cdots, x_n\}$，要比较它们对上一层某一准则（或目标）的影响程度，即确定其在该层中相对于某一准则所占的比重（即把 n 个因素对上层某一目标的影响程度排序）。

在进行多因素、多目标的湖库型饮用水水源地环境安全评价时，既有定性因素，又有定量因素，还有很多模糊因素，各因素的重要程度不同，关联程度各异。在层次分析法中针对这些特点，对其重要度作了如下定义：第一，以相对比较为主，将 1~9 及其倒数作为标度；用 a_{ij} 表示第 i 个因素相对于第 j 个因素的比较结果，则 $a_{ji}=1/a_{ij}$。

$$A=\left(a_{ij}\right)_{n\times n}=\begin{pmatrix} a_{11} & a_{12} & \cdots & a_{1n} \\ a_{21} & a_{22} & \cdots & a_{2n} \\ \vdots & \vdots & \vdots & \vdots \\ a_{n1} & a_{n2} & \cdots & a_{nn} \end{pmatrix}$$

A 称为成对比较矩阵。

第二，遵循一致性原则，当 F_1 比 F_2 重要，F_2 比 F_3 重要时，则认定 F_1 比 F_3 重要。

表 21　判断矩阵标度及其含义

重要性标度	定义描述
1	两个因素相比，具有同样重要性
3	两个因素相比，一个因素比另一个因素稍微重要
5	两个因素相比，一个因素比另一个因素明显重要
7	两个因素相比，一个因素比另一个因素强烈重要
9	两个因素相比，一个因素比另一个因素极端重要
2，4，6，8	上述两相邻判断的中值
倒数	因素 i 与 j 相比较的判断 a_{ij}，则因素 j 与 i 比较的判断 $a_{ji}=1/a_{ij}$

第三步　层次单排序及一致性检验。对构成的判断矩阵（A）计算其特征向量（d_i）和功能重要性系数（W_i）。其中，$d_i=\sqrt[n]{\prod_{i=1}^{n} a_{ij}}$，　$W_i=d_i\big/\sum_{i=1}^{n} d_i$，$W=C\left(W_1, W_2, \cdots, W_n\right)T$

一致性检验可按下列步骤进行：

首先，计算判断矩阵的最大特征根 $\lambda_{\max}$，即 $\lambda_{\max}=\dfrac{1}{n}\sum_{i=1}^{n}\dfrac{(A\times W)_i}{W_i}$。

其次，计算一致性指标 CI，即：$CI=\dfrac{\lambda_{\max}-n}{n-1}$。

最后，查表得到平均随机一致性指标 RI，见表 22（n 为判断矩阵的阶数）。

表 22　平均随机一致性指标 RI

n	1	2	3	4	5	6	7	8	9	10	11
RI	0	0	0.58	0.90	1.12	1.24	1.32	1.41	1.45	1.49	1.51

令 $CR=\dfrac{CI}{RI}$，称 CR 为随机一致性比率，当 CR＜0.1 时，认为判断矩阵具有满意的一致性，否则就需要调整判断矩阵，使之具有满意的一致性。

（2）生态环境质量等级的确定方法

生态环境质量等级的确定方法是：根据要求通过对评价对象的监测或打分确定其指标值，再对指标进行归一化处理后确定其指标系数，得到的最终结果为 0～1 之间的数值。

计算公式为：

$$EII=I_i \times W_i$$

式中：EII——环境质量综合指数；

　　　I_i——第 i 个指标对应的环境质量系数（或指标值）；

　　　W_i——第 i 个指标对应的权重。

根据以上的计算值，本书将自然保护区生态环境质量划分为四个等级（李新琪，2000），详见表 23。

表 23　生态环境质量等级标准

生态环境质量综合指数	0.75＜EII≤1	0.5＜EII≤0.75	0.25＜EII≤0.5	0＜EII≤0.25
生态环境质量等级	优	良	中	差

（3）单位面积/游径游客容量系数的确定

目前各类自然保护区的生态旅游基本空间/游径标准均参照国家有关一般旅游区的基本标准确定，这一空间/游径标准运用到自然保护区生态旅游中不能体现保护区对生态环境质量的严格要求，尤其对于自然生态系统类和野生生物保护类自然保护区这种对生态环境有着严格保护要求的区域。此外，自然保护区的基本空间/游径标准（假定自然保护区生态环境质量一直处于优的状态）往往是一个固定不变的数值，因此在代入容量模型计算时，得到的结果往往大于自然保护区保护目标所能接受的容量水平。实际上自然生态系统具有敏感性和脆弱性等特点，当生态系统受到的干扰较大或处于脆弱状态时，系统所能接受的来自外界额外的干扰会明显下降，由表 23 可以看出，EII 的值越趋近于 1，所反映自然保护区生态环境质量就越好，此时自然生态系统所处的状态就越稳定，单位面积可接受的游客干扰也相应的比较大。根据生态系统的这一特点，本书尝试建立生态环境质量等级和基本空间/游径标准系数之间的关系，当生态环境质量为优时，采用指标规定的单位面积/游径游客容量（基本空间/游径标准的倒数），但当生态环境质量达不到优时，根据其质量等级单位面积/游径游客容量标准值要乘以一个小于 1 的系数，详见表 24。

表 24　单位面积游客容量系数的确定

生态环境质量等级	优	良	中	差
单位面积/游径游客容量系数	1	0.66～1	0.33～0.66	0～0.33

（4）容量计算模型的确定

实践中对生态系统类和野生生物保护类自然保护区容量量测时，往往将一个整体的自然保护区划分为若干个景点，分别计算各个景点的日空间容量（包括日周转率），然后将各景点的日空间容量汇总即得出保护区的日空间容量。这一技术路线充分考虑了景区内部各功能分区和各景点的基本空间标准的非一致性，具有科学合理的一面。但单独测算各景点的日周转率则会将各景点之间完全独立出来，隔断了游客流在各景点之间的相互联系，造成游客的重复计算，客观上会夸大整个景区的旅游容量。在进行基本空间/游径标准确定时，自然保护区的标准借用于一般旅游区，指标值偏高造成保护区容量计算值偏大。本书立足以上不足，针对自然生态系统和野生生物保护类自然保护区生态环境质量的重要性，对实践中广泛采用的《自然保护区生态旅游规划技术规程》中提出的容量计算方法进行了修正，具体模型如下：

$$C = \sum \frac{A_i}{a_i} \times s_i \times \frac{T}{t} = \sum c_i \times D$$

式中：C——日旅游环境总容量；

A_i——第 i 个景点的可游览面积/游径长度；

a_i——第 i 个景点平均每位游客占用的基本空间/游径标准；

s_i——第 i 个景点的单位面积/游径游客容量系数；

T——保护区旅游每天的有效开放时间；

t——每位游客在保护区内的平均游览时间；

C_i——第 i 个景点的瞬时旅游容量；

D——整个保护区旅游的日周转率。

第6章 涉及自然保护区建设项目的环境管理

近年来，随着我国国民经济的快速发展，涉及自然保护区的建设项目呈逐年增多的趋势，加强涉区项目环境管理已势在必行。涉区项目环境管理主要包括项目类型准入管理、涉及建设项目的自然保护区分类管理。

6.1 建设项目的环境准入管理

据不完全统计，每年因建设项目需要而申请调整保护区范围或功能区划的国家级自然保护区就有 10 个左右。全国已建的 303 个国家级自然保护区中，因建设项目需要已调整保护区范围或功能区划的保护区达 40 余个（含 2008 年前未经国家级自然保护区评审委员会评审而调整的保护区），约占国家级保护区总数的 15%，少数国家级自然保护区甚至已调整 2 次以上。由此可见，切实加强对涉及自然保护区建设项目的环境管理，已成为今后相当长一段时期内自然保护区管理工作的重点任务之一。

6.1.1 准入区域

根据《中华人民共和国自然保护区条例》第三十二条的相关规定，自然保护区核心区和缓冲区内，不得建设任何生产设施。因此，经批准进入保护区建设项目，只能建设在自然保护区实验区的范围内，但在对保护区结构、功能和主要保护对象无不利影响的情况下，可允许建设项目以隧道、管道的形式从地下穿越核心区和缓冲区。

6.1.2 准入类型

《自然保护区条例》第二十六条规定："禁止在自然保护区内进行砍伐、放牧、狩猎、捕捞、采药、开垦、烧荒、开矿、采石、挖沙等活动。"第三十二条规定："……在自然保护区的实验区内，不得建设污染环境、破坏资源或者景观的生产设施；建设其他项目，其污染物排放不得超过国家或地方规定的污染物排放标准；……在自然保护区的外围保护地带建设的项目，不得损害自然保护区内的环境质量。"

根据上述规定和其他相关规定以及建设项目的性质，经过科学论证和严格审批后，可以在自然保护区实验区内建设的项目有：

① 国家基础交通建设工程；
② 国家基础水利、水电工程；
③ 农、林、畜牧业和水产养殖业；
④ 生态旅游；

⑤ 风力发电（以迁徙候鸟为主要保护对象的自然保护区除外）；

⑥ 输变电工程；

⑦ 以促进社区经济发展为目的，但不产生污染的其他项目；

⑧ 自然保护区资源管护、科研和宣传教育相关建设工程。

除上述项目经过批准后可进入保护区外，其他建设项目一律不得进入保护区，尤其是化工石化医药、建材火电、冶金机电、采掘、轻工纺织化纤、核工业等项目严格禁止进入自然保护区。

表 25～表 27 分别列出基础建设项目、农林牧渔业项目、地质勘探及国家重要石油天然气工程中准入的涉区建设项目名录。

表 25　国家基础水利（A）、铁路（P）、公路（Q）、水运（S）、电力（E）工程建设项目

工程类型代码	工程类型	说明	自然保护区				
			生态系统类别		野生生物类别		自然遗迹类型
			森林、草原与草甸、荒漠类型	内陆湿地和水域、海洋和海岸类型	陆生野生动植物类型	水生野生动植物类型	
A1	水库		不允许	不允许	允许	不允许	允许
A2	灌区		允许	允许	允许	不允许	允许
A3	引水工程		不允许	不允许	不允许	不允许	允许
A4	防洪工程		允许	允许	允许	允许	允许
A5	地下水开采		不允许	不允许	不允许	不允许	不允许
E2	水力发电		允许	允许	允许	允许	允许
E5	其他能源发电	风力发电	允许	允许	允许*	不允许	允许
		潮汐发电	—	不允许	—	不允许	—
E6	送（输）变电工程		允许	允许	允许*	允许	允许
E7	脱硫、脱硝等环保工程	仅限在既有电厂	允许	允许	允许	允许	允许
P2	既有铁路改扩建		允许	允许	允许	允许	允许
Q	新建公路	仅限国家干线公路和既有公路改扩建	允许	允许	允许	允许	允许
S5	铁路轮渡码头	仅限国家干线铁路轮渡码头	允许	允许	允许	允许	允许
S6	航道工程、水运辅助工程	仅限既有航道	允许	允许	允许	允许	允许

注：表中未列出的铁路（P）、水运（S）、电力（E）类的其他项目均为不允许建设项目。

* 以鸟类为主要保护对象的野生动物类型自然保护区除外。

表 26　农、林、牧、渔业（B）工程建设项目

工程类型代码	工程类型	说明	自然保护区				自然遗迹类型
			生态系统类别		野生生物类别		
			森林、草原与草甸、荒漠类型	内陆湿地和水域、海洋和海岸类型	陆生野生动植物类型	水生野生动植物类型	
B1	农业垦殖		不允许	不允许	不允许	不允许	允许
B2	农田改造		允许	允许	允许	允许	允许
B3	农产品基地项目	仅指种植业	允许	允许	允许	允许	允许
B4	经济林基地		不允许	不允许	不允许	不允许	允许
B5	森林采伐		不允许	不允许	不允许	—	允许
B6	防沙治沙工程		允许	允许	允许	—	允许
B7	养殖场（区）	不含水产养殖	允许	允许	允许	允许	允许
B8	围栏养殖	不含水产养殖	允许	允许	允许	允许	允许
B9	水产养殖项目		允许	不允许	允许	不允许	允许
B10	农业转基因项目，物种引进项目		不允许	不允许	不允许	不允许	不允许

表 27　地质勘探（C）及国家重要石油和天然气（F）工程建设项目

工程类型代码	工程类型	说明	自然保护区				自然遗迹类型
			生态系统类别		野生生物类别		
			森林、草原与草甸、荒漠类型	内陆湿地和水域、海洋和海岸类型	陆生野生动植物类型	水生野生动植物类型	
C1	基础地质勘查	不含钻探	允许	允许	允许	允许	允许
C2	水利、水电工程地质勘查		参照表 25 所列工程建设许可				
C3	矿产地质勘查	仅限油气田勘查	允许	允许	允许	允许	允许
F1	石油开采		允许	允许	允许	允许	允许
F2	天然气开采	不含净化	允许	允许	允许	允许	允许
F5	石油、天然气管线		允许	允许	允许	允许	允许

注：表中未列出的石油天然气（F）类的其他项目均为不允许建设项目。

6.1.3　准入许可

涉及自然保护区的建设项目，除了履行建设项目常规的审批手续外，还应履行进入自

然保护区的相应审批手续，具体包括以下几个方面：

（1）环境影响评价报告书及批准文件

涉及自然保护区的任何建设项目均应编制环境影响评价报告书。环评报告书的审批除了执行建设项目分级管理的相关规定外，涉及国家级自然保护区的建设项目必须报环境保护部批准。

（2）自然保护区行政主管部门的许可

我国的自然保护区实行综合管理与分部门管理相结合的管理体制。因此，涉及自然保护区的建设项目必须征得相关保护区行政主管部门的同意。自然保护区行政主管部门的许可建立在自然保护区管理机构同意的基础上，并在项目环评阶段由建设方办理完毕。

（3）其他法律手续

一些建设项目确因自然因素无法避免必须占用或穿越自然保护区的核心区或缓冲区，必须首先履行自然保护区范围或功能区划调整的审批手续。因建设项目调整保护区的范围和功能分区，不得减少保护区的原有面积，并尽可能避免保护区的性质、结构和功能因调整而改变。

6.1.4 环境管理

为最大限度地降低建设项目对自然保护区的不利影响，自然保护区管理机构有责任和义务自始至终参与建设项目的环境管理。

6.1.4.1 项目立项期的介入

保护区管理机构及时介入涉及自然保护区建设项目立项阶段尤为重要，一方面可充分了解项目的类型、性质以及可能对保护区的影响，另一方面则可以尽可能地减少项目对保护区的不利影响。项目立项期保护区管理机构重点应做好以下几个方面的工作：

① 尽可能避免建设项目进入保护区；

② 无法避免进入保护区时，提出影响最小的选址（线）方案；

③ 编制生态补偿方案，签订生态补偿协议；

④ 禁止项目未经批准前施工。

6.1.4.2 项目施工期环境管理

涉及自然保护区的建设项目进入施工期后，保护区管理机构应明确专人负责施工期的环境管理，重点强化施工人员、施工区域、施工方式、施工时间的管理以及生态保护和恢复工程建设的监督。

（1）施工人员管理

自然保护区是珍稀濒危物种分布比较密集、生态环境保存较好的地区，应通过编制环境保护手册、对施工人员进行法律、法规培训以及自然保护知识的培训，教育施工人员在施工过程中注重对保护区内生物多样性的保护。

（2）施工区域和施工作业方式管理

自然保护区建设项目的施工必须严格控制在批准的施工区域内，保护区管理机构应在施工区域竖立临时标志牌，防止施工人员、施工机械进入其他区域。同时，还要加强对施工作业方式的管理，禁止施工区域内的大开大挖；禁止在保护区内设置采石场、采沙场、取（弃）土场，禁止采集薪柴，禁止排放污染物，禁止设置施工营地等。

（3）施工作息时间的管理

为防止项目建设设施对保护区内的野生动物造成不利影响，自然保护区管理机构应根据区内野生动物的分布和活动特点，制定切实可行的施工作业时间并要求项目建设方遵守。原则上尽量避免在野生动物迁徙、繁殖季节以及候鸟集群越冬期施工，并尽可能避免在夜间施工作业。

（4）生态保护、恢复工程建设的监督管理

涉及自然保护区的建设项目，建设方往往需按照环境影响评价中提出的要求，补偿建设一些生态保护或恢复工程，如陆生野生动物迁徙通道、水生野生动物洄游通道、易地生态恢复工程以及珍稀野生植物资源临时迁地保护等。自然保护区管理机构应监督建设方按计划、按期完成相关生态保护和恢复工程建设。

（5）施工期生态监测

施工期生态监测的目的是跟踪项目的建设进度、及时监测项目建设对保护区内生物资源及生态环境的影响。当建设项目对保护区的影响超过环境影响评价的预测范围时，保护区管理机构要及时上报当地环境保护行政主管部门，同时通知项目建设方和施工单位，停止项目的建设，直至找到解决问题的办法，否则不允许恢复施工。

6.1.4.3　项目运营期的环境管理

涉及自然保护区建设项目运营期的环境管理主要包括生态保护、恢复工程的管理、管护设施的恢复和重建、项目竣工验收、跟踪监测等。

（1）生态保护、恢复工程的管理

一般情况下，因工程建设而采取的生态保护、恢复工程的进度滞后于建设项目的进度，如临时占地地表植被的恢复、珍稀野生植物的栽种都必须在建设项目基本完成后实施，即使是一些提前开展的生境易地恢复工程也仍需要进行后期管理，而管理工作的重视程度往往决定了生态恢复的成败，因此，保护区管理机构应将其作为建设项目运营期管理工作的重点。

（2）管护设施的恢复和重建

管护设施的恢复和重建主要包括受建设项目影响而损害的管护站点、哨卡、巡护道路、界桩、标牌的重建，因建设项目影响而新增的哨卡、界桩、标牌等管护设施建设以及因建设项目而对保护区范围或功能区调整后的勘界立标等。

（3）项目竣工验收

涉及自然保护区的建设项目建成后，保护区管理机构应主动参与项目的竣工验收，验收的重点为环境治理设施、生态保护和恢复工程等，建设项目如上述配套或补偿工程未达标，或建设方生态补偿经费未落实，保护区管理机构不应同意项目的竣工验收。

（4）跟踪监测

建设项目对生态的影响机制比较复杂，其影响程度也很难完全准确预测。因此，在项目运营期内，保护区管理机构应就项目运营对保护区影响进行跟踪监测，一般情况下，跟踪监测周期不得少于一年，对一些可能存在长期不利影响的项目或在短期内影响很难显现的项目，则应进行长期的跟踪监测，其监测周期不低于 5 年。对跟踪监测中发现的超出预测影响的问题，保护区管理机构应及时上报当地环境保护行政主管部门，并通知项目单位要求其采取相应的补救措施。

对涉及自然保护区的建设项目进行环境管理是新形势下自然保护区管理机构的新任务，管理工作是否到位往往直接关系到保护区资源和环境的有效保护，相关保护区管理机构应引起高度重视，并积极探索管理的模式和思路，以促进自然保护区的建设和管理。

6.2　建设项目的自然保护区分类管理

6.2.1　分类管理的目的意义

自然保护区分类管理是指根据自然保护区的管理目标确定其类型，并采取相应的管理措施。分类管理建立在管理目标明确的基础上，具有管理措施针对性强、易于落实、效率高等特点，因而得到世界自然保护联盟（IUCN）的大力推荐，也成为世界上大多国家较为普遍采用的自然保护区管理模式。

相对于国外而言，我国自然保护区分类管理尚停留在研究的阶段，根据《中华人民共和国自然保护区条例》的相关规定，我国所有自然保护区均采取统一的一种模式管理，这种管理模式类似于 IUCN 保护区分类标准中的类型 Ia，即严格自然保护区，管理要求极其严格。理论上采取统一的严格管理可以最有效地保护好保护区内的资源和环境，但实际效果并非如此。由于我国正处于国民经济快速发展时期，资源保护和开发利用的矛盾很大，加之绝大多数已建自然保护区内均有居民分布，不少受保护区域是保护区社区居民赖以生存的地方，对所有的保护区均采取严格的管理措施意味着占国土面积 15.19% 的保护区域一草一木也不能动，势必直接影响到保护区社区居民的生产生活和所在地区的社会经济发展，既进一步增加了保护与开发的矛盾，也影响到新的自然保护区的建设。因此，从促进我国自然保护区的全面发展考虑，有必要对自然保护区进行分类管理。

当前，我国自然保护区实施分类管理尚存在以下几个方面的问题，一是《中华人民共和国自然保护区条例》相关规定与分类管理存在冲突；二是现行的自然保护区分类标准与分类管理不匹配；三是现行的自然保护区综合管理与分部门管理相结合的管理体制客观上形成的少数部门不配合也制约了分类管理的推行。上述问题最关键的则是法律方面的障碍，需要通过《中华人民共和国自然保护区法》颁布实施后才能解决。

综合考虑以上因素，建议我国自然保护区分类管理工作应在《中华人民共和国自然保护区条例》等法律、法规许可的范围内逐步推行，试行的保护区应为国家级自然保护区，且主要应用于占保护区总数绝大部分的自然生态系统类和野生生物类两个类别。分类管理的内容为保护区内资源开发利用及涉及自然保护区的建设项目的管理，其目的和意义体现在以下几个方面：

（1）规范涉及自然保护区的建设项目管理

通过分类管理，明确划定保护区的管理类型，并确定其是否严格禁止或适度控制《中华人民共和国自然保护区条例》所未予禁止的项目。确保一些具有重要保护价值的自然保护区不受开发建设项目的影响，并得到有效保护，同时也适度开放一些具有一定保护价值的保护区，允许其在法律许可范围内对资源进行可持续利用，达到资源保护和地方经济发展双赢的目的。

（2）最大限度地减少因建设项目需要而调整自然保护区

针对当前因开发建设需求而调整自然保护区范围或功能分区的情况日益增多的趋势，分类管理时，可明确界定哪些国家级自然保护区不得进行调整，哪些保护区在不影响管理目标的情况下允许适度调整，尽可能减少因范围或功能区调整对自然保护区带来的不利影响。

（3）积极探索分类管理的经验，促进我国自然保护区分类管理体系的建立

虽然本建议中提出的自然保护区分类管理仅是针对保护区内资源的开发利用，不能称为真正的分类管理，但在进行过程中，可为今后全面推行分类管理积累经验，并为分类管理标准的制定奠定基础，从而促进我国自然保护区的科学管理。

6.2.2　分类标准与管理要求

I 类　有下列三种情况之一的国家级自然保护区：

① 国家重点保护物种的唯一分布地或最主要分布地，其生境破坏后将可能导致该物种的灭绝；

② 面积＜1 000 hm^{2}的生态系统类、野生生物类自然保护区；

③ 保护区面积较小，生境恶劣，破坏后很难恢复。

除了严格执行《中华人民共和国自然保护区条例》的规定外，此类保护区内禁止开展任何类型的资源开发活动。

II 类　有下列三种情况之一的国家级自然保护区：

① 国家重点保护物种的主要分布地，其生境破坏后物种生存将受到重大影响；

② 面积＜10 000 hm^{2}的生态系统类、野生生物类自然保护区；

③ 5 年内开展过范围或功能区调整的。

除了严格执行《中华人民共和国自然保护区条例》的规定外，此类保护区禁止进行保护区范围或功能区划的调整。

III 类　除 I 类、II 类以外的国家级自然保护区。

此类保护区严格执行《中华人民共和国自然保护区条例》的规定，保护区的范围和功能区划调整必须经严格的论证并依法履行报批手续；实验区内的建设项目必须进行环境影响评价并依法履行报批手续。

6.2.3　分类结果

截止到 2009 年底，全国共建立国家级自然保护区 319 个，按照上述分类标准，其中 I 类自然保护区 88 个，II 类自然保护区 169 个，III 类自然保护区 62 个。在数量上，I、II、III 类保护区呈现出"中间大，两头小"的纺锤形分布，这种分布有利于保护区建设的稳定发展；在面积上，从 I 类到 III 类保护区的总面积依次增加，原因是 III 类保护区中包括一些面积较大的单个保护区。具体结果见表 28。

表 28　国家级自然保护区分类统计

类型	数量/个	占总数量的比例/%	面积/万 km^2	占总面积的比例/%
Ⅰ	88	27.59	10.68	11.38
Ⅱ	169	52.98	14.09	15.00
Ⅲ	62	19.43	69.12	73.62
总计	319	100	93.89	100

6.3　自然保护区生态旅游的环境管理

6.3.1　自然保护区生态旅游环境管理的主要内容

对自然保护区生态旅游活动进行环境管理，怎样管理，管理哪些内容，是首先要解决的关键和核心问题。我们根据自然保护区生态旅游开展的步骤，可以将环境管理分成三大部分。

（1）自然保护区生态旅游的审批与监督

首先，在自然保护区范围内开展生态旅游活动必须要履行严格的审批手续。对于国家级自然保护区而言，应该经省、自治区、直辖市人民政府有关自然保护区行政主管部门审核后，报国务院有关自然保护区行政主管部门批准；而对于地方级自然保护区而言，则应该经省、自治区、直辖市人民政府有关自然保护区行政主管部门批准。只有履行严格的审批程序才可以开展生态旅游活动，从源头上对自然保护区生态旅游从严控制，严格把关。主管部门对自然保护区生态旅游设置一定的准入条件，对于不符合准入条件的一律不予批准，并组织专家深入调查，科学论证，公平、公正、客观地把好自然保护区生态旅游审批关。

其次，任何拟开展生态旅游的自然保护区必须先编制自然保护区生态旅游可行性研究报告，内容重点包括自然保护区生态旅游开发的可行性和科学性论证、拟开发地点选择及范围、自然资源利用状况、旅游方式及环境容量分析、环境影响分析及对策、投资概算及效益分析等。自然保护区生态旅游可行性研究报告经专家论证后，报送县级以上人民政府批准。

可行性研究报告获得批准后，自然保护区管理机构必须编制自然保护区生态旅游总体规划，同时通过招标或委托具有相关资质的评价单位对生态旅游规划进行规划环境影响评价。国家级自然保护区生态旅游总体规划需报国务院相关行政主管部门批准，国务院环境保护行政主管部门备案；地方级保护区生态旅游总体规划需报省级相关行政主管部门批准，省级环境保护行政主管部门备案。

在自然保护区生态旅游的监督方面，自然保护区所在地县级以上人民政府环境保护行政主管部门有权对本行政区域内的自然保护区生态旅游活动进行监督和检查。

（2）自然保护区生态旅游的开发与建设

自然保护区生态旅游的开发和建设必须坚持保护优先的原则不动摇，严格遵守相关环境保护法律法规的要求，将自然保护区生态旅游活动控制在实验区范围内开展，禁止在保护区核心区和缓冲区内进行开发建设。自然保护区生态旅游的开发建设，包括旅游线路和景点的设置、游客数量的控制、旅游设施建设等，必须严格依据获得批准的生态旅游总体规划进行。

自然保护区生态旅游开发中的所有建设项目必须严格执行环境影响评价制度。自然保护区是根据法律划定的特殊保护区域，区内的资源开发利用的环境影响评价管理和审批必须严于其他一般区域。对于生态旅游总体规划中没有包括的，需要新建和扩建的项目，必须进行充分的科学论证，并经专项环境影响评价，上报有关部门批准后才能建设，杜绝自然保护区内随意建设的现象。

自然保护区生态旅游开发建设中可采取招商引资、股份合作、申请银行贷款等方式募集资金。建设过程中，应充分和地方社区进行沟通协调，注重引进专业旅游经营公司和当地社区的参与，综合考虑社区利益和区域经济发展，实现社会效益、经济效益和生态效益的统一。

自然保护区生态旅游基础设施、配套服务设施、环境保护设施以及消防和安全救生设施等工程的设计与施工，应充分体现与自然景观相协调的原则，展现自然保护区的天然风貌和特色，尽量减少人工色彩，禁止新建人工景点。

（3）自然保护区生态旅游的运营与管理

自然保护区生态旅游的管理应由自然保护区管理机构负责，自然保护区管理机构需配备专门的生态旅游管理人员，并经过生态保护和生态旅游知识的专业培训，可根据实际情况，制定自然保护区生态旅游年度管理计划。

严格控制游客规模，将自然保护区生态旅游定位为小规模、低容量、高品质的生态旅游产品。必须严格按照生态旅游的要求进行经营，必须建立完善的生态解说系统，并贯穿于整个自然保护区生态旅游过程中。

建立游客登记和监测制度。掌握游人数量、客源地、停留时间等信息，通过获得长期的有关旅游者的资料，提高管理水平。加强对游客行为的管理，制定游客行为规范。

建立完善的生态监测制度，作为日常管理工作的一部分，随时掌握由于旅游活动对环境带来的负面影响，并据此采取措施，将环境影响降到最低程度。监测结果定期向主管部门上报。

建立生态监测后评估制度。生态监测是一项长期工作，同时生态系统的结构和功能变化也是一个缓慢的渐变过程，因此，有必要每隔一段时间对生态旅游的环境影响进行后评估。后评估工作由自然保护区行政主管部门和环境保护行政部门共同负责。根据后评估的结果，对保护区生态旅游活动进行适当调整和完善。

加强社区参与和惠益共享，维护当地人的福利。在政策上鼓励旅游经营单位优先吸纳当地社区居民，解决当地劳动力的就业问题。当地管理部门应通过培训、讲座等方式为社区居民提供生态旅游技术支持。

自然保护区生态旅游商品必须坚持地方特色、绿色和可持续的原则，鼓励当地社区利用可再生资源生产具有保护区特色的旅游纪念品，严禁出售国家重点保护和濒危的动植物及其制品。自然保护区生态旅游活动的收益应当有不低于 1/3 的比例用于自然保护区的环境资源保护，包括建设环保设施、资源保护设施，开展环境科普教育、科学研究和生态监测，扶持地方社区经济发展等。

鼓励自然保护区管理机构加大与国际生态旅游组织以及国外自然保护区的合作与交

流，通过合作交流，积极吸取国际自然保护区生态旅游的经验，增进相互了解，进一步提高自然保护区生态旅游的水平。

任何个人和社会团体都有权利向保护区管理机构及其主管部门举报自然保护区生态旅游活动中的违法行为。

6.3.2　规范自然保护区生态旅游发展的建议对策

我国是世界上生态旅游资源最为丰富的国家之一，同时我国自然保护区普遍面临经费严重不足和管理水平低的局面，绝大多数自然保护区的社区经济水平仍很落后，而开展科学而规范的生态旅游正是解决这一落后局面的最主要措施之一。为进一步规范发展我国自然保护区生态旅游，特提出如下建议对策。

（1）谨慎发展有节制、小规模、严要求的自然保护区生态旅游

自然保护区有别于国家森林公园、风景名胜区、地质公园、湿地公园及国家公园等其他保护地类型，是自然生态系统和珍稀濒危野生动植物的最主要栖息地和避难所，是重要的生物种质基因库，也是留给子孙后代的宝贵遗产。因此，无论何时，始终应将保护作为自然保护区的第一任务。彻底打破旧的思想观念，引入可持续发展的理念，以谨慎的态度对待自然保护区生态旅游活动的开展，严格按照生态旅游的原则要求，在一定数量的自然保护区内开展有节制、小规模和严格管理的生态旅游活动，对目前混乱的自然保护区生态旅游市场进行一次彻底整理，取缔那些不符合自然保护区生态旅游要求的常规旅游活动，还大多数自然保护区以清静。通过限制开展自然保护区生态旅游的数量，从而保证自然保护区生态旅游产品的高品质和高质量，进一步就地保护好自然保护区内丰富的自然景观和生物多样性资源，实现永续发展。

（2）从决策层更新观念，科学认识生态、经济和社会效益的重要性

我国目前发展自然保护区生态旅游的决策层主要为地方政府和旅游管理部门，通常将经济利益最大化作为生态旅游的第一目标，积极引入外来资金，通过承包经营方式进行开发建设，这样就导致对区内自然资源的过度利用和生态环境的破坏。很多地方政府错误认为生态旅游是"无烟产业"，忽视了一旦保护区生态旅游失去严格管理，也会消耗大量自然资源，产生很多的废弃物。因此，必须从管理者决策层面进行观念更新，充分认识到自然保护区生态旅游对资源、环境产生的负面影响及其他客观存在的不可持续特性，只有这样，决策层才能用客观辩证的观念来解决生态旅游发展中存在的问题，改革目前政策中的不合理部分，综合考虑生态效益、社会效益和经济效益三者之间的重要性程度，科学发展保护区生态旅游活动，最大限度地减少其负面影响。

（3）加强制度建设，建立健全自然保护区生态旅游相关法律法规

自然保护区生态旅游本身也是一项产业，对环境的影响具有累积性，目前我国自然保护区生态旅游活动由于缺乏管理，十分混乱，因此，加强保护区生态旅游环境立法和制度建设，通过法律的手段来规范和引导自然保护区生态旅游活动向着健康的方向发展尤为必要。例如，建立一批自然保护区生态旅游方面的法律法规，填补相关领域的空白，解决法制滞后的问题；借鉴发达国家的成功经验，建立有效的环境监测标准体系，定期对自然保护区进行环境质量监督和评价；针对环境影响的潜在性、累积性、持续性，根据具体情况和当前的发展形势制订相关的规章制度，让经营管理者有法可依，并及时通过问卷调查、

专题调查和座谈会等方式广泛征集公众的意见和建议，对有关问题进行必要的调整，使相应的制度和规范更加符合当前实际情况。

（4）加强生态旅游研究工作，高度重视旅游干扰对生物多样性的影响

自然保护区生态旅游发展综合了生态学、生物学、经济学、社会学、管理学等多门学科的交叉知识，尤其是生态学理论、可持续发展理论更是其科技支撑的核心来源，从生态旅游规划时的基础调研包括野生动植物资源、风景名胜资源的调查，到管理中的环境监测，包括建立资源动态数据库、环境监测、生物资源监测、生态恢复等，都离不开科学技术的支持，因此，必须加强对于自然保护区生态旅游的理论研究和实践应用，加大对于生态旅游项目的科研投入。目前，我国在这方面的研究十分零散，缺乏系统量化研究，但国内外大量学者的研究表明，旅游干扰活动已经成为自然保护区生物多样性的主要影响因子。因此，必须高度重视旅游活动对野生动植物个体、种群、群落以及整个生态系统的影响，在自然保护区内建立长效的监测机制，在重点区域开展保护生物学、生理学、生态学以及关于游客心理、态度和行为的社会科学等多学科参与的科学研究工作，并把研究和监测结果应用到动植物资源、生境以及游客管理决策中去，以达到人与自然的和谐。

（5）学习国外先进经验，急需建立自然保护区生态旅游认证制度

生态旅游认证是通过建立一系列相应的规范与标准体系对生态旅游进行评估，并对达到标准要求的生态旅游予以一定形式的承认（如授予生态标识），借此促进生态旅游经营者改善其服务环境，实现其对自然和社会负责的承诺，从而促进生态旅游的可持续发展。2002 年 5 月由澳大利亚生态旅游协会与澳大利亚可持续旅游合作研究中心发起，与"绿色环球 21"合作共同制定了《国际生态旅游认证标准》，这是国际生态旅游发展迈向一个新的里程碑的重要标志。目前，比较知名的生态旅游认证体系除了"绿色环球 21"外，主要还有"澳大利亚自然与生态旅游认证"、"哥斯达黎加可持续旅游认证"、"危地马拉生态旅游与可持续旅游认证体系"、"英国蓝旗可持续旅游认证体系"等。国内还没有建立自己的完整的生态旅游认证体系，仅有个别景区通过了国际生态旅游认证，如九寨沟于 2004 年 2 月通过了"绿色环球 21"的认证。对于目前蓬勃发展的自然保护区生态旅游活动，也急需建立一个自然保护区生态旅游认证制度，通过建立一个系统的、内容涵盖环境保护、生物多样性和社会文化等方面的标准体系，不仅强调保护区内部的环境问题，而且强调对当地文化的尊重。通过建立自然保护区生态旅游认证制度，对国内的自然保护区生态旅游活动作进一步规范。

（6）加强自然保护区生态旅游的监督和管理，严格控制环境容量

目前我国有很多自然保护区管理部门没有正确处理好资源保护和区内生态旅游开发的关系，过度重视经济利益，忽视了对自然保护区生态旅游活动的监督和管理，有些保护区甚至完全失去了对区内旅游活动的参与，放任各种旅游设施随意建设，对保护区造成了严重的威胁和影响。因此，只有加强自然保护区生态旅游活动的管理和监督，才能保证其健康、持续发展。从国家层面应尽快制定自然保护区生态旅游标准，建立严格的市场准入和认证考核等制度，从制度及法律法规上形成一套完善的申报、规划、建设、运行、监督管理和监测的体制，理顺自然保护区生态旅游的管理制度，并对目前已开展的自然保护区生态旅游进行全面的检查和整顿，对不符合标准的严格进行处理与整改，使我国自然保护区生态旅游走上规范发展的道路。同时，任何自然保护区都有其特定的生态承载力，过多

的外界干扰和游人将对保护区内主要保护对象、自然景观及各种环境因子造成严重的破坏。因此，应该严格控制自然保护区生态旅游中的游客数量，不能单纯从经济角度出发，尤其在一些分布于生态脆弱区的自然保护区中，更应首先进行保护区环境容量调研，严格控制其生态旅游开发及限制游客数量，始终能够以保护作为核心任务。在开展生态旅游的保护区中增设环保设施，处理由此而产生的废弃物及污水，消除生态旅游给保护区中生物多样性带来的环境污染威胁。

（7）切实提高保护区社区对生态旅游活动的参与程度及获益

生态旅游的开发要带动自然保护区社区经济的可持续发展，因此，必须要让社区居民充分参与到生态旅游活动过程中，并让当地社区的传统文化和独特风俗成为保护区生态旅游的重要内容，将人文与自然景观和谐地融合在一起。通过社区居民的主动参与，不仅可以让他们受到生态保护方面的科普教育，而且他们可以从中获得一定比例的经济利益，提高其生活水平，体会到资源的价值，从而自觉地进行保护。实践表明，很多自然保护区内的社区居民在参与生态旅游活动后，原先保护区内屡禁不止的乱砍滥伐和乱捕滥猎等违法行为都已彻底消失，社区居民对于区内自然资源的消耗逐步降低，实现了自然资源和自然环境的可持续利用。社区居民在生态旅游活动中的广泛参与可以包括兴办餐饮业、文化娱乐设施和具有地方特色的民俗文化活动、生产旅游纪念品、担任生态向导等，甚至让部分经验丰富、具有一定文化基础的优秀者参与到生态旅游的决策和管理工作中来，让社区居民产生主人翁的意识。同时针对目前自然保护区科普教育功能普遍发挥不充分的现状，在生态旅游过程中对游客加强生物多样性和生态环境保护的教育，充分发挥生态旅游的生态教育功能。

（8）其他建议

在自然保护区内开展生态旅游，更应考虑环境保护问题，尽可能减少对自然保护区的影响，建议在区内严格控制机动车，旅游设施建设使用天然可降解材料（木屋、树屋、木板小径等），加强保护区生态旅游技术人才的培养，能源采用太阳能、风能、水能、地热能等绿色能源，充实完善生态旅游解说系统等。要充分考虑生物物种资源的保护，并制定合理有效的保护措施，严防物种流失，防止自然生态系统遭受干扰和破坏。禁止采集标本、捕捉野生动物等行为，对此香港有明确规定，在没有相关许可手续的前提下，采集野生植物是违法行为。同时，注重对于人文景观的保护，包括非物质文化遗产和少数民族的风情风俗等。我国少数民族众多，经过长期的历史积累，保存了丰富多彩的民族文化，有着内涵深厚的文化底蕴，但这些民族文化在现代文明的冲击下，十分脆弱，如果不采取相关措施，很有可能在短期内被现代文明所湮灭。

6.4　涉及自然保护区建设项目的生态补偿

涉及自然保护区的建设项目，不可避免地会对保护区的资源和环境造成一定的影响，项目建设方有责任、有义务对其所造成的影响和损失进行环境恢复治理和补偿。同时，明确要求建设方对自然保护区进行生态补偿也是制约和限制建设项目进入保护区的主要手段，自然保护区管理机构也有义务根据建设项目对保护区影响的情况，提出相应的补偿要求，并在建设项目环境影响评价报批前或在同意该项目进入保护区前，与建设方签订好相应的补偿协议。

6.4.1　生态补偿的主要内容

涉及自然保护区建设项目的补偿主要包括项目可行性论证及报批、项目建设直接影响补偿、项目建设期新增管理费用以及生态恢复和管理等。

（1）项目可行性论证及报批费用

项目可行性论证及报批所涉及的费用主要有：

——项目涉及区域资源及环境本底调查（调查范围及内容按环境影响评价要求）；

——项目建设对保护区影响评价专题论证；

——自然保护区总体规划及管理计划的修订（涉及核心区、缓冲区的需重新编制总体规划）；

——履行报批手续（总体规划报批，涉及核心区、缓冲区项目的保护区调整报批等）。

（2）项目建设直接影响补偿

不同的建设项目对自然保护区的影响不尽相同，但总体上应包括以下几个方面：

——永久性占地征用（按特种用地征用，征用费中特种用地与普通用地的差额部分用于自然保护区建设与管理，其他部分归土地所有者）；

——临时占地补偿；

——地表植被破坏补偿；

——珍稀濒危物种影响补偿；

——重要景观资源破坏补偿；

——自然保护区受影响设施补偿（列入重建部分不重复计算）。

（3）项目建设期新增管理费用

项目建设期新增管理费用是指保护区管理机构因对建设项目施工期间进行环境管理而增加的额外费用，主要有：

——施工区域临时性标志牌、宣传牌设置；

——宣传教育手册编写及施工人员培训教育；

——施工期保护区参与管理（新增监督检查及管护人员工资及管护支出）；

——施工期生态监测；

——施工期环境保护（由项目建设方纳入整个建设项目的环境保护经费中）。

（4）生态恢复及运营期环境管理

生态恢复及运营期环境管理费用包括项目建设后临时占地的生态恢复、保护区受损管护设施的恢复和新增设施建设以及项目运营期间增加的额外管理费用等。具体包括：

——地表植被恢复及配套工程；

——地表植被恢复的后期管理；

——野生动植物保护的补偿工程或措施；

——受损管护设施的修复重建及新增管护设施建设（管理站、界桩、标牌等）；

——新增管护工作（管理人员工资及其他支出，一般按 10 年计）；

——项目运营期的生态监测（生态监测站点、仪器设备、日常开支费）；

——环境影响的评估。

6.4.2 争取生态补偿时应注意事项

多年的实践表明，要求建设项目对自然保护区进行生态补偿是一件非常艰难的工作，很多时候即使双方已签订相应的补偿协议，往往也很难实现补偿的及时到位，如大连蛇岛—老铁山保护区范围调整的生态补偿最终仅是一纸空文。为尽可能避免上述问题的出现，建议相关保护区在争取建设项目的生态补偿时，应注意下列事项：

（1）编制详细的生态补偿方案

涉及自然保护区建设项目的生态补偿能否达到预期的目标，关键取决于生态补偿方案的编制，一个理想的生态补偿方案必须做到补偿内容全面、理由充分、相关参数合理。实现上述目标，单纯依靠保护区管理机构很难达到，建议尽可能在项目建设方同意的前提下，委托具有相应资质的中介单位编制。

（2）尽可能避免与地方政府签订补偿协议

根据"谁破坏，谁治理"的原则，生态补偿方应为涉及自然保护区建设的项目建设单位，但目前不少建设项目均有较强的政府背景，往往由于地方政府书面承诺补偿，其结果补偿最终落空。因此，保护区管理机构在签订生态补偿协议时，必须避免地方政府的介入，和具体的建设单位签订协议，并尽可能对协议进行公证，以保证协议的履行。

（3）选择有利的生态补偿方式

现行的生态补偿方式主要有货币补偿、工程措施补偿、替代补偿（如土地权属的解决）等，应根据项目建设方的具体情况以及项目的类型选择相应的补偿方式，也可根据建设项目对保护区影响的具体情况同时选择多种补偿方式，对项目建设方不明确而必须由地方政府承担补偿责任的，尽可能采用工程措施补偿或替代补偿的方式。

第 7 章　涉及自然保护区建设项目的环境影响评价

7.1　国外对开发建设项目的环境影响评价与管理研究进展

7.1.1　水利水电工程的生态影响

水利水电工程经济效益、社会效益显著,然而其对自然生态环境的影响却是值得注意的问题。国外有关水利水电的环境评价和环境管理工作开展较早,目前已形成较为成熟和系统的工作方法,为我国的发展提供了可借鉴的经验。

20 世纪 70 年代初,国外的学者开始考虑水利水电工程的环境因素,在规划中进行了环境、生态基础、生态和社会、环境评价等研究工作。但是,早期生态学家和社会学家的工作处于孤立的状态,在水电工程开发规划管理中没有有效利用关于环境的研究成果。这部分研究大部分与工程的规划设计无关,仅仅是被用来阻止或支持某一项水电工程的兴建(王景福,2006a)。直到 20 世纪 80 年代末期人们把环境影响评价作为一种方法和制度融入到水电工程开发中,这种做法才得到了改变(王景福,2006b)。国外许多国家开始全面开展水利水电工程环境影响工作,并将研究结果用于指导水电项目的生态环境保护工作。

在 20 世纪 70 年代和 80 年代,一批学者对 20 世纪六七十年代兴建的水利水电工程进行回顾性评价研究(王英,2007)。其中最引人关注的回顾性评价研究是 White 等(1988)针对 1967 年建成的埃及阿斯旺高坝对环境、鱼类和生态系统的影响所进行的全面的回顾研究。1970—1974 年,在工程的可行性研究阶段、工程实施阶段和工程最初运行的 5 年里,巴西和巴拉圭共同对两国共有的伊泰普工程建设所造成的环境影响开展了详细的研究工作(黄真理,2004)。

从 20 世纪 90 年代开始,美国等国家对水利水电工程的生态环境影响评价和生态环境保护工作更加重视。从此,美国水电开发进入了一个综合资源规划和全面质量管理的时期(邱德华,2004)。Brian 等(1996)建立了一套评估生态水文变化过程的 IHA(Indicators of Hydrologic Alteration)方法,并利用该指标体系分析了美国卡罗莱纳州北部罗阿诺克河生态水文特征,对比了建坝前后(1913—1949 年和 1956—1991 年)的生态水文特征变化。1997 年,世界野生动物基金会(WWF)出版了有关 Gabcikovo-Nagymaros 大坝的环境影响评价报告,并呼吁"拯救多瑙河";国际大坝委员会(World Commission on Dams)曾于 1999 年 3 月在捷克举办的第一次论坛上专门就多瑙河上修建大坝所带来的环境问题进行了讨论,发表了一些有关大坝的社会和环境效应的公告,对大坝的社会和环境问题作过分析和披露。

李志武等（2007）介绍了意大利里诺（Rino）水电站，作为小水电站与环境融合典型案例。位于意大利阿达迈芦自然公园的里诺水电站是欧洲小水电协会推荐给欧盟各国参考的小水电站与环境融合的典型案例，电站装机容量为 S700kW，是集发电、灌溉和旅游为一体的综合利用小水电工程。阿达迈芦自然公园管理局对建造电站实施非常严格的限制条件：须使用当地岩石材料建造外墙；在河床设引水系统，并建有鱼道；在引水区域运用自然工程技术恢复河道坡度；研究建造水库的地理位置，使得树木砍伐以及在景观上带来的负面影响最小化；利用原有道路铺设 1.7km 的地下压力管道，按照原先风貌恢复道路原状；靠近压力管道处减少伐木；在受影响区利用原材料和泥土回填，恢复原状。为维持这一区域的生态环境，更重要的是保留生态流量（DMV）的测定，该参数的选择非常重要，河流管理局决定在一定的时期内采用随机公式，用来测定高山区河流的 DMV 值，并得出 DMV 值达到了 $0.07\,m^3/s$。

7.1.2　交通工程的生态影响

公路、铁路等交通项目作为人类生存和发展所必需的开发建设活动，会对周围的环境产生直接或间接的影响。早在 20 世纪 70 年代，一些研究者就侧重研究了道路对自然保护区物种特别是动物生存的影响。Oxley 等（1974）开始研究公路对小型哺乳动物和野生动物造成的影响；Free 等（1975）曾经研究公路对某些种类昆虫带来的影响；美国交通部的研究机构于 1979 年出版的手册，已经开始重视高速公路对湿地的生态影响；Laursen（1981）研究过公路对鸟类空间分布和出现频率带来的影响；Knutson（1987）重点研究公路对动物区系生态行为及其生境的影响。进入 20 世纪 90 年代以来，有关公路与环境的文献大量出现，荷兰和澳大利亚的学者率先研究公路网络和交通廊道对自然生态系统的分割、干扰与破坏，90 年代末期美国学者开始主导道路生态学的研究，重点转移到公路网络、公路影响及其相关领域。Forman（2000）对受美国公路系统的生态影响区域进行了评估；Coffin（2007）进行了公路的生态影响回顾分析。英国学者 Sherwood 等（2002）在分析了公路网对野生生物巨大的毁灭能力之后，提出有必要全面进行生态道路网设计。Forman 等人在 2002 年出版《道路生态学：科学与解答》，详细论述了公路生态学的形成基础、发展过程以及公路与各种景观要素、动植物区系相互作用的关系。进入 2003 年，国际社会多次召开道路生态学的学术会议，例如 2003 年 5 月在美国加州首次召开的道路生态学研讨会确实有很多宝贵的经验可以借鉴，但是专门针对保护区方面的公路建设系列规范及管理准则尚处于探索阶段，并没有形成完整的体系。

7.1.3　矿产资源开发工程的生态影响

加拿大的国家公园内及其附近，各种采矿活动比比皆是，造成的直接或间接环境影响可能超出了矿区所在的范围，进入到国家公园内部，从而影响国家公园的生态完整性。徐曙光（2003）介绍了加拿大矿山开采对国家公园的生态影响及公园生态管理的经验。矿山开采对国家公园的生态影响主要有 6 个方面，即对野生动物、水资源、植被、地貌和空气质量的影响以及与人类利用有关的影响。为减少这种生态影响对国家公园的各种压力，加拿大政府制定和实施了严格的管理规章，各国家公园也确定了相应的减轻和管理技术。其具体的减轻和管理活动包括防治、监测以及公园人员与矿业部门（包括区域咨询委员会）

之间的各种信息交流等方面。例如，Fording 公司把艾伯塔省的 Whitewood 矿山复垦为 East Pit 湖野生动物栖息地和娱乐区，把不列颠哥伦比亚省 Elk Valley 的 Fording River 矿山复垦为 Henretta Creek 复垦区。包括 Nahanni、Banff 和 Kluane 公园在内的一些公园，对历史上在边界内或附近具有潜在污染的废弃矿山，特别是采石场开展积极的复垦活动。有的国家公园正在进行监测活动。包括：由 William Operating 公司进行水质监测的 Pukaskwa 国家公园，由矿业公司对野生动物迁徙的连通性和人类活动进行监测的 Yoho/Kootenay 国家公园，为多机构委员会进行水质测试的 Cape Breton Highlands 国家公园，以及对沉积物和河流进行监测的 Kluane 国家公园。同时加强对外来人员进出国家公园的管理，并开展区域性土地管理规划，执行公园管理计划。目前，对进出或人类活动进行限制的公园包括 Banff 国家公园和 Jasper 国家公园，前者有 Cross 矿山的狩猎管理规章以及 Banff 国家公园附近的工业项目限制等措施，后者执行了矿区的限制性进入规定。Banff 国家公园开展了相应的区域性土地管理规划；Bow Valley Wildland 公园由 Bighorn 市政当局建立了野生动物走廊和辅助走廊；Kouchibouguac 国家公园为附近的泥炭地提供地方性保护，Nahanni 国家公园也提出要取缔各种开发利用活动，对土地进行保护。

近年来，国外油气勘探开发项目评价趋向于对项目整个生命周期的全过程评价，强调对项目建设过程的控制。Wellmer 等（2002）论述了矿产和能源开发技术的发展及其环境影响。

7.1.4　生物多样性与环境评价

《生物多样性公约》是国际社会所达成的有关自然保护方面的最重要公约之一，公约要求每一缔约国应尽可能并酌情：采取适当程序，要求就其可能对生物多样性产生严重不利影响的拟议项目进行环境影响评估，以期避免或尽量减轻这种影响，并酌情允许公众参加此种程序；采取适当措施，以确保其可能对生物多样性产生严重不利影响的方案和政策的环境后果得到适当考虑；缔约国会议应根据所作的研究，审查生物多样性所受损害的责任和补救问题，包括恢复和赔偿，除非这种责任纯属内部事物。

许多机构与组织在项目建设对生态环境影响的评估与管理方面做了大量研究，其中以世界银行对其投资项目的环境影响评价具有代表性。世界银行投资项目环境影响评价，从项目程序和环境评估报告编制方面对涉及自然栖息地的评价工作提出了明确的要求（世界银行业务手册，BP4.04，2001 年 6 月）。

（1）评价的主要内容

在项目准备阶段项目组组长（TL）须与区域环境部门（RED）进行协商，必要时还要征求环境局（ENV）和负责法律事务（LEG）的副行长的意见，以便确定项目实施过程中可能出现的自然栖息地问题。

在环境筛选过程中发现项目的实施可能会使重要的自然栖息地或其他自然栖息地发生重大转变或退化，则该项目应划为 A 类项目；其他涉及自然栖息地的项目，根据它们对生态系统的影响程度，可划定为 A 类或 B 类。项目中凡涉及自然栖息地的部分都要与该项目实施计划中相应的部分衔接起来。所有补偿性自然栖息地的保护费用，应包括在项目的资助范围内。在项目设计中须引进能确保经常性费用到位的机制。

在最初编制的项目信息文件（PID）和环境资料表中，项目组长必须指明涉及自然栖息地的任何问题，包括项目实施过程中对自然栖息地可能造成的任何转变或退化，以及任何其他减轻影响的措施。自然栖息地问题的发展情况应在更新的 PID 中得以反映。项目评估文件中要说明受影响的自然栖息地的类型和估计面积（以公顷为单位表示），潜在影响可能产生的后果，项目与所在国和地区的土地利用和环境规划的规定、保护战略以及法律规定的一致性，还要指明拟采用的减轻影响的措施。

项目实施竣工报告要评估项目的环保目标的达标程度，包括自然栖息地的保护情况。在区域性和行业性环评报告中要指明自然栖息地在所涉及地区或行业中的位置，分析自然栖息地的生态功能和相对重要性，并对相关的管理问题进行描述。分析结果将在针对具体项目而定的环境筛选等其他后续的环评工作中使用。

世行工作人员要对重要的自然栖息地名单的增补、编制和使用进行协调，必要时还要协助项目的准备（包括环境评估）和检查。ENV 要通过传授良好范例，提供人员培训、评审、咨询和业务支持（包括检查）来指导项目组长、国家局和 RED 执行 BP 4.04。

（2）评价的原则和关键步骤

为使环境评价实施者能够理解并掌握生物多样性与环境评价的要点，世界银行委托英国环境资源公司（ERM）编写了《生物多样性与环境评价指南》，给出了保护和改善生物多样性的政策框架概要、可能对生物多样性造成不利影响（或有改善机会）的相关项目内容，以及如何把对生物多样性的关注纳入环境评价的指南。这份材料明确了环境评价中有效地处理生物多样性问题的目标从好到差的顺序是：加强对生物多样性的正面影响，预防、尽可能减少、减轻、补偿或抵消对生物多样性的负面影响。并建议环境评价实施者在对一个项目建议进行环境影响评价时，在生物多样性影响方面应考虑如下的一系列指导原则：

对生物多样性影响最小；生态系统、物种数量或遗传基因多样性没有"净损失"；应用"预防性原则"以避免不可逆转的损失；对生物资源的可持续利用没有影响；维护野生动植物和其他野生生物所需的自然过程并有足够面积的不同地貌；使用推理信息，取出明确稀有或处于危险的物种，并将它们作为重大生态破坏的早期预警信号；在可能的情况下，使用指标性物种或价值高的生态系统的组成部分作为评估的重点；确定描述生态过程和生态组成部分之特性空间参数，以便为项目分析提供地区背景；找出维护生物多样性的最佳做法；研究到目前为止这一地区/区域其他活动的累积效应，并评估这一项目及在此之后的其他可能项目对多样性的进一步影响。

这份材料同时为把生物多样性纳入环境评价确定了几个关键步骤：

筛选：环境评价开始阶段的筛选过程应确定项目选址和设计方面可能对生物多样性带来的潜在重大影响。筛选时要回答下列三个问题：生物多样性是否有可能受到项目的重大影响？从广泛意义上讲，影响是什么？该项目是否具有改善生物多样性的可能？

评价范围：根据筛选的结果，应该确定要进行详细分析的重大不利影响和有利影响。

影响预测：从广泛的意义上，影响可以通过回答"已确定影响的重要性是什么？"这个问题来预测，这里需要考虑因组织的、联合的以及诱发的影响。应该从当地区域、全国、国际层次以及广泛的战略意义上来强调各种影响；要仔细分析受影响栖息地和生态系统功能。分析开发项目所带来的成本和效益在区域、全国甚至跨国地理范围的分配。

减缓措施及管理计划：环境评价应该为将生物多样性的影响消除或减轻到可接受程度提供选择方案，包括项目重新设计或重新选址。这些建议应以分析政策法律和机构问题以及生物多样性影响的结果为基础。应该在环境管理计划中包括生物多样性的部分，并探讨增进生物多样性的机会。

在上述步骤之外还可增加监管和评估：对环境管理计划的实施进行后监测，允许随着对影响的不断了解面对管理计划进行反思和调整。

Goodland 和 Mercier 两人在 1999 年曾建议一种新式的环境评价程序，把更多的重点放在环境管理计划设计之后的活动，尤其注重实施环境管理计划所确定的措施、仔细为环境管理计划编制财务预算并确保预算的费用来源以及加强实施能力等方面。

7.2　我国对涉及自然保护区开发建设项目的环境影响评价研究进展

7.2.1　水利水电工程的生态影响与环境保护

20 世纪 50 年代初，我国对水利水电工程的环境保护工作就有了一些初步的研究，但不够系统。到了 70 年代，一些已建或拟建水电工程的规划中也有一些关于环境保护的调查和研究，但这些研究缺乏系统生态学的观点和有力的对策和措施。70 年代末，我国系统化、综合的水利水电工程的环境与生态影响研究，主要围绕工程的环境影响评价和环境保护设计进行。80 年代初开始在水电环境保护管理方面进行一些初步的探讨，到 80 年代后期，大中型水电建设项目基本纳入环境管理轨道，建立了比较健全的管理程序和环境影响评价技术规范。这个阶段我国水电环境保护的学术理论明显提高，制定了有关水利水电工程环境影响评价的技术规范，并培养了一批水电环境评价方面的人才。在这个阶段我国广泛开展了已建水电站环境影响回顾评价和科学调查，对工程建设后生态环境的变化与建设前生态环境情况进行了比较分析。新安江水利枢纽、狮子滩水电站、三门峡水利枢纽、丹江口水利枢纽都进行过回顾性评价工作。

20 世纪 80 年代以来，我国对一些大型水利水电项目作了较多的生态环境影响回顾，主要关注水利水电工程对野生动植物的影响和相应的保护措施。华元渝等（1992，1993）、陈佩薰等（1993）通过分析白鱀豚在长江中下游的生活习性和活动规律，评价了三峡工程建设对白鱀豚生态环境的影响，并提出了改善和保护措施。倪振行（1995）以雷公口水库电站工程特性、武夷山国家级自然保护区特定的地理环境与生物资源为例，分析工程建设对保护区植物与动物资源的影响，提出了生态环境保护的主要对策措施，并就未来工程建成蓄水运行时，对保护区生态环境影响作出总体预测评价。任宏伟等（1996）论述了太行济源猕猴自然保护区的生态条件、猕猴特点及发展趋势并对正在建设的小浪底工程对猕猴自然保护区的影响进行了定性预测，提出了相应对策。张志英等（2001）做了溪落渡水利工程对长江上游珍稀特有鱼类的影响研究，并提出相应的保护管理措施；张志英等（2004）研究了溪落渡水利工程对长江合江—雷波段国家级珍稀鱼类自然保护区生态环境及珍稀特种鱼类的影响及对策；陈大庆等（2005）分析了金沙江一期工程实施后，对长江合江—雷波段珍稀鱼类国家级自然保护区珍稀鱼类、特有鱼类、经济鱼类以及相关栖息生态环境的综合影响，并提出相应的保护对策；叶尚明等（2004）分析了新疆塔什库尔干河水库建设后，对鱼类产卵场、洄游、种群及其多样性产生的影响，并建议采取建立鱼类保护区等一系列措施以保障土著鱼类资源。同时，在三峡工程、南水北调工程、二滩水电站、龙滩水电站、东江水电站等工程都组织大批科研单位、高等院校针对环境要求进行了专项研究，完成了大批科研成果（方子云，2000）。

进入 21 世纪以来，我国越来越关注水利水电工程产生的综合影响，景观生态学、生态机理法、叠图法、3S 技术等综合评价方法也被广泛运用。于连生等（2000）以环境资源价值为依据，对水利水电工程生态环境影响价值核算方法进行了研究；鲁春霞等（2002）通过人-地关系模型计算了大柳树工程移民前后对安置区产生的人口胁迫力变化，提出了缓解土地压力、防止土地荒漠化的相应措施；蒋固政等（2006）采用景观生态学方法、生态机理法、叠图法等多种分析方法，客观地分析了彭水水电站建设对麻阳河自然保护区主要保护对象黑叶猴及其栖息地、自然保护区生态完整性、保护区结构与功能等方面的有利与不利影响，并提出了相应的环境保护措施；翟红娟等（2007）将定性和定量指标相结合建立了水电梯级开发胁迫下的区域生态系统变化指标体系，为水电梯级开发引起的生态系统变化理论和方法的进一步研究提供参考；温敏霞等（2008）以糯扎渡水利工程及受影响的自然保护区为研究案例，在 GIS 支持下，应用缓冲区分析法，分析了水利工程建设前后自然保护区景观结构的梯度变化以及水利工程对景观结构的影响，并选取自然性、多样性、稳定性和人为干扰性 4 项指标建立生态评价指标体系，评价水利工程对影响区生态质量的影响；韩艳利等（2008）在调查陕西黄河湿地自然保护区生态环境质量现状的基础上，客观分析了渭河入黄流路调整工程建设对该自然保护区结构与功能、区域生态系统完整性和生物多样性等方面产生的环境影响，并提出了相应的环境保护措施；曾毅等（2008）建立了较完善的水利工程生态环境影响评价指标体系，提出了采用层次分析法综合分析水电工程的生态环境；王洪强等（2008）建立了水利工程建设水环境影响效益量化评估指标体系以及各效益分量重要性评价模型。

7.2.2　交通工程的生态影响与环境保护

随着近年来我国交通系统的不断建设，国内对交通项目的生态环境影响也不断重视，并展开了一系列研究。王德厚（1991）为消除 G216 工程对卡拉麦里山自然保护区的野生动物及其生存环境产生的不利影响，对保护区的生态以及水环境进行了调研，提出了保护野生动物和合理利用水资源的建设性意见，建立自然保护区良性循环的生态模式；刘建军（1991）用系统工程的观点和统计学的思想，建立了大型公路工程国道线（国道 216 线）对生态与环境影响的综合评价指标体系；曾庆华（1999）就内昆铁路在草海自然保护区的工程分布状况系统地分析其环境影响范围和程度，对工程的直接影响和次生影响进行预测评价，并就次生环境影响的控制措施和完善建设项目环境影响评价的内容进行了研讨；陈迎春等（2002）通过调查 1992 年竣工的绥满公路（301 国道）对扎龙自然保护区的生境、物种的影响，分析了原有公路和扩建工程对保护区的影响，提出了环境影响的生态防护措施。张红兵（2002）从生态孤岛效应的角度分析了公路建设的生态影响；宋伟香（2004）结合驻信高速公路建设对董寨国家自然保护区生态环境的影响，阐述了在工程规划、设计、施工、管理等方面应引起重视的主要问题，提出了相应的环保对策和管理措施；张慧、沈渭寿等（2004a，2004b）对青藏铁路建设对沿线高寒生态系统的影响及恢复预测方法和青藏铁路沿线景观保护评价方法作了研究；吴小萍等（2004）采用了图形叠置法进行铁路选线环境影响综合评价；眭封云、李云科（2005）基于大量的调查资料，结合同心—沿川高速公路建设的具体情况，从自然植被、珍稀保护动物、水土流失、水环境四方面分析高速公路建设对自然环境保护区的影响，并在此基础上提出了一些符合该自然保护区特点的环境保护工程措施；宋夫才等（2005）从自然植被、珍稀保护动物、水土流失、水环境等方面对思茅—小勐养高速公路建设对热带雨林地区环境的影响做了简单分析，在此基础上给出了一些符合热带雨林地区环境保护的工程措施；穆彪等（2007）以兰海高速公路为例，提出了将道路生态影响问题划分为 3 个尺度来进行评价，并根据不同尺度的生态特征采用不同的方法和指标，即小尺度问题采用野外调查和样方对比的方法，中尺度问题主要依靠不同分辨率的遥感监测，大尺度问题主要依靠遥感和 GIS 结合进行分析，从而系统、定量地评价了道路建设和运行所带来的生态影响；王永功等（2008）根据新疆省道 320 线改建工程情况和新疆布尔根河河狸自然保护区的生态环境现状，分析了工程对自然保护区生态环境和河狸生存及生殖繁衍等方面的影响；周鹏等（2008）通过对拟穿越超山自然保护区路段生态环境现状的调查，论述了山西平遥至榆社高速公路建设可能对生态环境造成的影响，并提出了相应的措施和建议；周正祥等（2008）探讨了高速公路生态环境影响后评价的评价内容，并对高速公路生态环境影响后评价指标体系及量化模型进行了比较系统的研究。李中慧（2008）在分析了中国自然保护区类型、结构和现状的基础上，结合铁路工程建设特点，提出了铁路工程建设与自然保护区协调发展，铁路建设应采取选线绕避等各类防护措施最大限度地减少对自然保护区的影响。

7.2.3 矿产资源开发工程的生态影响与环境保护

我国开采的矿产资源包括金属、非金属矿石及化石燃料等，目前只有极少部分石油开采涉及自然保护区，因此对涉及自然保护区的矿产开发项目环境影响方面的研究不多。穆从如（1994）简要分析了石油开发对黄土高原地区生态环境的影响；王久瑞等（2002）针对大庆油田开发区域草原生态演变规律，分析了大庆油田开发建设对生态的影响，并从宏观上提出了对油田区草原植被的保护对策与恢复措施；程金香等（2004）根据石油开发工程的特点，对其生态环境因子影响进行了识别，具体分析了各个生态环境要素的影响，提出了相应的生态保护措施。

7.3 涉及自然保护区建设项目环境影响评价中的不足

国务院及环保部（原国家环保总局）依据《中华人民共和国自然保护区条例》针对涉及自然保护区建设项目在自然保护区内的项目类型和建设地点有过一系列的要求，主要见于国务院办公厅《关于进一步加强自然保护区管理工作的通知》（[1998]111 号文）（以下简称 111 号文），原国家环保总局《关于涉及自然保护区的开发建设项目环境管理工作有关问题的通知》（环发[1999]177 号）文件（以下简称 177 号文）、《关于进一步加强自然保护区建设和管理工作的通知》（环发[2002]163 号）、《关于加强自然保护区管理有关问题的通知》（环办[2004]101 号）、《关于加强涉及自然保护区等的演艺活动和管理》（环发[2007]22 号）。

其中 177 号文明确要求涉及自然保护区建设项目"严格执行环境影响评价与审批制度。承担涉及自然保护区的开发建设项目环境影响评价的单位必须具备自然保护专业方面的技术力量；项目的环境影响报告书中要设专章或专题报告，对所涉及的自然保护区现状作出评价，对因项目所造成的自然保护区结构与功能、保护对象的影响与保护价值的变化作出预测，提出保护与恢复治理方案，并组织有关方面的专家进行专题论证"。

目前，经环保部评估中心评审的涉及自然保护区建设项目大多能按照 177 号文的要求在环境影响报告书中设专章或单独编制工程对自然保护区环境影响专题报告，凡是涉及国家级自然保护区的专题报告大多能组织专家进行专题论证。但在管理和技术层面存在的问题，限制了涉及自然保护区建设项目环境影响评价工作的顺利开展。

7.3.1　管理问题

（1）环评报告的编制要求不够明确

按照 177 号文，涉及自然保护区建设项目可以编制专题报告，也可以在环评报告书中设专章，两者之间缺少明确界定。在实际操作中，涉及国家级自然保护区的项目，以编制专题报告为主；涉及地方级保护区的国家项目，则不同省份有不同要求，有的编制专题报告，有的设置专章。例如，甘肃省要求全部编制专题报告并通过省环保厅预审，而黑龙江省大多在环评报告书中设专章。

（2）缺少技术规范，专题报告的评价内容要求不够具体

由于缺少技术规范，涉及自然保护区建设项目的专题报告水平差别很大。有的大型项目专题报告达到研究水平，如溪洛渡—向家坝水电站对长江珍稀鱼类自然保护区的专题论证。但大多数专题论证报告不能把工程对自然保护区的影响分析到位。

（3）专题报告组织论证及批准权限不明确

177 号文要求对专题报告组织专家论证，但未明确由谁组织及是否需要批准，实际操作中出现多种运作方式。涉及国家级自然保护区的项目，大多由国务院主管部门直接或委托所在省级主管部门组织论证，并由国务院主管部门出具意见。涉及地方级自然保护区的专题报告，有的由同级主管部门组织论证并由同级主管部门批准，有的未标明论证会的组织者，甚至有的由专题报告编制单位自行组织论证。

（4）缺少编制专题报告人员的技术准许

我国实施环境影响评价工作技术准入管理，但涉及自然保护区建设项目专题报告的编制人员大多未按照该相关规定执行。在实际操作中，大多由保护区的主管部门委托本系统或相关高校单位编制专题报告，如涉及林业主管部门管理的自然保护区大多由林业系统的规划/研究单位编制。大多数编制专题报告的单位对环境影响评价工作要求不熟悉，导致评价深度不够。

7.3.2　技术问题

（1）保护目标不明确

不同类型自然保护区的保护目标大不同，例如，生态系统类型自然保护区主要保护对象分别是森林、湿地、荒漠、草原、海洋等，野生生物类型主要保护对象则是野生植物或野生动物。同一类自然保护区处于不同地区时的保护目标也不尽相同，例如，森林生态系统类型自然保护区主要保护地带性植被，在北方地区大多是保护针叶林或落叶阔叶林，南方地区则主要保护常绿阔叶林或热带雨林。

由于主要保护对象不同，可能受建设项目影响的因子也不同。占地和清表对森林、草原等保护目标的影响较大，进而干扰生态系统中的野生动物；改变水文条件则对湿地的影响极大，严重时可能导致湿地消失；占地和清表对野生动物类自然保护区的影响程度还与所占土地在受保护野生动物生命活动中的重要性有关，如繁殖地、栖息地、水源或其他重要生境。

目前，大多数专题报告中所列保护目标局限在植被、野生动植物等一般性生态评价的保护目标。

（2）现状调查不清楚

涉及生态系统类和野生生物类自然保护区的项目专题报告中大多采用保护区已有资料给出，最好的专题报告也是在工程涉及的区域安排一些样方调查。因此，在现状评价部分不能明确工程所在区域对于保护对象的作用或重要性，甚至有的专题报告强调工程所在区域是实验区而推测没有受保护对象或得出受保护对象生存在核心区或缓冲区的结论。

（3）影响分析深度不够

由于保护对象不明确和现状调查不清楚，必然带来影响分析深度不够的问题。

有的建设项目所涉及自然保护区的基础工作较好，现状较清楚，专题报告提出的保护目标相对明确一些。尽管如此，大多数这类专题报告的影响分析深度也较欠缺。其原因主要是评价人员对保护目标的认识和相关知识积累不够，且不能在专家的指导下进行影响分析工作。

此外，环境影响评价注重主体工程，忽视施工期临时工程的环境影响，如施工便道、施工场地和施工营地等。而这些临时工程因施工前期交通不便及施工人员重视程度不够，环境保护措施得不到较好的落实，而使实际产生的环境影响远大于环境影响报告的预测结果。

（4）保护措施不具体

涉及自然保护区建设项目通常采取的保护措施原则是避让、恢复、补偿。首先要考虑避让，由于自然条件或其他因素不能避让的才可能考虑恢复措施，补偿措施则是在不能全面恢复的前提下采取的最后措施，也是无奈的选择。对于避让措施应进行充分论证，对于恢复措施应当细化到操作层面，补偿措施也应当具备可操作性。

目前，大多数专题报告提出的保护措施以植被恢复、水土保持为主，缺少针对保护目标的需求提出相应措施，有的甚至把补偿措施理解为货币补偿，以为花钱就能解决问题。此外，影响专题报告水平的重要原因可能还有编制费用太低，以至于有能力的单位不接受该项工作，而能够接受该项工作的单位技术力量不足。

7.4 涉及自然保护区环境影响评价的主要技术工作

涉及自然保护区的建设项目环境评价主要有四个关键步骤：方案筛选、确定评价内容、环境影响预测、减缓措施及管理计划。除此之外还可增加监管和评估：对环境管理计划的实施进行后监测，允许随着对影响的不断了解面对管理计划进行反思和调整。

7.4.1 方案筛选

筛选过程首先应确定项目选址是否可能避绕自然保护区及可能涉及自然保护区的哪

个功能区。筛选时要回答下列三个问题：是否有可能受到项目的重大影响？从广泛意义上讲，影响是什么？该项目是否具有改善自然保护区功能或主要保护对象的可能？

7.4.2　法规许可

穿越自然保护区的建设项目应当取得我国相关法规的许可。按照国家环境保护总局办公厅文件《关于加强自然保护区管理有关问题的通知》（环办[2004]101 号）："经国家批准的重点建设项目，因自然条件限制，确需通过或占用自然保护区的，必须按照《国家级自然保护区范围调整和功能区调整及更改名称管理规定》，履行有关调整的论证、报批程序。地方级自然保护区调整也要参照上述规定执行。"

按照文件要求，只有因自然条件限制不能避绕自然保护区的国家重点建设项目才可能允许穿越自然保护区。筛选过程中应确定避绕自然保护区方案与穿越自然保护区方案，明确避绕方案受到自然条件限制及穿越方案是唯一备选方案的充分理由，穿越方案才有可能是值得深入开展环境影响评价的方案。

即使确定了穿越方案，也需要提出多个穿越方案进行筛选，尽可能选择不穿越核心区和缓冲区的方案。对于因自然条件的限制确需穿越核心区或缓冲区的，应按照《国家级自然保护区范围调整和功能区调整及更改名称管理规定》，编制《论证报告》，经专家评审后报有关部门批准。在《论证报告》中应说明范围或功能区调整的原因，调整后与调整前范围和功能区情况并附图，调整后对保护区功能的影响及主要保护对象的变化趋势，落实环境恢复治理和补偿措施。

7.4.3　方案优选

涉及自然保护区的国家基础建设项目，应结合自然条件提出多种方案进行环境影响比选，其中必须包括避让自然保护区的方案。只有在受到自然条件严格限制的情况下，穿越自然保护区的方案才可能被允许实施。

对于多方案筛选过程中提出的各种比选方案，应考虑如下一系列优选原则：

——对自然保护区功能和主要保护对象影响最小；

——生态系统、物种数量或遗传基因多样性没有或最小"净损失"；

——维护野生动植物和其他野生生物所需的自然过程并有足够面积的不同地貌；

——使用推理信息，明确有或处于危险的物种，并将它们作为重大生态破坏的早期预警信号；在可能的情况下，使用指标性物种或价值高的生态系统的组成部分作为评估的重点；

——确定描述生态过程和生态组成部分之特性空间参数，以便为项目分析提供地区背景；

——找出维护自然保护区功能和主要保护对象的最佳做法，并应用"预防性原则"以避免不可逆转的损失；

——研究到目前为止该自然保护区其他活动的累积效应，并评估这一项目及在此之后的其他可能项目对多样性的进一步影响。

通过方案优选程序，从多种方案中选出对自然保护区影响最小的方案，以及对于被允许穿越自然保护区的项目的选址和设计方面可能对自然保护区功能和主要保护区对象带来的潜在重大影响，为下阶段确定主要评价内容和专题指明方向。

7.4.4 确定评价内容

根据筛选的结果，应该确定出要进行详细分析的重大不利影响和有利影响；如果缺少信息和资料，就应该收集并分析相关的最新的与可能涉及的自然保护区及其功能和主要保护对象方案的信息和资料。

7.4.4.1 确定评价内容的基本原则

由于确定评价内容时，首先需要关注的就是评价范围内保护对象的性质，对于不同类型的自然保护区在确定评价内容时，其基本原则也不尽相同。

在确定涉及生态系统类和野生生物类自然保护区的评价内容时，应考虑以下四个重要原则：生物多样性准则，空间范围，累积效应及公众参与。

在确定涉及地质遗迹类自然保护区的评价内容时，应考虑以下三个重要原则：地质学和古生物学准则，空间范围及公众参与，即：应采用地质学和古生物学准则以确保所有潜在的影响都被考虑进去；限定评价的空间参数，这些限定应考虑到地质遗迹存在的地域范围；评价时要考虑所有利益相关者的意见。

7.4.4.2 工程分析（源评价）

在环评报告的工程分析部分，应给出拟建项目在保护区内及其周边地区的工程组成内容，各工程的规模、建设位置、施工方式，各工程占地数量、"三废"排放量、噪声源强等。

（1）工程分析的内容

工程分析包括类型、影响因子和方式、源强的分析。工程分析通过分析项目类型、工程组成和特征，包括在保护区范围内及周边地区建设的主体工程、辅助工程及临时工程内容，识别其环境影响因子、影响方式和强度。例如，水利工程主要内容为筑坝，建闸，水库回水、引水渠道，施工场地，施工营地，施工便道，取弃土等；影响因子和影响方式主要有大坝阻流、水库回水淹没、占地等，影响强度视工程规模确定。

根据我国自然保护区管理相关规定，涉及自然保护区的项目类型主要有交通、水利水电、能源矿产、旅游、农业开发等。不同的源有不同的影响因子，产生不同的影响方式，从而引起不同的环境影响。因此，工程分析过程最重要的环节是影响因子的筛选。根据涉及自然保护区工程类型、规模和工程组成等对影响因子进行筛选，并在完成现状评价后进一步确认哪些因子是主要的。如有可能应对影响因子进行排序。

（2）影响方式的识别

在空间识别上，应注意集中建设地带和分散影响点或线的影响因子及其发生量。例如交通工程中主体工程是集中建设地带，取弃土场则是分散影响点。

影响方式的识别主要包括影响发生的起始时间和影响周期的长短、直接作用或间接作用等。影响方式大体可分成三种：物理/化学的，生物/生态的，社会的。

7.4.4.3　现状调查与评价（受体分析）

（1）数据来源

在确定评价范围过程中已经识别出了潜在的影响及其相对重要性。下一步是收集现状数据来对这些潜在影响进行调查、核实和进一步说明。现状调查与评价对环境影响评价的后面阶段是至关重要的。这些数据主要来源于三种途径：文献资料，已有调查成果，实地调查。

（2）调查内容

对于涉及生态系统和野生生物类自然保护区的建设项目，在环评报告的现状调查和评价部分应给出的内容有：保护区周边地区其他自然保护区及重要野生动物种类及其栖息地的分布；保护区内及其周边地带土地利用及植被分布情况，以及是否表现出独特的或丰富的特征，或是否包含在其他地方保护得极差的类型；保护区内野生动物分布（至少是受保护野生动物分布）情况。

对于生态系统类自然保护区应给出重要植被类型在国内国际的重要性及其在保护区内的分布位置、面积、群落结构等，对于陆地水域及湿地生态系统类型还应给出水位或水深与植被分布的关系，鱼类"三场"分布及基本水文条件。

对于野生生物类自然保护区应给出受保护野生植物和野生动物在国内、国际的重要性，以及受保护野生植物群落和野生动物种群的分布范围及在保护区内完成的重要生活史，受保护现状。

对于涉及地质遗迹类自然保护区的建设项目，在环评报告的现状调查和评价部分应给出以下内容：受保护地质遗迹或古生物化石在国际或国内的保护价值；在保护区内露头点面积和范围，含地质遗迹或古生物化石的主要地层浅埋区位置和范围，以及保护现状。

（3）评价标准

为了能够充分利用已有的相关资料，现状评价中的土地利用分类应依据《土地利用现状分类标准》（GB/T 21010—2007），结合保护区内土地利用情况选择相应的指标。现状评价中的植物分类推荐采用《中国植被》（吴征镒等，1980）的分类原则，结合区域植被图的类型进行分类。

表 29　土地利用现状分类标准（GB/T 21010—2007）

一级分类	二级分类	一级分类	二级分类
01 耕地	011 水田	09 特殊用地	091 军事设施用地
	012 水浇地		092 使领馆用地
	013 旱地		093 监教场所用地
02 园地	021 果园		094 宗教用地
	022 茶园		095 殡葬用地
	023 其他园地	10 交通运输用地	101 铁路用地
03 林地	031 有林地		102 公路用地
	032 灌木林地		103 街巷用地
	033 其他林地		104 农村道路
04 草地	041 天然牧草地		105 机场用地
	042 人工牧草地		106 港口码头用地
	043 其他草地		107 管道运输用地

一级分类	二级分类	一级分类	二级分类
05 商服用地	051 批发零售用地	11 水域及水利设施用地	111 河流水面
	052 住宿餐饮用地		112 湖泊水面
	053 商务金融用地		113 水库水面
	054 其他商服用地		114 坑塘水面
06 工矿仓储用地	061 工业用地		115 沿海滩涂
	062 采矿用地		116 内陆滩涂
	063 仓储用地		117 沟渠
07 住宅用地	071 城镇住宅用地		118 水工建筑用地
	072 农村宅基地		119 冰川及永久积雪
08 公共管理与公共服务用地	081 机关团体用地	12 其他土地	121 空闲地
	082 新闻出版用地		122 设施农用地
	083 科教用地		123 田坎
	084 医卫慈善用地		124 盐碱地
	085 文体娱乐用地		125 沼泽地
	086 公共设施用地		126 沙地
	087 公园与绿地		127 裸地
	088 风景名胜设施用地	合计 12 类	合计 57 类

评价自然保护区生物多样性现状，推荐采用物种多度和物种丰度指标，其分级标准如表 30 所列。

表 30 物种多度和物种丰度评价指标

物种多度	A	高等植物≥2 000 种，或脊椎动物≥400 种
	B	高等植物 1 000～1 999 种，或脊椎动物 200～399 种
	C	高等植物 500～999 种，或脊椎动物 100～199 种
	D	高等植物≤499 种，或脊椎动物≤99 种
物种丰度	A	脊椎动物和维管束植物占其所在生物地理省或行政省内总数的 40%以上
	B	脊椎动物和维管束植物占其所在生物地理省或行政省内总数的 25%以上
	C	脊椎动物和维管束植物占其所在生物地理省或行政省内总数的 10%以上
	D	脊椎动物和维管束植物占其所在生物地理省或行政省内总数的 10%以下

7.4.4.4 识别保护目标

保护目标是指工程建设和运营过程中可能受到直接或间接影响的对象，这里主要指在自然保护区内和周边地带的保护区结构和功能、保护对象及其生境。经过工程分析和现状调查后，环评应明确拟保护的目标。

这些保护目标通常包括：全部或部分位于国际、区域或国家视为"生物多样性热点区"（包括生物多样性极丰富区、濒危区、特有当地动植物特产中心、特有鸟类区、重要鸟类区等）的生态系统或栖息地；原始的或次生、半自然的植被类型；原始的或次生的栖息地；一种或一种以上受威胁的、受限制的系列种群，特有或受保护的物种；一种或一种以上具有重要社会、经济、文化或科学意义的物种群落；一种或一种以上含有具有潜在的社会、经济、文化或科学意义的遗传物质的物种群落；地质遗迹及其景观；古生物化石出露点及其浅埋区。

7.4.4.5　识别影响范围

识别环评的地域范围是影响评价的基础。通过识别影响，明确评价工作中应当解决的环境问题，划定评价地域范围。位于或靠近重要栖息地（此栖息地可能是也可能不是受保护区）的项目、规划或政策应当进行详细的环境评价或区域环境评价。另外重要的一点是要识别出对活动范围很广、依赖各种栖息地的一些物种的影响及对分散型物种（如大型兽类、猛禽）的影响。

通过已开展的现状调查，结合主要保护目标，可以列出不同类型项目所带来的生态影响清单。经常参与环境评价的专业生态学家如果对项目所在地地貌、生态系统和物种比较熟悉的话，就可以很快识别出任何一种类型项目可能具有的重大影响。对于非环评专业生态学家，这些经调查后所列出的影响清单只能是作为备忘录。在这个阶段，通过专家咨询，得到相关专家的指导意见可以弥补自身专业知识不足。罗列识别出的环境问题，并针对这些问题逐一分析、预测其环境影响，可以提高环评工作效率，同时可以有针对性地提出减缓影响的有效措施。识别影响是个连续过程，可在筛选和确定评价范围阶段进行，而且随新信息的获得及新想法的出现，可以一直持续到影响预测。

常用的识别方法，如清单、互动矩阵、流程图或网络，以及绘制复合图或地理信息系统等可以用于涉及自然保护区的环境影响识别。

7.4.5　影响预测

从广泛的意义上，影响可以通过回答"已确定影响的重要性是什么？"这个问题来预测，这里需要考虑累积的、联合的以及诱发的影响。应该从当地区域、全国、国际层次以及广泛的战略意义上来强调各种影响；要仔细分析受影响栖息地和生态系统功能。如有可能，应分析开发项目所带来的成本和效益在区域、全国甚至跨国地理范围的分布。

7.4.5.1　影响预测内容

对于野生生物类自然保护区的影响预测内容主要有：永久占地和临时用地会引起植被种类/生物群落的分布方式上的何种变化（如面积减少数量及比率、形态变化）；工程会引起各类植被种类/生物群落空间关系发生什么变化；受威胁群落的功能性作用是什么，一种类型相对于另一种类型的功能关系是什么（如水的产生、物种的庇护）；群落与环境之间的关系与拟议中的开发项目有何关联（如水位、洪水或火情变化）；群落的边界和结构（食草、食肉动物的分布）是否受到影响；湿地或河岸地区是否将受到影响；对现有生物的科/类/种/数量的多样性及其趋势的影响是什么；受到影响的物种是否对变化表现出敏感性或可适应性；典型（普通的或特殊的）物种是否受到开发项目的威胁；脆弱物种（稀有的、先天遗传的物种等）是否存在并受到开发项目的威胁；如果是这样，包括什么种类（受威胁物种种类）；重要物种是否存在并受到威胁；本项目是否会造成相同物种内部的不同基因类型被相互隔离；如果发生的话，被隔离生境的形状、大小、连通性和程度如何；阻隔作用的生物效应是什么（如草食动物、寄生物污染级的变化）；是否会使野生生物迁移和分散或在本地灭绝。

对于地质遗迹类自然保护区的影响预测内容主要包括：永久用地和临时用地是否直接破坏地质遗迹和古生物化石；浅埋的地质遗迹和古生物化石是否受到影响；开发项目对保护区的景观影响。

7.4.5.2 影响预测方法

预测是一项较复杂的评价工作过程，在环境影响评价中通常采用如下方法以对影响的性质、程度和重要性进行量化：

用数学模型（如噪声传播模型、空气或水扩散模型、收入增值率）进行定量预测；用结构式或半结构式方法进行定量和定性混合预测（如地貌变化和社会影响的预测）；科学经验和判断。

预测还必须提供有关影响的如下信息：受到影响的受保护目标的数量（及其特点）及位置；持续时间（影响发生的时间长短）；发生的可能性或概率（很可能或不大可能等）；可逆转性（自然恢复或需人为干涉以帮助其恢复）。

如果某个特定的自然栖息地可能会受到一系列影响，进行影响预测时就必须预测并评价所受到的累积影响。因此，收集资料过程中最好能了解到已经开始运行或正在建设的其他项目的影响。有关单个影响的信息可以帮助评价人员决定影响的地区性重叠结果，并通过使用诸如地理信息系统这样的工具识别出影响的相对空间和时间分布。

7.4.5.3 数据和资料的可靠性

在影响预测过程中数据和资料的可靠性也十分重要，包括：数据是否可靠，使用了哪些资料来源；评估是否基于长期的生态监测，基线勘察，现场观察和基础研究；整体评估过程中是否制定了从公众、非政府组织和其他相关者取得有意义的数据的计划；影响分析的可信度和不确定性有多大。

7.4.5.4 影响程度

影响结果的可接受程度取决于工程对自然保护区的影响重要性和影响程度。

英国环境、交通和地区部（DETR）将影响程度的类别与生物多样性在当地的重要程度相比较，得出了一个从"重大负面影响"到"正面影响"的评估分数，用于综合表示工程的环境影响（见表31）。

DETR方法已广泛用于国内交通和水利项目的环境影响评价工作中。但由于缺少定量指标，受环评人员使用中主观影响较大，大多是夸大了正面影响。

表 31　影响程度的分类（由 DETR 于 1998 年制定）

影响程度等级	判定准则
重大负面影响	在信息全面的前提下，这个建议的行动（单独或者与其他建议的行动一道）可能对某生态地点的完整性产生负面的影响，即影响到该地点的生态结构和功能与整个地区的一致性，这种一致性使得该地点能正常维持该处的栖息地、栖息地与地点所划分的物种数量水平的组合
中等负面影响	在信息全面的前提下，该生态地点的完整性不会受到负面的影响，但可能产生对该处生态目标的重大影响。即使在信息全面的前提下，如果仍然无法证实该建议行动不会对该地点的完整性产生负面影响，则该影响应该被评定为中等的负面影响
微小负面影响	以上两个都不适用，但一些较小的负面影响明显存在。在国际承认的具有生物多样性意义重大的地区，如果详细计划尚未订出，仍然需要进行更加深入适当的评价
正面影响	存在对野生生物有利的净收益的情况。例如：通过适当措施将原本被分割的栖息地重新连为一体（联结的概念）；将现存的不利影响从被毁坏的地区引走的计划；通过新的设计特征，为野生生物带来总的收益
中性影响	以上所有准则都不适用，即没有可观察到的有利或不利影响

7.4.5.5　预测结果的表述

目前，我国有关环境影响程度的管理要求主要是在行为许可的前提下实行目标管理，如果工程拟设定的排污行为是相关规定许可的，通过环境影响与环境质量标准的对照，就可以确定环境影响的重要性及可接受性，达标则为可接受。

对于涉及自然保护区的项目建设，仅有《中华人民共和国自然保护区条例》中给出的各功能区限制建设的项目类型，对于允许建设的项目可能对自然保护区产生影响的可接受程度的目标管理规定几乎空白。

通过归纳相关生态影响评价方法和标准，提供了如下内容作为涉及生态系统类和野生生物类自然保护区建设项目环境评价的可接受程度的准则。

（1）生态环境状况综合评价

采用《生态环境状况评价技术规范（试行）》（HJ/T 192—2006）可以对自然保护区受影响程度进行综合评价。该《规范》提供了生态环境状况指数（EI）的半定量评价方法。生态环境状况指数（EI）由生物丰度、植被覆盖、水网密度、土地退化和环境质量五个因子组成。计算公式：

生态环境状况指数（EI）=0.25×生物丰度指数+0.2×植被覆盖指数+0.2×水网密度指数+0.2×土地退化指数+0.15×环境质量指数

以受到建设项目影响后的生态环境质量状况指数（EI $_{建设后}$）与项目建设前的生态环境状况（EI $_{建设前}$）进行对比，通过变化幅度的大小确定影响程度。变化幅度分为 4 级，即无明显变化、略有变化（好或差）、明显变化（好或差）、显著变化（好或差）。

（2）土地占用面积和植被生物量损失

建设项目占用土地并清除地表植被是环境影响的重要行为，永久占地可以进行精确量化，受影响的植被也可以永远损失的生物量值进行粗略评价。临时用地可以粗略估计用地的面积，但其生物量损失有时是可以恢复的，有时需要许多年之后才能恢复，有时是不能恢复的。

因建设项目引起水土流失或土地荒漠化也可能导致地表植被受损。采用永久占地面积占保护区实验区总面积的比率对建设项目占地的影响程度进行评价。参考《生态环境状况评价技术规范（试行）》（HJ/T 192—2006）分级标准，把建设项目永久占地对保护区的影响程度分为轻度影响、中度影响、管理方式影响和严重影响四级。

评价过程中，应当考虑保护区内原有的建设用地已经占用的土地面积，累加已有建设用地后，保护区实验区内建设用地占实验区面积不应超过10%。

（3）景观生态学评价

《非污染生态影响评价导则》推荐的景观生态学方法是对生态环境总体质量的评判。景观生态学的评判通过两方面进行，一是空间结构分析，二是功能稳定性分析。这是因为景观生态学认为，景观的结构与功能是相当匹配的，且增加景观异质性和共生性也是生态学和社会学整体论的基本原则。

空间结构分析基于景观是高于生态系统的自然系统，是一个可以用土地利用方式或植被类型清晰表达的和可度量的单位。景观由拼块、模地和廊道组成，其中模地是景观的背景地块，是景观中可以控制环境质量的组分。因此，模地的判定是空间结构分析的重要内容。判定模地有三个标准，即相对面积大、连通程度高、有动态控制功能。模地的判定多借用传统生态学中计算植被重要值的方法。决定某一拼块类型在景观中的优势，也称优势度值（DO）。优势度值由密度（R_d）、频率（R_f）和景观比例（L_p）三个参数计算得出。其数学表达式如下：

R_d =（拼块i的数目/拼块总数）×100%

R_f =（拼块i出现的样方数/样方总数）×100%

L_p =（拼块i的面积/样地总面积）×100%

（4）典型或重要植被类型的受影响程度

自然保护区内的各种植被类型对于自然保护区的功能或主要保护对象的作用是不同的，有的植被类型是自然保护区的主要保护对象，有的植被类型是主要受保护物种的重要生境。例如，新建沪昆铁路客运专线长沙至昆明段，以隧道、桥梁和路基形式穿越湖南康龙自然保护区，该保护区主要保护对象为常绿阔叶林，其中真润楠林、栲树林和黔桂润楠林等的植被类型就是典型的常绿阔叶林。工程桥梁穿越处恰是保护区唯一一处润楠林分布地，工程对其影响很大。

对于典型或重要植被类型的受影响程度应当给予具体评价，说明工程占用或破坏这类植被的数量、占总面积的比率、对生态系统整体性的影响及可恢复性。

（5）生境碎化

建设项目产生阻隔影响使生境碎化，形成生境岛，或者使原来的生境岛面积更小。

通常大的保护区比小的保护区包含有更多的物种，所以可根据面积大小对自然保护区进行比较和评价。根据岛屿生态学理论，对岛屿群落的研究得出的物种数与面积的关系（$S=CA^Z$），目前已被大多数生物学家所接受。有人把生境碎化后形成的小生境区域称为生境岛，采用岛屿生物地理学模型评价其物种与面积的关系。虽然岛屿生物地理学假说在学术界还存在不同见解，或许尚缺少更有说服力的理论依据，但基于该学说的自然保护区设计原则，目前已被国际自然保护联盟纳入《世界自然保护策略》中（徐海根，2000）。

在景观生态学评价的基础上，辨识出重要生境类型，把受影响的斑块数量与现状同类斑块数量比较，同时把受影响斑块面积与现状斑块面积比较并对照上述分级，评价生境碎化影响程度。具体标准列于表 32。

表 32　生境碎化程度影响分级

影响程度	标准
轻度影响	受影响斑块占同类斑块的比率≤2% 或者重要生境类型全部未降级
中度影响	2%＜受影响斑块占同类斑块的比率≤5% 或者有 2 块以下的重要生境类型降级
重度影响	5%＜受影响斑块占同类斑块的比率≤10% 或者有 3～5 块重要生境类型降级
严重影响	受影响斑块占同类斑块的比率＞20% 或者有 6 块以上重要生境类型降级

（6）受保护物种的影响程度

在一个自然保护区内生存的受保护物种可能有许多种，应分类并逐个预测其生存情况。对于可能受影响的物种，应进一步分析其受影响程度及原因。

（7）是否占用重要栖息地和关键资源

环评工作已认识到鸟类、兽类繁殖地和觅食地以及鱼类"三场"等重要栖息地的重要性，自然保护区管理人员对自己管理的保护区内这些重要栖息地的分布大多较清楚或基本清楚，也有一些自然保护区管理人员基本不清楚。涉及自然保护区的建设项目环境影响预测应当明确对重要栖息地的影响程度，尤其是对那些管理人员也不清楚的自然保护区，至少应当明确工程永久占地及其周边可能受影响的地域范围内是否存在重要栖息地，并预测工程是否会对其产生影响及影响程度如何。一般情况下，工程不应占用或影响保护区内的这些重要栖息地。

此外，关键资源也不应当受到工程的影响。这是因为，生境面积本身并不像生境范围和保护区所包含的资源具有同等价值，有些特殊生境可能仅占总生境的一小片面积，但它却包含对于群落的关键物种具有关键作用的有限资源或关键资源。

（8）种群是否被分割

种群规模是物种存在的重要基础。对小种群迅速灭绝的观察研究产生了最小生存种群数量的概念，其通常定义为：种群免遭灭绝而必须维持的最低个体数量。一旦种群由于栖息地破坏和生境片断化而变小，种群走向灭绝的可能性增大。最小生存种群理论对物种保护的意义在于：① 受保护物种的种群大小不可低于最小生存种群；② 高于最小生存种群的增殖量，才可能说明物种受保护的实际效果。

如果建设项目分割了自然保护区的生境，分析并评价受保护物种的种群是否被分割就成为必要的评价内容。这部分评价要求旨在说明受影响后该物种的种群规模是否不受影响，或仍然能正常生存繁衍，或因小于最小生存种群而面临濒危。当然，这里仅指在受影响的自然保护区范围内。对于因小于最小生存种群而面临濒危的物种，应进一步分析其在国内、全球的生存情况，以说明该物种受到的实际影响。

（9）自然遗迹

对于涉及自然遗迹类自然保护区的影响预测重点是受影响的地质遗迹或古生物化石

数量或面积及其在国内或国际的重要性。

7.4.6 减轻影响的措施及监测计划

环境评价应该为将生物多样性的影响消除或减轻到可接受程度提供选择方案，包括项目重新设计或重新选址。这些建议应以分析政策法律和机构问题以及生物多样性影响的结果为基础。应该在环境管理计划中包括生物多样性的部分，并探讨增进生物多样性的机会。

7.4.6.1 减轻影响程度

工程对生态系统类和野生生物类自然保护区的影响程度可分为轻度、中度、重度和严重。在采取一些保护和补偿措施后，工程对自然保护区的影响可以相应减缓，其减缓程度可分为四级：避免，减小，补偿，抵消。

通过项目重新选址或重新设计可以避免对自然保护区的影响；对栖息地作战略保留、有限保护或修正，或采取措施降低生态损害，可以尽可能地减轻工程对自然保护区的影响程度；工程建设后的恢复工作，如恢复已退化的栖息地，可以在一定程度上补偿工程对自然保护区的影响；建设并保持保护区以外的适当面积和完整性的生态相似地区可以增进或抵消工程对自然保护区的影响。

7.4.6.2 替代方案

替代方案可分为避绕方案和区内比选方案两类，避绕方案可以避免工程对自然保护区的直接影响，区内比选方案可以减轻工程对自然保护区的直接影响。

避绕方案是涉及自然保护区建设项目环保措施的首选。工程必须提出避绕自然保护区的比选方案，只有受到自然条件和现有技术水平限制而不能避绕的项目才有可能进行穿越自然保护区的环境影响分析。

从环境角度评估各种区内比选方案（包括不同选址或项目设计方案）对涉及自然保护区建设项目尤为重要，对项目的不同设计方案或选址尽早进行分析，常常可以最好地防止或避免对自然保护区产生负面影响。假如在环境评价过程中不对这些比选方案进行分析，或者进行得太晚，则防止对自然保护区产生负面影响的可能性就降低了，而且很可能环境评价最多只能提出减少或减轻影响的措施。

我国目前的环境评价很少被当作制定和考虑不同替代方案的工具，这有诸多原因，主要包括：主要的设计和选址方案通常在环评参与该项目时已经被决定了；国家重点建设项目则因为有允许穿越实验区的"豁免"而不重视避绕方案；或者虽有比选方案，但其比选指标中缺少与自然保护区相关的重要环境指标而误导比选结果；此外，比选方法中指标量化的科学性不够。

7.4.6.3 栖息地的再造和移位

栖息地再造和移位经常被用作减轻对重要地点的损害而提出的生物措施。

栖息地再造和移位这两种方法都不能为高价值地点整体或局部受到的损失提供补偿或把损失减缓到可以接受的程度。使用栖息移位法是否可接受的界限非常细微，在对某栖息地相对缺乏了解时，把再造和移位栖息地作为减轻影响措施可能面临更大风险。实施过程中需要注意的问题有：

从现有的研究得出结论，栖息地移位必须能够在最小的风险下和短时间内被完整重新再造，否则使用这些措施来减轻损害是完全不可靠的。在大多数情况下，高质量的栖息地由年代久远而极其复杂的生物群落组成，其中动植物群落的细微变化可以反映出赖以生存的土地类型和周围的环境因素，而其复杂性的原因和内部关联的类型并未得到充分了解。因此，重新再建这样的栖息地是不可能的。栖息地移位可以用于方案增强，作为栖息地再造法的补充，但它不能补偿高质量的、无法替代的栖息地所受到的损失或损害。

7.4.6.4　陆地动物通道

《绥满高速绥芬河至牡丹江段报告书》在探讨东北虎通道建设中综述了野生动物通道的作用、材料和规格、布局与类型、影响动物通道使用的因素、一般设计要求等。

（1）动物通道的作用

动物通道是用于减轻公路、铁路等交通工程对陆生野生动物通行影响的重要工程措施。为了使动物能够安全地横穿公路、铁路，在野生动物主要活动区域的路段设置专门的动物通道，以满足动物的基本需求，如觅食、寻求配偶、个体的移动和扩散等。

（2）材料和规格

动物通道建设材料包括混凝土、金属或者塑料等。通道从体积上可分为大通道和小通道。小通道是指直径或者高度小于 1.5 m 的通道。小的通道常常与栅栏一起使用来引导动物到达通道入口，而防止它们直接跑到路面从而造成道路致死事故，篱笆、土堆、植被是引导动物到达通道入口的有效方法。大通道是指半径或者高度大于 1.5 m 的通道，主要是为大型哺乳动物和其他各种体量较大的动物而设计的，有上跨式和下穿式两种。目前大型通道在北美和欧洲分布相对较少，但是在规划中的却有很多。下穿式通道直径变化幅度很大，从 2 m 宽的金属或混凝土地道到高架桥下部大于 100 m 宽的通道。多数下穿通道的高度在 2 m 左右，有的甚至达到 4～5 m 高。其设计有许多变化，大致分为三种类型：金属的多层管道（圆形或椭圆形），预制混凝土通道，大跨度桥梁（跨越地表或水域）。上跨式通道主要是为了大型哺乳动物的通过而设计的，多数是 30～50 m 宽，但也有 200 m 或更宽的。目前全球有将近 50 个大型野生动物上跨通道，大多数在欧洲。然而，随着各国公路的不断拓宽和交通量的持续增长，使用上跨桥作为连接道路两侧破碎栖息地的可行性也在持续增长，术语"绿桥"（green bridge）通常就是指野生动物上跨通道，伴随着道路横穿相对广阔的自然植被带。

此外，那些并非专门为动物而设计的排水涵洞、管路也会被动物利用，一些监测这些非专门野生动物通道的数据显示其已经成为地方野生动物重要的连接通道。

（3）布局与类型

生物通道应在动物的传统游移、迁徙路径中设置，是选址布局的关键。布局中另一个关键问题是通道设施的分布密度。这比通道设施如何构造等问题更为重要。在道路沿线分布众多廉价的路下式生物通道可能比建设 1～2 座路上式生物通道（生物天桥）更有效。就使用效果而言，通道设施应布置在每一物种的活动领域中，理想状况是在道路沿线平均每 1.5 km 便修建一处动物通道。尽管生物天桥对更多的动物来说更友好，但加大地下通道的密度对大量的物种跨越道路更有现实意义及实施可能。此外，通道设施应远离人类干扰。靠近通道附近的人类活动会对通道的使用产生不利影响，假如人类行为不加控制，路下式生物通道可能失效，如黑熊、狼均表现出对人类活动区域的规避。

根据通道的尺度，生物通道主要可以分为以下几个类型：路下式生物通道、路上式生物通道、涵洞式生物通道。

（4）影响动物通道使用的因素

并非所有的人工建造的动物通道都能够被野生动物所使用。影响动物通道使用的因素有很多，主要包括：通道的设计特征（如通道尺寸、位置、类型）、周围景观特征、附近人类干扰程度三大类。

（5）设计要求

通道尺寸：上跨式通道宽度不小于 20 m，在地形和经济允许的条件下，越宽越好，国外研究已经证明宽度小于 20 m 的上跨桥被动物通过的频率很低，且 50～60 m 可满足所有动物通过的需求。下穿式通道宽度和高度以不小于 2 m 为宜。

通道材料：国外研究显示混凝土材料较好，比金属的和其他材料的更适合动物通行，优先采用混凝土作为通道建设材料。

内部设计：通道表层铺设土堆且种植与周边一致的植物品种，但是需要保持良好的透视效果，较好的通透视距使得动物有安全感，敢于通过。为了吸引动物使用通道，可在通道上种植动物熟悉或喜食的植被，对于食肉动物可设计其喜爱的特殊气味等。具体设计还需要根据目标物种生活习性如迁徙规律等来有针对性地设计。

监测系统：可在通道上设计监测系统，将来可查明通道的使用效率。

配套设置：在通道两侧设置栅栏以诱导或引导动物到达通道入口；在通道位置前后设计标志牌、警示牌或减速标志、禁鸣标志等，提醒司机乘客注意；教育周围群众不在通道周围进行人为活动，提高大众动物保护意识；同时在法律上对捕杀动物、破坏动物通道行为进行惩罚。

7.4.6.5　过鱼设施及增殖放流

过鱼设施是用于减轻水坝对鱼类洄游影响的重要工程措施。

一些国家在其相关的法律中明确规定，修建拦河大坝必须建设相应的鱼梯、鱼道等过鱼设施，以保证洄游性鱼类的迁移活动不被完全阻断。我国也在尝试建设过鱼设施。如沙柳河水电站建设的鱼道为青海湖裸鲤向沙柳河洄游提供了方便，但现场考察时未见有较大个体的裸鲤洄游，原因不详。

人工增殖放流是抵消水利工程对鱼类影响的重要生物措施。增殖放流通常有三个主要阶段，亲鱼捕捞、人工繁殖、放流和回捕验证。我国较为有效的增殖放流计划是修建葛洲坝时同时采取的中华鲟的增殖放流计划，目前已在长江干流和长江口多次回捕到标记放流的中华鲟。

7.4.6.6　管理措施、监测计划及后评估

（1）管理措施

涉及自然保护区建设项目的生态破坏过程，大多伴随着开发建设过程，尤其是施工过程，因而管理措施对于生态保护能够起到事半功倍的效果。生物措施和工程措施的实施过程及其实施效果也应当得到相应的监督。为此，自然保护区管理机构参与项目建设过程的环境监理是十分实际的一项生态管理办法，有利于控制违规施工并减轻生态影响。

涉及自然保护区建设项目生态环境监理的主要目的和任务是：把环境影响报告书和初步设计中的环保设计落实到施工中去，或通过优化施工设计或施工管理把生态环境影响降低到最小程度。

在自然保护区内进行环境监理，一般方法有：旁站监理（用于工程措施和生物措施的施工过程），巡检监理（用于工程措施运行过程、植被恢复过程、管理措施的实施过程、重要栖息地保护等），定点定期监理（用于固体废弃物的处理或处置过程等）。自然保护区管理人员经培训后可以从事生态环境监理工作。

在实施生态环境监理和完善生态经济评价的基础上，建立生态环境审计制度将更能显现环境管理的成效。目前我国在污染防治方面已广泛采用环境审计方法对污染源进行有效控制。

资源开发项目生态环境保护的环境审计，主要用于施工期和运行期，有两个主要内容：以审查执法情况为目的；以减少工程对自然保护区影响程度为目的。同时，根据不同目的可以分成四个不同范围：地区性的、整个项目的、某个工期的或某个专项的。涉及保护区项目的生态环境审计是自然保护区主管部门对管理机构的监督，在需要进行该项工作时临时组织各专业人员经短期熟悉工作方法和工作程序之后，即可以投入工作。

（2）监测计划

监测计划的意义在于即时了解项目实施过程中的环境质量变化情况，评估减轻影响措施的实施程度及其成败，决定是否需要修改。需要在环境评价阶段拟定监测计划、建立监测方法。在监测过程中得到的主要保护对象及其相关生态因子数据与背景数据进行比较，判断受影响程度及可恢复性。适当的监测工作所需要的各种因素应该作为项目设计和环境分析的一部分来编制。这些因素包括：收集数据、建立背景条件、识别受影响的生态因素、选择生态目标和目的预测项目可能带来的影响、确立减轻影响的目标、实施环境管理计划。

具体的监测步骤可以建立在上述因素的基础上：明确要通过监测回答的具体问题；选择指标，证实其可用性，并在必要时增加其他指标；指明控制区域/处理办法；设计并实施监测工作；确定指标和目标/目的的关系；分析趋势并向建设单位提出必要的措施。

拟选的监测指标应能反映主要保护对象的变化，同时要便于测度。一般情况下，监测计划应当从施工前夕一直延续至营运期数年。监测计划的广度、深度可以结合项目和所涉及自然保护区的主要保护目标特征制定监测计划。

（3）后评估

工程运行数年后对自然保护区的结构和功能进行评估可以充分评价涉及自然保护区建设项目的环境影响。后评估基于监测计划，采用监测指标在营运期的相对稳定状态与背景状态比较，从而对涉及自然保护区建设项目的影响程度进行最终评价。

7.5　各类型自然保护区环境影响评价要点

7.5.1　各类建设项目影响因素分析

涉及自然保护区建设项目对自然保护区的影响因素主要有：工程永久占用或临时占用土地、破坏植被、占用水域、改变水文条件、生境碎化和阻隔、噪声、振动和排放"三废"。不同类型涉及自然保护区建设项目的影响因素不同，表 33 给出了各类涉及自然保护区建设项目影响因素综合分析。

表 33　各类涉及自然保护区建设项目影响因素综合分析表

影响因素	交通	水利水电	矿产开发	旅游
占用土地	■	■	■	■
破坏植被	■	■	■	■
占用水域	▲	▲	△	▲
改变水文条件	△	■	○	○
改变地下水条件	▲	■	■	
生境碎化和阻隔	■	■	▲	▲
噪声	■	△	■	■
振动	■	○	■	△
排放"三废"	▲	△	■	■

注：■严重影响，▲一般影响，△轻微影响，○没有影响。

7.5.2　各类型自然保护区专题评价要点

7.5.2.1　森林生态系统

至 2008 年，我国共有森林生态系统类型自然保护区 1316 个，是我国数量最多的自然保护区类型，约占全国自然保护区总数的 51.8%。森林生态系统类型自然保护区总面积约 299 074 km²，平均每个保护区约 227.6 km²。

该类保护区的主要保护对象因其所处地域位置及保护区面积大小而异，基本包括我国所有的森林类型，如东北地区以寒温带针叶林为主，海南省则以热带雨林或热带季雨林为主。

该类保护区广泛分布于我国各省（直辖市、自治区），公路、铁路、输油管线、索道等交通运输类和水利水电等类型的建设项目及旅游活动都曾涉及该类自然保护区。

（1）主要保护目标

在该类保护区内分布的典型地域森林植被类型是其主要保护对象。如湖南某森林生态系统类型的自然保护区，申报的主要保护对象是常绿阔叶林，保护区内分布有 23 种常绿阔叶林群落类型、10 种落叶阔叶林群落类型、7 种竹林群落类型和 2 种灌木林群落类型，其中常绿阔叶林应当是该保护区的主要保护对象；在 23 种常绿阔叶林群落类型中，真润楠林（1 块）、栲树林和黔桂润楠（各有 2 块）较稀缺，应作为重点保护目标。

成熟的森林生态系统具备完善的动植物种群结构，其中分布有国家或地方重点保护物种，这些物种应逐一列入主要保护目标。

森林生态系统还具有生态服务功能，如涵养水源、制造氧气等。必要时，也应当把生态系统服务功能作为主要保护目标。

（2）重点评价范围

涉森林生态系统类型自然保护区的项目的评价范围包括整个保护区地域范围，其中工程永久占地和临时用地及其周边地区应当作为重点评价地带。此外，稀有植被类型及国家和地方重点保护植物的分布地带、国家和地方重点保护野生动物的繁殖地、栖息地和主要活动范围也应当作为重点评价地带。

（3）现状调查及评价

对整个保护区进行现状调查，对重点评价地带进行重点调查，包括样方布置、重点保护野生动植物调查等。

现状评价时应明确如下内容：

——植被类型及重点保护野生植物分布；

——重点保护野生动物的生态习性、分布，及其繁殖地、栖息地和主要活动范围；

——位于丘陵山地的水土流失影响预测；

——保护区的主要生态服务功能及其在区域生态服务中的作用；

——其他。

（4）影响预测及保护措施

影响预测的内容主要有：

——永久占地和临时用地中是否存在稀有植被类型和重点保护野生植物群落分布；

——永久占地和临时用地是否占用重点保护野生动物繁殖地、栖息地等重要生存场所；

——预测永久占地和临时用地对植被的损害程度；

——对兽类、鸟类、两栖类、爬行类等一般动物的影响，有条件的最好对昆虫的影响进行预测；

——预测对受保护野生动物的影响程度，包括生境是否碎化、活动范围是否受阻等；

——隧道漏、排水对地下水的影响，进而引起的顶部泉水疏干或植被受损；

——对森林生态系统服务功能的影响程度；

——其他影响。

拟采取的保护措施主要有：

——永久占地和临时用地中存在稀有植被类型和重点保护野生植物群落分布，或占用重点保护野生动物繁殖地、栖息地等重要生存场所时，应采用避让措施；

——尽可能在保护区内种植等面积的植被，补偿永久占地对植被的损害；

——提出临时用地植被恢复措施；

——收集表土用于植被恢复；

——造成生境碎化或野生动物活动范围受阻时，应提出动物通道的建设位置、规格及其他设计要求；

——结合隧道顶部泉水和植被的重要性提出控制隧道漏、排水措施或限排基准；

——施工期和运营期水土保持措施；

——其他生态服务功能保护措施。

7.5.2.2 草原草甸生态系统

至 2008 年，我国共有草原草甸生态系统类型自然保护区 41 个，总面积约 21 868 km²，平均每个保护区约 533.4 km²。该类保护区仅分布于内蒙古自治区、黑龙江省、新疆维吾尔自治区和四川省，其中以内蒙古自治区最多，有 23 个，占全国草原草甸类型自然保护区数量的一半以上。

该类保护区主要分布于我国的干旱半干旱地带，主要保护对象是各类型草本群落及草原动物。

涉及该类自然保护区的主要有公路、铁路、输油管线等交通运输类项目，能源开发项目和旅游活动。由于保护区面积较大，有的先后受到多个建设项目的影响，如内蒙古锡林郭勒草原国家级自然保护区先后有多个煤矿项目涉及。

（1）主要保护目标

该类保护区通常以典型山地草原、草甸草原、高寒草地、荒漠草原等草原生态系统为主要保护对象。此外，该类保护区大多分布有国家或地方重点保护野生动物，尤其以草原兽类最多；有的保护区还存在疏林、湿地或其他保护对象。

因此，草原草甸类型自然保护区的主要保护对象为各类草原生态系统、重点保护野生动植物及其他申报自然保护区时列出的主要保护对象。例如，内蒙古阿鲁科尔沁国家级自然保护区主要保护对象为草原、湿地及珍稀鸟类。

在干旱半干旱地区，草原草甸生态系统具有防风固沙等生态服务功能，也应当作为主要保护对象。

（2）重点评价范围

涉及草原草甸自然保护区的项目的评价范围包括整个保护区地域范围，其中工程永久占地和临时用地及其周边地区应当作为重点评价地带。此外，国家和地方重点保护植物的分布地带、国家和地方重点保护野生动物的繁殖地、栖息地、主要迁徙通道和活动范围以及湿地和水源地也应当作为重点评价地带。

（3）现状调查及评价

对整个保护区进行调查，并对重点评价地带进行重点调查，包括样方布置、重点保护野生动植物调查等。

现状评价时应明确如下内容：

——草原/草甸植被类型及重点保护野生植物分布；

——重点保护野生动物的生态习性、分布，及其繁殖地、栖息地和主要活动范围；

——风力侵蚀/堆积影响程度以及主导风向、风速等相关气象条件；

——地下水补径排条件，潜水水位及其与植被类型的关系；

——保护区的其他主要生态服务功能及其在区域生态服务中的作用。

（4）影响预测及保护措施

影响预测的内容主要有：

——永久占地和临时用地中是否存在稀有植被类型和重点保护野生植物群落分布；

——永久占地和临时用地是否占用重点保护野生动物繁殖地、栖息地等重要生存场所；

——预测永久占地和临时用地对植被的损害程度；

——对兽类、鸟类、两栖类、爬行类等一般动物的影响，有条件的最好对昆虫的影响进行预测；

——预测对受保护野生动物的影响程度，包括生境是否碎化、活动范围是否受阻等；

——预测对地下水位、水量、水质以及地下水补径排条件的影响程度，推测地下水受影响后对地表植被的影响趋势；

——预测风力侵蚀/堆积趋势及半干旱区水土流失影响；

——对草原草甸其他生态系统服务功能的影响程度。

拟采取的保护措施主要有：

——永久占地和临时用地中存在稀有植被类型和重点保护野生植物群落分布，或占用重点保护野生动物繁殖地、栖息地等重要生存场所时，应采用避让措施；

——尽可能在保护区内种植等面积的植被，补偿永久占地对植被的损害；

——尽可能采取草丛移栽，用于临时用地植被恢复；

——造成生境碎化或野生动物活动范围受阻时，应提出动物通道的建设位置、规格及其他设计要求；

——地下水保护措施；

——防风固沙措施及半干旱区水土保持措施。

7.5.2.3　荒漠生态系统

至 2008 年，我国共有荒漠生态系统类型自然保护区 31 个，总面积约 405 339 km²，平均每个保护区约 10375.5 km²。该类保护区分布于内蒙古自治区、新疆维吾尔自治区、陕西省、青海省、宁夏回族自治区、甘肃省和黑龙江省，其中以内蒙古自治区最多，有 15 个，占全国荒漠类型自然保护区数量近一半。

该类保护区主要分布于我国的干旱地带，主要保护对象是各类型荒漠植被群落及野生动物。

涉及该类自然保护区的主要有公路、铁路、输油管线等交通运输类项目，能源开发项目及旅游活动。荒漠类型是我国自然保护区各类型中平均面积最大的类型，由于保护区面积很大，有的先后受到多个建设项目的影响，如宁夏白芨滩国家级自然保护区先后有公路、铁路、输油管道等多个项目涉及。

（1）主要保护目标

该类保护区主要保护干旱荒漠、高寒荒漠生态系统，以及胡杨、梭梭、臭柏、绵刺、灰杨、柠条等旱生植被和蒙古野驴、盘羊、藏羚羊等大型有蹄类野生动物。

此外，大多数荒漠类型的保护区内分布有河流、湖泊或季节沼泽，有些湿地是候鸟的繁殖地。因此，这些湿地在荒漠生态系统中显得尤其重要，应当作为主要保护目标。

高寒地带的草皮及戈壁和沙漠表层具有防风固沙作用，也应作为保护目标。

（2）重点评价范围

涉及荒漠类型自然保护区建设项目的评价范围包括整个保护区地域范围，其中工程永久占地和临时用地及其周边地区应当作为重点评价地带。此外，国家和地方重点保护植物的群落分布地带，国家和地方重点保护野生动物的繁殖地、栖息地、主要迁徙通道和活动范围以及湿地也应当作为重点评价范围。

（3）现状调查及评价

对整个保护区进行现状调查，对重点评价地带进行重点调查，包括样方布置、重点保护野生动植物调查等。

现状评价时应明确如下内容：

——荒漠植被类型及重点保护野生植物分布；

——大型有蹄类动物的生态习性、分布，及其繁殖地、栖息地和主要活动范围；

——风力侵蚀/堆积影响程度以及主导风向、风速等相关气象条件；

——地下水补径排条件，潜水水位及其与植被类型的关系；

——保护区的其他主要生态服务功能及其在区域生态服务中的作用。

（4）影响预测及保护措施

影响预测的内容主要有：

——永久占地和临时用地中是否存在稀有植被类型和重点保护野生植物群落分布；

——永久占地和临时用地是否占用重点保护野生动物繁殖地、栖息地等重要生存场所；

——预测永久占地和临时用地扰动土地面积及对植被的损害程度；

——预测对受保护野生动物的影响程度，包括生境是否碎化、活动范围是否受阻等；

——对其他野生动物的影响程度；

——预测湿地受影响程度；

——预测对地下水位、水量、水质以及地下水补径排条件的影响程度，推测地下水受影响后对地表植被的影响趋势；

——预测风力侵蚀/堆积趋势及半干旱区水土流失影响；

——对荒漠其他生态系统服务功能的影响程度。

拟采取的保护措施主要有：

——永久占地和临时用地中存在稀有植被类型和重点保护野生植物群落分布，或占用重点保护野生动物繁殖地、栖息地等重要生存场所时，应采用避让措施；

——草皮移栽，用于临时用地植被恢复措施；

——造成生境碎化或野生动物活动范围受阻时，应提出动物通道的建设位置、规格及其他设计要求；

——提出保护湿地水源、控制地下水位和水量的措施；

——防风固沙措施。

7.5.2.4 内陆湿地和水域生态系统

至 2008 年，我国共有内陆湿地与水域生态系统类型自然保护区 269 个，约占全国自然保护区总数的 10.6%。内陆湿地与水域类型自然保护区总面积约 282 772 km²，约占全国自然保护区总面积的 19.0%，平均每个保护区约 1 051.7 km²。

该类保护区的主要保护对象以沼泽类湿地生态系统为主，同时包括湖泊类湿地和河流类湿地。面积较大的内陆湿地与水域类型的自然保护区可以是分布有沼泽、河流和湖泊等多种类型的湿地。

该类保护区广泛分布于我国各省（直辖市、自治区），公路、铁路、输油管线等交通运输类和水利水电等类型的建设项目及旅游活动都曾涉及该类自然保护区。其中水利水电类建设项目对该类型自然保护区的影响最为严重，即使在保护区界外的水利水电工程，尤其是大坝和调水工程，也因其控制进入湿地的水量而对该类型自然保护区产生重要影响。

（1）主要保护目标

在该类保护区内分布的典型湿地植被及野生动物是其主要保护对象。例如黑龙江洪河自然保护区分布有多种典型湿地植物群落和鸟类，是东方白鹳的重要繁殖地。因此，有代表性的典型植物群落和重点受保护的野生动植物是该类自然保护区的主要保护目标。

湿地生态系统还具有生态服务功能，如削减洪峰、净化水体等。必要时，也应当把湿地生态系统服务功能作为主要保护目标之一。

（2）重点评价范围

对于不改变湿地水文条件的涉及自然保护区建设项目，其评价范围包括整个保护区地域范围，其中工程永久占地和临时用地及其周边地区应当作为重点评价地带。此外，稀有植被类型及国家和地方重点保护植物的分布地带、国家和地方重点保护野生动物的繁殖地、栖息地和主要活动范围也应当作为重点评价地带。

对于可能改变湿地水文条件的涉及自然保护区建设项目，其评价范围应包括水文条件可能发生变化的保护区内所有地域范围。

（3）现状调查及评价

对整个保护区进行现状调查，对重点评价地带进行重点调查，包括样方布置、重点保护野生动植物调查等。

现状评价时应明确如下内容：

——湿地水源补给来源、季节流量、排泄方向、泄水基准标高等水文条件；

——湿地浮游生物、底栖生物、鱼类等水生生物调查；

——湿地植被类型及其与水深、水位标高的关系，重点保护野生植物分布；

——重点保护野生动物的生态习性、分布，及其繁殖地、栖息地和主要活动范围；

——保护区的主要生态服务功能及其在区域生态服务中的作用；

——其他。

（4）影响预测及保护措施

影响预测的内容主要有：

——在保护区内永久占用湿地是否影响湿地水位、水流通或交换；

——永久占地和临时用地中是否存在稀有植被类型和重点保护野生植物群落分布；

——永久占地和临时用地及"三废"排放和噪声是否影响重点保护野生动物繁殖地、栖息地等重要生存场所；

——预测湿地水位、水量、水质的影响程度，推测水位变化后湿地植被的演替方向及对鱼类、水禽等野生动物的影响趋势；

——估算湿地生态需水量及季节分配；

——预测永久占地和临时用地对植被的损害程度；

——预测湿地浮游生物、底栖生物、鱼类等水生生物的受影响趋势；

——预测对受保护野生动物的影响程度，包括适宜生境是否减少、活动范围是否受影响等；

——对湿地生态系统服务功能的影响程度。

拟采取的保护措施主要有：

——对重要湿地产生不可逆的严重影响时，应采用避让或取消工程建设的措施；

——严格控制湿地水位，按照生态需水量及季节分配量向湿地供水；

——采取有效的"三废"治理和防噪措施；

——湿地恢复或异地补偿措施。

7.5.2.5 海洋和海岸生态系统

至 2008 年，我国共有海洋与海岸生态系统类型自然保护区 72 个，约占全国自然保护区总数的 10.6%。海洋与海岸类型自然保护区总面积约 10 125 km²，约占全国自然保护区总面积的 2.8%，平均每个保护区约 140.6 km²。

该类保护区的主要保护对象主要有岛屿生态系统、珊瑚礁生态系统、滩涂湿地、红树林、鸟类等野生动物及文蛤等海产品。

该类保护区分布于我国沿海各省（直辖市、自治区），涉及该类保护区的建设项目主要有航道疏浚、公路、铁路、输油管线等交通运输类项目及旅游活动。

（1）主要保护目标

该类保护区的主要保护对象各异，作为建设项目环境影响评价应有针对性地确定不同的主要保护目标。以河口、滩涂湿地或红树林作为主要保护对象的自然保护区，环评的主要保护目标是河口、滩涂湿地生态系统或红树林生态系统；以岛屿或珊瑚礁作为主要保护对象的自然保护区，环评的主要保护目标是岛屿生态系统或珊瑚礁生态系统；同时，在这些生态系统中存在的鸟类等重要野生动物也是环评的主要保护目标。对于以海产品为主要保护对象的自然保护区，环评的主要保护目标是受保护的海产品及其生境。

（2）重点评价范围

涉及海洋与海岸类型自然保护区项目的评价范围包括整个保护区地域范围，其中工程搅动的水域范围、永久占地和临时用地及其周边地区应当作为重点评价地带。此外，国家和地方重点保护植物的群落分布地带以及国家和地方重点保护野生动物的繁殖地、栖息地和活动范围也应当作为重点评价范围。

（3）现状调查及评价

对整个保护区进行现状调查，对重点评价地带进行重点调查，包括样方布置、重点保护野生动植物调查等。

现状评价时应明确如下内容：

——海岸带底泥中污染物含量；

——海洋浮游生物、底栖生物、仔鱼和鱼卵、鱼类等水生生物调查；

——海岸湿地高等植物植被类型及其与潮水深、水位、海水盐度的关系，重点保护野生植物分布；

——涉及河口滩地时应调查河流水文条件；

——重点保护野生动物的生态习性、分布，及其繁殖地、栖息地和主要活动范围；

——其他。

（4）影响预测及保护措施

影响预测的内容主要有：

——被扰动的底泥是否对水质或水生生物产生影响；

——被扰动的水域或永久占地和临时用地中是否存在稀有植被类型和重点保护野生植物群落分布；

——被扰动的水域范围内是否涉及鱼类产卵场；

——被扰动的水域或永久占地和临时用地及"三废"排放和噪声是否影响重点保护野生动物繁殖地、栖息地等重要生存场所；

——预测海洋浮游生物、底栖生物、鱼类及其产卵场等水生生物的受影响趋势；

——预测对受保护野生动物的影响程度，包括适宜生境是否减少、活动范围是否受影响等。

拟采取的保护措施主要有：

——对重要海岸带产生不可逆的严重影响时，应采用避让或取消工程建设的措施；

——采取有效的"三废"治理和防噪措施；

——人工鱼礁用于补偿鱼类产卵场的损失；

——植被恢复或异地补偿措施。

7.5.2.6　野生动物

至 2008 年，我国共有野生动物类型自然保护区 524 个，是我国数量较多的自然保护区类型，约占全国自然保护区总数的 20.65%。野生动物类型自然保护区总面积约 426 463 km²，约占全国保护总面积的 28.63%，平均每个保护区约 813.9 km²。

该类保护区的主要保护对象为一种或几种国家级重点保护野生动物及其生境。例如，四川雪宝顶国家级自然保护区主保护对象为大熊猫、川金丝猴、扭角羚及其生境，贵州麻阳河国家级自然保护区主要保护对象为黑叶猴及其生境，山西五鹿山国家级自然保护区主要保护对象为褐马鸡及其生境，大连斑海豹国家级自然保护区主要保护对象为斑海豹及其生境，海南大田国家级自然保护区主要保护对象为坡鹿及其生境，湖南张家界国家级自然保护区主要保护对象为大鲵及其栖息生境，湖北长江新螺段白鱀豚国家级自然保护区主要保护对象为白鱀豚、江豚、中华鲟及其生境。

该类保护区广泛分布于我国各省（直辖市、自治区），公路、铁路、输油管线等交通运输类和水利水电等类型的建设项目以及旅游活动都曾涉及该类自然保护区。其中，交通工程对兽类及灵长类保护区的影响较大，水利工程对以保护水生生物为主的保护区的影响更为突出，例如葛洲坝工程对中华鲟的影响，溪洛渡—向家坝对白鲟和胭脂鱼的影响。

（1）主要保护目标

保护区主要保护对象的野生动物物种（以下简称"主要保护野生动物"）是环评的主要保护目标。不仅如此，环评的主要保护目标还必须细化并落实到该主要保护物种生活史中的重要生境地，包括繁殖地（产卵场）、越冬地、觅食地（索饵场）、栖息地、活动范围、迁徙通道（洄游通道）等。如果保护区内存在有其他的受保护野生动植物物种，也应当列入环评的保护目标。

（2）重点评价范围

涉及野生动物类型自然保护区项目的评价范围包括整个保护区地域范围，对于大型兽类、鱼类等活动范围可能超过保护区范围的物种，也应将该物种在保护区界外的活动范围纳入评价范围中。工程永久占地（或水域）和临时用地（或水域）及其周边地区应当作为重点评价地带，受保护物种的繁殖地（产卵场）、越冬地、觅食地（索饵场）、栖息地、活动范围、迁徙通道（洄游通道）等也是重点评价地带。此外，其他稀有植被类型和国家和地方重点保护植物的分布地带、国家和地方重点保护野生动物的繁殖地、栖息地和主要活动范围也应当作为重点评价地带。

（3）现状调查及评价

对整个保护区进行现状调查，对重点评价地带进行重点调查，包括受保护野生动物调查和样方布置等。

现状评价时应明确如下内容：

——主要保护野生动物物种在全国或全球分布及其在保护区内的分布；

——主要保护野生动物物种生态习性及其繁殖地（产卵场）、越冬地、觅食地（索饵场）、栖息地、活动范围、迁徙通道（洄游通道）等重要生境地在保护区内的分布；

——主要保护野生动物物种的主要生境地的植被类型；

——其他受保护野生动植物的分布；

——位于丘陵山地的自然保护区应调查水土流失现状；

——其他。

（4）影响预测及保护措施

影响预测的内容主要有：

——永久占地（或水域）和临时用地（或水域）中是否占用主要保护野生动物物种的繁殖地（产卵场）、越冬地、觅食地（索饵场）、栖息地、活动范围、迁徙通道（洄游通道）等重要生境地；

——永久占地（或水域）和临时用地（或水域）是否存在稀有植被类型和重点保护野生植物群落分布，是否占用其他重点保护野生动物繁殖地、栖息地等重要生存场所；

——预测永久占地和临时用地对植被的损害程度；

——预测永久占地（或水域）和临时用地（或水域）对主要保护野生动物物种的繁殖地（产卵场）、越冬地、觅食地（索饵场）、栖息地、活动范围、迁徙通道（洄游通道）等重要生境地的影响程度，并分析对其生态习性的影响，包括生境是否碎化、活动范围是否受阻等；

——预测对其他兽类、鸟类、两栖类、爬行类等一般动物的影响；

——隧道漏、排水对地下水的影响，进而引起的顶部泉水疏干、植被受损对主要保护野生动物的间接影响；

——位于丘陵山地的自然保护区应预测水土流失影响；

——其他影响。

拟采取的保护措施主要有：

——永久占地（或水域）和临时用地（或水域）中存在主要保护野生动物物种的重要

生境地时，应当采取避让措施；

——提出临时用地植被恢复措施，收集表土用于植被恢复；

——对主要保护野生动物物种的繁殖地（产卵场）、越冬地、觅食地（索饵场）、栖息地产生影响的，尽可能在保护区内进行生境再造或恢复；

——对主要保护野生动物活动范围产生影响的，可通过在保护内非活动范围的其他地带进行生境再造进行等面积补偿，或在保护区周边条件较好的地带实施生境再造；

——造成生境碎化或野生动物活动范围受阻时，应提出动物通道的建设位置、规格及其他设计要求；

——结合隧道顶部泉水和植被的重要性提出控制隧道漏、排水措施或限排基准；

——在丘陵山地应提出施工期和运营期水土保持措施；

——其他措施。

7.5.2.7　野生植物

至 2008 年，我国共有野生植物类型自然保护区 156 个，约占全国自然保护区总数的 6.15%。野生植物类型自然保护区总面积约 26 639 km^2，平均每个保护区约 170.8 km^2。

该类保护区的主要保护对象为一种或几种国家级重点保护野生植物及其伴生的森林生态系统或立地条件。例如，吉林天佛指山国家级自然保护区主要保护对象为松茸及森林生态系统，浙江天目山国家级自然保护区主要保护对象为银杏、连香树、金钱松等珍稀植物，四川攀枝花苏铁国家级自然保护区主要保护对象为攀枝花苏铁，福建天宝岩国家级自然保护区主要保护对象为长苞铁杉、猴头杜鹃等珍稀植物，贵州赤水桫椤国家级自然保护区主要保护对象为桫椤、小黄花茶等野生植物，重庆金佛山国家级自然保护区主要保护对象为银杉、珙桐等常绿阔叶林。

该类保护区广泛分布于我国各省（直辖市、自治区），公路、铁路、输油管线等交通运输类和水利水电等类型的建设项目及旅游活动都曾涉及该类自然保护区。

（1）主要保护目标

保护区主要保护对象的野生植物物种（以下简称"主要保护野生植物"）是环评的主要保护目标，也包括最重要的主要保护野生植物的群落分布地带及其立地条件，包括水分、土壤等物理因子。如果保护区内存在有其他的受保护野生动植物物种，也应当列入环评的保护目标。

（2）重点评价范围

涉及野生植物类型自然保护区项目的评价范围包括整个保护区地域范围，其中工程永久占地和临时用地及其周边地区应当作为重点评价地带。此外，稀有植被类型及国家和地方重点保护植物的分布地带、国家和地方重点保护野生动物的繁殖地、栖息地和主要活动范围也应当作为重点评价地带。

（3）现状调查及评价

对整个保护区进行现状调查，对重点评价地带进行重点调查，包括样方布置、主要保护野生植物等。

现状评价时应明确如下内容：

——主要保护野生植物的立地条件及其在全国的分布范围；

——主要保护野生植物群落和零星植株在保护区内的分布；

——保护区内土壤及水文条件；

——保护区内植被类型及其分布，永久占地和临时用地范围内的主要保护野生植物及其他受保护野生植物的分布；

——其他受保护野生动物在保护区内的分布；

——其他。

（4）影响预测及保护措施

影响预测的内容主要有：

——预测土壤和水文条件改变程度；

——永久占地和临时用地对主要保护野生植物的影响，预测永久占地和临时用地对植被的损害程度；

——对其他野生动物的影响；

——隧道漏、排水对地下水的影响，进而引起的顶部植被的影响；

——其他影响。

拟采取的保护措施主要有：

——永久占地和临时用地中存在主要保护野生植物群落分布或百年以上植株时，必须采用避让措施；

——永久占地和临时用地中存在主要保护野生植物树龄较小的个别植株时，可选择相同立地条件进行移栽；

——尽可能在保护区内种植等面积的植被，补偿永久占地对植被的损害；

——提出临时用地植被恢复措施；

——收集表土用于植被恢复；

——结合隧道顶部泉水和植被的重要性提出控制隧道漏、排水措施或限排基准；

——丘陵山地施工期和运营期水土保持措施；

——其他措施。

7.5.2.8 地质遗迹

至 2008 年，我国共有地质遗迹类型自然保护区 99 个，约占全国自然保护区总数的 3.9%。地质遗迹类型自然保护区总面积约 12 057 km^2，平均每个保护区约 121.8 km^2。

该类保护区的主要保护对象为地层剖面、地质构造、地貌形态。例如，天津蓟县国家级自然保护区主要保护对象为中、上元古界地质层剖面，浙江长兴地质遗迹国家级自然保护区主要保护对象为二叠纪石灰岩地质剖面，河北泥河湾国家级自然保护区主要保护对象为新生代沉积地层，辽宁成山头国家级自然保护区主要保护对象为海滨地貌地质遗迹及海滨喀斯特地貌，吉林伊通火山群国家级自然保护区主要保护对象为火山地质遗迹，黑龙江五大连池国家级自然保护区主要保护对象为火山地质遗迹、矿泉水，山东马山国家级自然保护区主要保护对象为柱状节理石柱、硅化木等，广东丹霞山国家级自然保护区主要保护对象为丹霞地貌。

该类保护区分布于我国各省（直辖市、自治区），公路、铁路、输油管线等交通运输类和水利水电等类型的建设项目及旅游活动都曾涉及该类自然保护区，其中旅游活动对其影响较大。

（1）主要保护目标

保护区主要保护对象的地层剖面、地质构造、地貌形态是环评的主要保护目标，且大多以就地保护为主。此外，地貌形态也需要从景观角度进行保护。

（2）重点评价范围

涉及地质遗迹类型自然保护区的项目的评价范围包括整个保护区地域范围，其中工程永久占地和临时用地及其周边地区应当作为重点评价地带。

（3）现状调查及评价

现状评价时应明确如下内容：

——主要保护的地层剖面、地质构造、地貌形态的地质学意义及其在国内的分布；

——主要保护的地层剖面、地质构造、地貌形态在保护区内的分布；

——主要保护的地层剖面、地质构造、地貌形态保护现状；

——其他。

（4）影响预测及保护措施

影响预测的内容主要有：

——永久占地和临时用地对主要保护的地层剖面、地质构造、地貌形态的影响或损害程度；

——工程对地貌形态的景观影响程度；

——"三废"排放对地层剖面、地质构造、地貌形态的间接影响；

——其他影响。

拟采取的保护措施主要有：

——永久占地和临时用地中存在主要保护的地层剖面、地质构造、地貌形态时，必须采用避让措施；

——对地貌形态的景观影响方面，采取多方案比选后尽可能降低影响程度；

——其他措施。

7.5.2.9 古生物遗迹

至 2008 年，我国共有古生物遗迹类型自然保护区 30 个，约占全国自然保护区总数的 1.18%。古生物遗迹类型自然保护区总面积约 5 094 km^2，平均每个保护区约 169.8 km^2。

该类保护区的主要保护对象为古生物化石和遗迹。例如，内蒙古鄂托克恐龙遗迹化石国家级自然保护区主要保护对象为恐龙足迹化石，辽宁北票鸟化石国家级自然保护区主要保护对象为中生代晚期鸟化石等古生物化石群，福建深沪湾海底古森林遗迹国家级自然保护区主要保护对象为海底古森林遗迹和牡蛎海滩岩及地质地貌，河南南阳恐龙蛋化石群国家级自然保护区主要保护对象为恐龙蛋化石。

该类保护区分布于我国各省（直辖市、自治区），公路、铁路、输油管线等交通运输类和水利水电等类型的建设项目及旅游活动都曾涉及该类自然保护区，其中旅游活动对其影响较大。

（1）主要保护目标

保护区主要保护的古生物化石和遗迹是环评的主要保护目标，且大多以就地保护为主。

（2）重点评价范围

涉及古生物遗迹类型自然保护区的项目的评价范围包括整个保护区地域范围，其中工程永久占地和临时用地及其周边地区应当作为重点评价地带。

（3）现状调查及评价

现状评价时应明确如下内容：

——主要保护的古生物化石和遗迹的地质学意义及其在国内的分布；

——含化石地层及主要保护的古生物化石和遗迹在保护区内的出露点和浅埋地带的分布；

——主要保护的古生物化石和遗迹保护现状；

——其他。

（4）影响预测及保护措施

影响预测的内容主要有：

——永久占地和临时用地对主要保护的古生物化石和遗迹的出露点的影响或损害程度；

——工程对含化石地层及主要保护的古生物化石和遗迹的浅埋带的影响或损害程度；

——"三废"排放对主要保护的古生物化石和遗迹的间接影响；

——其他影响。

拟采取的保护措施主要有：

——永久占地和临时用地中大面积存在主要保护的古生物化石和遗迹时，应采用避让措施；

——永久占地和临时用地中存在少许主要保护的古生物化石和遗迹时，可采用抢救性发掘后迁地保护措施；

——其他措施。

7.5.3　其他评价要点

在涉及自然保护区建设项目专题评价中还有几个需要特别关注的问题。

第一，水利水电工程的评价范围。

水利水电工程中的大坝工程和跨流域调水工程的生态影响范围远远大于永久用地和临时用地的范围。例如，三峡工程蓄水后，远在长江口的崇明岛三个取水口受到海水入侵的时间加长。再如，黑龙江扎龙国家级自然保护区因其上游约 100 km 处的尼尔基水利枢纽工程建设导致湿地严重缺水并引发多次火灾。

因此，水利工程的评价范围应包括受工程影响水文条件发生变化的流域全部地区，包括水库上游的淹没区及下游水位、水量和水质变动地区，位于受影响地区的内陆湿地和水域类型自然保护区及水生野生动物类型自然保护区均应作为重点评价地区，受到直接影响的其他类型的自然保护区，也应当作为重点评价地区。

第二，提出的相应管理措施和监测措施均应明确实施方案，便于操作。

涉及自然保护区建设项目的环评报告中大多能提出相应的管理措施和监测措施，落实这些措施的关键在于其可操作程度，应逐一明确保护措施实施方案，包括措施内容、实施时间、地点、执行人等。

第三，生态补偿应落实到生态保护措施中。

涉及自然保护区建设项目应对自然保护区进行生态补偿，大多数涉及自然保护区建设项目能够在环评报告中列出生态补偿费用，少数能落实到自然保护区的生态保护措施中。

涉及自然保护区建设项目对自然保护区的生态补偿费用应结合该保护区建设规划及工程的影响程度落实到具体的工程措施、生物措施和管理措施中。

参考文献

[1] 安徽天马国家级自然保护区总体规划设计. 2001.

[2] 安徽天堂寨省级风景名胜区生态旅游总体规划. 2007.

[3] 东滩国际重要湿地 RAMSAR 生态旅游规划 2005—2015. 2005.

[4] 上海崇明东滩鸟类自然保护区总体规划. 2003.

[5] 白皮书国务院新闻办公室. 中国的矿产资源政策. 2003-12-23.

[6] Andrén H. Effects of habitat fragmentation on birds and mammals in landscapes with different proportions of suitable habitat: a review [J]. Oikos，1994，71：355-364.

[7] Bachelet D，Neilson R P，Lenihan J M，et al. Climate change effects on vegetation distribution and carbon budget in the United States [J]. Ecosystems，2001，4：164-185.

[8] Brian D，Jeffrey V B，Jennifer P. A method for assessing hydrologic alteration within ecosystems [J]. Conservation Biology，1996，10（4）：1163-1174.

[9] Bennett A，Radford J. Know your ecological thresholds. Native vegetation Research and Development Program [M]. Land and Water Australia，Canberra. Thinking Bush 2，2003.

[10] Coffin A W. From roadkill to road ecology：A review of the ecological effects of roads. Journal of Transport Geography，2007，15（5）：396-406.

[11] Drinnan I N. The search for fragmentation thresholds in a south Sydney suburb [J]. Biological Conservation，2005，124：339-349.

[12] Fahrig L. When does fragmentation of breeding habitat affect population survival？[J]. Ecological Model，1998，105：273-292.

[13] Flather C H，Bevers M. Patchy reaction-diffusion and population abundance：the relative importance of habitat amount and arrangement [J]. The American Naturalist，2002，159：40-56.

[14] Forman R T T. Estimate of the area affected ecologically by the road system in the United States. Conservation Biology，2000，14：31-35.

[15] Forman R T T，Sperling D，Bissonette J A，Clevenger A P，et al. Road Ecology：Science and Solutions. Washington D.C.：Island Press，2003.

[16] Free J B，Gennard D，Stenvenson J H，et al. Beneficial inserts present on a motorway verge [J]. Biological Conservation，1975，8：61-72.

[17] HJ/T 19—1997 环境影响评价技术导则　非污染生态影响[S]. 北京：中国环境科学出版社，1998.

[18] HJ/T 88—2003 环境影响评价技术导则　水利水电工程[S]. 北京：中国环境科学出版社，2003.

[19] Jansson G I，Angelstam P. Threshold levels of habitat composition for presence of the long-tailed tit （Aegithalos caudatus）in a boreal landscape [J]. Landscape Ecology，1999，14：283-290.

[20] Knutson R M. Flattened Fauna: A field guide to common animals of roads, streets and highways [M]. Ten Speed Press, 1987, 12 (1): 23-56.

[21] Laursen K. Birds on roadside verges and the effects of mowing on frequency and distribution [J]. Biological Conservation, 1981, 20: 59-68.

[22] Lindenmayer D B, Luck G. Synthesis: Thresholds in conservation and management [J]. Biological Conservation, 2005, 124: 351-354.

[23] May R M. Thresholds and breakpoints in ecosystems with a multiplicity of stable states [J]. Nature, 1977, 269: 471-477.

[24] Mönkkönen M, Reunanen P. On critical thresholds in landscape connectivity: a management perspective [J]. Oikos, 1999, 84: 302-305.

[25] Oxley D J, Fenton M B, Carmody G R. The effects of roads on populations of small mammals [J]. Journal of Applied Ecology, 1974, 2: 51-59.

[26] Ozturgute E, Lavelle J W, Burns. Impacts of manganese nodule mining of the environment: Results from pilot-scale mining tests in the north equatorial Pacific [A]//Dumping and Mining[C]. Amsterdam: Elsevier Scientific Publishing Company, 1981: 437-474.

[27] Philips S. The Dive Tourism Industry of Byron Bay: A Management Strategy for the Future. Unpublished Integrated Project Dissertation, Faculty of Resource Science and Management, University of New England-Northern Rivers, 1992.

[28] Raford J Q, Bennett A F, Cheers G J. Landscape-level thresholds of habitat cover for woodland-dependent birds [J]. Biological Conservation, 2005, 124: 317-337.

[29] Reid W V, Kenton R M. Keeping options alive: the scientific basis for conserving biodiversity [M]. World Resources Institute, Washington D.C., 1989.

[30] Stanford J A, Ward J V. A general protocol for restoration of regulated river [J]. Research and Management, 1996, 12: 391-414.

[31] Shaffer M L. Minimum population sizes for species conservation [J]. BioScience, 1981, 31 (2): 131-134.

[32] Sherwood B, Burton J, Cutler D. Wildlife and roads: Pecological impact[M]. Imperial College Press, 2002, 2: 1-69.

[33] Shi Q. The impact of tourism on soils in Zhangjiajie World Geopark [J]. Journal of Forestry Research, 2006, 17 (2): 167-170.

[34] Taub D R, Seeman J R, Coleman J S, et al. Growth in elevated CO_2 protects photosynthesis against high temperature damage [J]. Plant, Cell and Environment, 2000, 23: 649-656.

[35] Tennat D L. In stream flow regimens for fish, wildlife, recreation, and related environmental resources[A]// Orshorn J F, Allman C H (Eds). Proceedings of Symposium and Specialty Conference on Instream Flow Needs II[C]. Bethesda: American Fisheries Society, Maryland, 1976: 359-373.

[36] Walker B. Biodiversity and ecosystem redundancy [J]. Conservation Biology, 1992, 6: 18-23.

[37] Ward S, Thornton I. Equilibrium theory and alternative stable equilibrium [J]. Journal of Biogeography, 1998, 25: 615-622.

[38] WCMC. Global Biodiversity: Status of the Earth's living resources [M]. London: Chapman and Hall, 1992.

[39] Wellmer，Becker P. Sustainable development and the exploitation of mineral and energy resources：a review[J]. International Journal of Earth Sciences，2002，91（5）：723-745.

[40] White G F. The environmental effects of the high dam at Aswan [J]. Environment，1988， 30（7）：4-11.

[41] 蔡银莺，张安录. 耕地资源流失与经济发展的关系分析[J]. 中国人口·资源与环境，2005，15（5）：52-57.

[42] 陈百明，周小萍. 全国及区域性人均耕地阈值的探讨[J]. 自然资源学报，2002，17（5）：621-627.

[43] 陈大庆，常剑波，顾洪宾. 金沙江一期工程对保护区生态环境的影响与对策[J]. 长江科学院院报，2005，22（2）：21-24.

[44] 陈宜瑜，常剑波. 长江中下游泛滥平原环境结构改变与湿地丧失[A]//中国湿地研究[C]. 长春：吉林科学技术出版社，1995：153-160.

[45] 陈迎春. 绥满公路扩建对扎龙自然保护区的影响和防治措施[J]. 北方环境，2002（3）：47-49.

[46] 程金香，马俊杰. 石油开发工程生态环境影响分析与评价[J]. 环境科学与技术，2004，27（6）：64-65.

[47] 崔凤军，杨永慎. 泰山旅游环境承载力及其时空分异特征与利用强度研究[J]. 地理研究，1997，16（4）：47-55.

[48] 崔向慧，褚建民，李少宁，等. 我国自然保护区生态旅游现状及开发与管理对策[J]. 世界林业研究，2006，19（4）：57-60.

[49] 方子云. 国民经济的可持续发展与水电开发[J]. 水电站设计，2000，16（3）：1-6.

[50] 房艳刚. 中国自然保护区生态旅游开发与管理研究[D]. 沈阳：东北师范大学，2003.

[51] 环境保护部. 关于加强自然保护区调整管理工作的通知（环发[2008]30号）. 2008-04-29.

[52] 国家环境保护总局. 关于加强自然保护区管理有关问题的通知（环办[2004]101号）. 2004-11-12.

[53] 国家环境保护总局.关于进一步加强自然保护区建设和管理工作的通知（环发[2002]163号）. 2002-11-19.

[54] 国家环境保护总局. 关于涉及自然保护区的开发建设项目环境管理工作有关问题的通知（环发[1999]177号）. 1999-08-03.

[55] 国家环境保护总局建设项目环境影响评价文件审批程序规定(国家环境保护总局令第29号). 2005-10-27.

[56] 国务院办公厅《关于进一步加强自然保护区管理工作的通知》（国办发[1998]111号），1998-08-04.

[57] 国务院关于环保总局《国家级自然保护区范围调整和功能区调整及更改名称管理规定》的批复（国函[2002]5号）. 2002-01-29.

[58] 黄汉球. 重大水利水电工程的环境风险研究[D]. 南宁：广西大学，2005.

[59] 黄丽玲，朱强，陈田. 国外自然保护地分区模式比较及启示[J]. 旅游学刊，2007，22（3）：18-25.

[60] 黄真理. 国内外大型水电工程生态环境监测与保护[J]. 长江流域资源与环境，2004，13（2）：101-107.

[61] 蒋宏国，林朝阳. 规划环评中的替代方案研究[J]. 环境科学动态，2004（1）：11-13.

[62] 蒋明康，吴小敏. 自然保护区生态旅游开发与管理对策研究[J]. 农村生态环境，2000，6（3）：1-4.

[63] 李春晖，杨志峰，郑小康，等. 流域水资源开发阈值模型及其在黄河流域的应用[J]. 地理科学进展，2008，27（2）：39-46.

[64] 李景文，袁秀，李俊清. 中国自然保护区资源利用及其立法相关问题探讨[J]. 林业调查规划，2006，31（4）：55-60.

[65] 李俊清，李景文，孙立. 对自然保护区资源利用问题的探讨[J]. 林业工作研究，2006（7）：37-44.

[66] 李明义，李典谟. 种群生存力分析//钱迎倩，马克平. 生物多样性研究的原理与方法[M]. 北京：中国科学技术出版社，1994.

[67] 李日辉，侯贵卿. 深海采矿对大洋生态系统的影响[J]. 地质论评，1998，44（1）：52-56.

[68] 刘昌明，陈志恺. 中国水资源现状评价和供需发展趋势分析[M]. 北京：水利水电出版社，2001.

[69] 李志武，赵建达，吴昊. 小水电站与环境融合典型案例——意大利里诺水电站[J]. 中国水能及电气化，2007（12）：37-39.

[70] 穆彪，杨立美，周明蓉. 中国自然保护区生态旅游研究进展[J]. 福建林业科技，2007，34（4）：241-247.

[71] 穆从如. 石油开发对黄土高原地区生态环境影响研究[J]. 地理研究，1994，13（4）：19-27.

[72] 彭园，杨旭. 废弃泥浆无害化处理方法研究[J]. 环境科学与管理，2007，32（4）：102-104.

[73] 钱正英，张光斗. 中国可持续发展水资源战略研究综合报告及各专题报告[C]. 北京：水利水电出版社，2001.

[74] 邱德华. 美国西部开发中的水战略及其启示[J]. 中国水利，2004（9）：63-65.

[75] 宋伟香. 高速公路对自然保护区的影响及对策[J]. 河南科技大学学报，2004（12）：58-59.

[76] 眭封云，李云科. 公路建设对自然保护区的影响及工程措施[J]. 交通环保，2005（3）：78-80.

[77] 孙建国. 自然保护区资源利用模式的探讨[J]. 长白山自然保护，2004（64）：6-8，29.

[78] 谭德彩. 三峡工程致气体过饱和对鱼类致死效应的研究[D]. 重庆：西南大学，2006.

[79] 汪恕诚. 论大坝与生态[J]. 中国电力企业管理，2004（7）：5-7.

[80] 王洪强，赵丹，邵东国. 水利工程对水环境影响效益分量重要性评价模型与应用研究[J]. 南水北调与水利科技，2008，6（2）：45-48.

[81] 王景福. 水电开发与生态环境管理[M]. 北京：中国环境科学出版社，2006.

[82] 王景福. 在保护生态的基础上有序开发小水电[J]. 中国水利，2006（14）：19.

[83] 王久瑞，田永彬. 油田开发区域草原生态环境演变规律及保护恢复对策[J]. 油气田环境保护，2002，12（2）：36-38.

[84] 王西琴，张远. 中国七大河流水资源开发利用率阈值[J]. 自然资源学报，2008，23（3）：501-507.

[85] 王英. 水电工程陆生生态环境影响评价与生态管理研究[D]. 西安：西北大学，2007.

[86] 温敏霞，刘世梁，崔保山，等. 水利工程建设对自然保护区生态系统的影响[J]. 生态学报，2008，28（4）：1663-1671.

[87] 吴征镒. 中国植被[M]. 北京：科学出版社，1980.

[88] 徐曙光. 加拿大矿山开采对国家公园的生态影响及公园生态管理[J]. 国土资源情报，2003（12）：10-17.

[89] 徐友宁. 综合利用"三废"改善西北地区矿山生态环境[J]. 有色金属，2002，54（增刊）：200-203.

[90] 杨京平，卢剑波. 生态恢复工程技术[M]. 北京：化学工业出版社，2002：111-112.

[91] 叶亚平，刘鲁君，张益民. 农业开发项目的环境影响评价[J]. 农业环境与发展，2002（3）：26-28.

[92] 翟红娟，崔保山，胡波，等. 纵向岭谷区不同水电梯级开发情景胁迫下的区域生态系统变化[J]. 科学通报，2007（52）：93-100.

[93] 张伟，龚爱民. 浅谈水利工程对环境的影响[J]. 河北水利，2005（9）：49.

[94] 张知彬. 生物多样性保护的若干理论基础//蒋志刚，马克平，韩兴国. 保护生物学[M].杭州：浙江科学技术出版社，1997.

[95] 张志英，袁野. 溪落渡水利工程对长江上游生态环境及珍稀特有鱼类的影响和对策[J]. 中国水产，2001（4）：62-63.

[96] 赵慧霞，吴绍洪，姜鲁光. 生态阈值研究进展[J]. 生态学报，2007，27（1）：338-345.